电工上岗实操

查·学·用

主　编　韩雪涛

副主编　吴　瑛　韩广兴

机械工业出版社

本书内容精而全，对电工上岗方面的知识技能逐步进阶，真正做到从零起步，助力实操。

本书内容根据行业特点和日常应用特点分为14章，分别为电工基础、电工材料、电工急救与电气灭火、练习验电器使用操作、练习万用表使用操作、练习绝缘电阻表使用操作、练习钳形表使用操作、练习电气部件的检测操作、练习电气线缆的加工连接、练习电气布线、练习电气安装、电工计算、识读电工电路、PLC与变频技术应用。

全书各个章节中涉及的知识技能严格遵循国家职业资格标准和行业规范，且注重内容之间的衔接，确保电工上岗技能培训的系统、专业和规范。

本书可作为专业技能认证的培训教材，也可作为各职业技术院校的实训教材，适合电子电气领域的技术人员、业余爱好者阅读。

图书在版编目（CIP）数据

电工上岗实操：查·学·用 / 韩雪涛主编. -- 北京：机械工业出版社，2025.5. -- ISBN 978-7-111-78239-1

I. TM

中国国家版本馆CIP数据核字第20259XV357号

机械工业出版社（北京市百万庄大街22号　邮政编码100037）
策划编辑：任　鑫　　　　责任编辑：任　鑫　朱　林
责任校对：郑　雪　张昕妍　封面设计：马若漾
责任印制：常天培
北京联兴盛业印刷股份有限公司印刷
2025年7月第1版第1次印刷
148mm×210mm・10印张・266千字
标准书号：ISBN 978-7-111-78239-1
定价：59.00元

电话服务　　　　　　　　　网络服务
客服电话：010-88361066　　机　工　官　网：www.cmpbook.com
　　　　　010-88379833　　机　工　官　博：weibo.com/cmp1952
　　　　　010-68326294　　金　书　网：www.golden-book.com
封底无防伪标均为盗版　　　机工教育服务网：www.cmpedu.com

前 言

电工行业历史悠久，随着科技的飞速发展，其内涵与外延也在不断拓展。日益革新的技术和强烈的市场需求给电工从业者提出了更高的要求。电工需要掌握的知识与技能日益丰富，这为电工从业者带来广阔的发展空间的同时，也提出了更高的要求。

为了满足广大读者的需要，我们特别编写了《电工上岗实操查·学·用》一书，希望能为广大电工从业者、爱好者以及相关专业学生提供实用、全面、易懂的电工从业知识技能的学用宝典。

本书最大的特点就是以岗位就业为目标，所针对的读者对象为广大电工技术初、中级学习者，将电工从业上岗所需的最基本的知识、操作方法、应用技巧，进行全面分解、剖析，让读者拿来即用。同时对各个技能知识点全面讲解，但不过于精细，以实操为主，理论讲解为辅，助力快速上手，真正做到了帮助学习者快速完成从"初级入门"到"专业技能"的进阶，实现快速上岗的目标。

>>> 1. 明确的市场定位

本书首先对读者的定位和岗位需求进行了充分的调研，在知识构架上将传统教学模式与岗位就业培训相结合，以国家职业资格为标准，以上岗从业为目的，通过"全图解"的模式讲解电工从业中的各项专业知识和专项实用技能。最终目的是让学习者明确行业规范、从业目标、岗位需求，全面掌握上岗就业所需的专业知识和技能，能够独立应对实际工作。

>>> 2. 全新的表现方式

全书采用图文并茂的方式表现内容。书中大多采用读者喜欢的实物图来形象地表现内容，使阅读变得非常轻松，不易产生阅读疲劳。同时，通过特殊的模块设置和排版方式突出知识要点，指示学习重点，让整体学习更加轻松、高效。

>>> 3. 充分的技术保证

在图书的专业性方面，本书由数码维修工程师鉴定指导中心组织编写，参编成员都具备丰富的维修知识和培训经验。书中所有的内容均来源于实际的教学和工作案例，从而确保图书的权威性、真实性。

>>> 4. 独特的学习体验

本书采用双色印刷，使图书可以清晰、准确地展现信号分析、重点指示、要点提示等表达效果。同时，两种颜色的互换补充也能够使图书更加美观，增强了可读性。

>>> 5. 配备视频讲解

对于书中重点提及的知识点、安装技巧，以二维码的形式给出视频链接，全方位讲解。读者通过手机扫描书中的二维码，即可开启相应知识点的动态视频学习，教学内容与书中的图文资源相互衔接，确保读者在短时间内达到最佳的学习效果。这也是图书内容的"延伸"。

读者在阅读过程中如遇到任何问题，可通过以下方式与我们取得联系：

咨询电话：022-83715667/13114807267

网络平台：www.taoo.cn

联系地址：天津市南开区华苑产业园区天发科技园 8-1-401

邮政编码：300384

为了方便读者学习，本书电路图中所用的电路图形符号与厂商实物标注一致（各厂商的标注不完全一致），未进行统一处理。

在专业知识和技能提升方面，我们也一直在学习和探索，由于水平有限，编写时间仓促，书中难免会出现一些疏漏，欢迎读者指正，也期待与您的技术交流。

编者

2025 年 1 月

目录

前言

第1章 电工基础 ... 1

1.1 电流与电压 ... 1
1.1.1 电流 ... 1
1.1.2 电压 ... 2
1.2 电路连接关系 ... 3
1.2.1 串联电路 ... 3
1.2.2 并联电路 ... 6
1.2.3 混联电路 ... 10
1.3 直流电与直流电路 ... 10
1.3.1 直流电 ... 10
1.3.2 直流电路 ... 11
1.4 交流电与交流电路 ... 13
1.4.1 单相交流电与单相交流电路 ... 13
1.4.2 三相交流电与三相交流电路 ... 16

第2章 电工材料 ... 20

2.1 绝缘材料 ... 20
2.1.1 有机绝缘材料 ... 20

目 录

   2.1.2 无机绝缘材料 ·· 27
 2.2 常用磁性材料 ··· 32
   2.2.1 软磁性材料 ·· 32
   2.2.2 硬磁性材料 ·· 34
 2.3 电工线材 ··· 35
   2.3.1 裸导线 ·· 35
   2.3.2 电磁线 ·· 37
   2.3.3 绝缘导线 ··· 41
   2.3.4 电缆 ··· 48

第 3 章 电工急救与电气灭火 ·· 51

 3.1 电工急救 ··· 51
   3.1.1 知晓触电危害 ·· 51
   3.1.2 掌握触电急救方法 ·· 54
 3.2 电气灭火 ··· 63
   3.2.1 知晓灭火器种类 ··· 63
   3.2.2 掌握电气灭火方法 ·· 64

第 4 章 练习验电器使用操作 ·· 66

 4.1 认识验电器 ·· 66
   4.1.1 认识高压验电器 ··· 66
   4.1.2 认识低压验电器 ··· 68
 4.2 掌握验电器使用方法 ·· 71
   4.2.1 掌握高压验电器使用方法 ··································· 71
   4.2.2 掌握低压验电器使用方法 ··································· 75

第 5 章 练习万用表使用操作 ·· 81

 5.1 认识万用表 ·· 81

VII

    5.1.1 认识指针式万用表 ……………………………………81
    5.1.2 认识数字万用表 ………………………………………85
  5.2 掌握万用表使用方法 ……………………………………………90
    5.2.1 掌握指针式万用表使用方法 ……………………………90
    5.2.2 掌握数字万用表使用方法 ………………………………94

第 6 章 练习绝缘电阻表使用操作 ………………………………99

  6.1 认识绝缘电阻表 …………………………………………………99
    6.1.1 认识手摇式绝缘电阻表 …………………………………99
    6.1.2 认识电动式绝缘电阻表 …………………………………103
  6.2 掌握绝缘电阻表使用方法 ………………………………………108
    6.2.1 掌握手摇式绝缘电阻表使用方法 ………………………108
    6.2.2 掌握电动式绝缘电阻表使用方法 ………………………112

第 7 章 练习钳形表使用操作 ……………………………………117

  7.1 认识钳形表 ………………………………………………………117
    7.1.1 了解钳形表的种类特点 …………………………………117
    7.1.2 了解钳形表的结构组成 …………………………………119
  7.2 掌握钳形表使用方法 ……………………………………………123
    7.2.1 掌握钳形表检测电流的方法 ……………………………123
    7.2.2 掌握钳形表检测电压的方法 ……………………………126

第 8 章 练习电气部件的检测操作 …………………………………129

  8.1 开关的检测 ………………………………………………………129
    8.1.1 常开开关的检测 …………………………………………129
    8.1.2 复合开关的检测 …………………………………………130
  8.2 接触器的检测 ……………………………………………………132
    8.2.1 交流接触器的检测 ………………………………………132

8.2.2 直流接触器的检测……134
8.3 继电器的检测……135
　8.3.1 电磁继电器的检测……135
　8.3.2 时间继电器的检测……138
　8.3.3 热继电器的检测……140
8.4 变压器的检测……143
　8.4.1 变压器绕组阻值的检测……143
　8.4.2 变压器输入、输出电压的检测……147
8.5 电动机的检测……149
　8.5.1 直流电动机的检测……149
　8.5.2 单相交流电动机的检测……150
　8.5.3 三相交流电动机的检测……152

第9章 练习电气线缆的加工连接……154

9.1 掌握电气线缆绝缘层的剥削……154
　9.1.1 塑料硬导线绝缘层的剥削……154
　9.1.2 塑料软导线绝缘层的剥削……156
　9.1.3 塑料护套线绝缘层的剥削……157
　9.1.4 漆包线绝缘层的剥削……158
9.2 掌握电气线缆的连接……160
　9.2.1 单股硬导线的绞接（X形连接）……160
　9.2.2 单股硬导线的缠绕式对接……161
　9.2.3 单股硬线缆的T形连接……162
　9.2.4 多股软导线的缠绕式对接……163
　9.2.5 多股软线缆的T形连接……166
　9.2.6 三根多股软线缆的缠绕法连接……167

第 10 章 练习电气布线 …………………………………… 169

10.1 练习线缆明敷 ……………………………………… 169
10.1.1 瓷夹配线的明敷操作 ………………………… 169
10.1.2 瓷瓶配线的明敷操作 ………………………… 171
10.1.3 线槽配线的明敷操作 ………………………… 174

10.2 练习线缆暗敷 ……………………………………… 179
10.2.1 线缆暗敷的施工要求 ………………………… 179
10.2.2 线缆暗敷的施工操作 ………………………… 181

第 11 章 练习电气安装 …………………………………… 188

11.1 电源插座的安装接线 ……………………………… 188
11.1.1 三孔电源插座的安装接线 …………………… 188
11.1.2 五孔电源插座的安装接线 …………………… 191

11.2 通信插座的安装接线 ……………………………… 194
11.2.1 网络插座的安装接线 ………………………… 194
11.2.2 有线电视插座的安装接线 …………………… 198
11.2.3 电话插座的安装接线 ………………………… 201

11.3 供配电系统的安装接线 …………………………… 204
11.3.1 配电箱的安装接线 …………………………… 204
11.3.2 配电盘的安装接线 …………………………… 206

11.4 照明系统的安装接线 ……………………………… 208
11.4.1 灯控开关的安装接线 ………………………… 208
11.4.2 照明灯具的安装接线 ………………………… 210

11.5 电力拖动系统的安装接线 ………………………… 215
11.5.1 电动机的安装 ………………………………… 215
11.5.2 电动机的接线 ………………………………… 225

第12章 电工计算 ……………………………………………… 230

12.1 电工常用计算公式 ……………………………………… 230
12.1.1 基础电路计算公式 …………………………… 230
12.1.2 交流电路计算公式 …………………………… 236

12.2 电功率的计算 …………………………………………… 240
12.2.1 电功率的基本计算 …………………………… 240
12.2.2 电功率的相关计算 …………………………… 241
12.2.3 电功率互相换算的口诀 ……………………… 243
12.2.4 电能的计算 …………………………………… 244

12.3 电气线缆安全载流量的计算 …………………………… 245
12.3.1 电气线缆安全载流量的常规计算 …………… 245
12.3.2 电气线缆安全载流量的估算口诀 …………… 250

第13章 识读电工电路 …………………………………………… 253

13.1 识读供配电电路 ………………………………………… 253
13.1.1 高压变电所供配电电路 ……………………… 253
13.1.2 深井高压供配电电路 ………………………… 255
13.1.3 楼宇低压供配电电路 ………………………… 257
13.1.4 低压配电柜供配电电路 ……………………… 258

13.2 识读照明控制电路 ……………………………………… 260
13.2.1 光控照明电路 ………………………………… 260
13.2.2 声控照明电路 ………………………………… 262
13.2.3 声光双控照明电路 …………………………… 263
13.2.4 景观照明控制电路 …………………………… 264
13.2.5 彩灯闪烁控制电路 …………………………… 266

13.3 识读电动机控制电路 …………………………………… 267
13.3.1 电动机点动、连续运行控制电路 …………… 267

XI

13.3.2 电动机电阻减压起动控制电路 …………………… 268
13.3.3 电动机Y-△减压起动控制电路 …………………… 269
13.3.4 电动机正、反转控制电路 …………………… 271
13.4 识读农机控制电路 …………………………………… 272
13.4.1 湿度检测控制电路 …………………………… 272
13.4.2 池塘排灌控制电路 …………………………… 273
13.4.3 秸秆切碎机驱动控制电路 …………………… 274
13.5 识读机电控制电路 …………………………………… 277
13.5.1 传输机控制电路 ……………………………… 277
13.5.2 铣床控制电路 ………………………………… 279

第14章 PLC与变频技术应用 …………………………287

14.1 PLC控制特点与技术应用 ………………………… 287
14.1.1 PLC控制特点 ………………………………… 287
14.1.2 PLC种类特点 ………………………………… 291
14.1.3 PLC技术应用 ………………………………… 293
14.2 变频器与变频技术应用 …………………………… 297
14.2.1 变频器 ………………………………………… 297
14.2.2 变频器功能应用 ……………………………… 300

第 1 章 电工基础

1.1 电流与电压

1.1.1 电流

世界上任何物质都是由分子或原子组成的,原子又由原子核和核外电子组成。在正常情况下,原子核所带的正电荷与原子核周围的负电荷数量相等,原子呈现中性,所以物体对外不显示带电的性质。

众所周知,丝绸摩擦过的玻璃棒所带的电为正电荷,毛皮摩擦过的橡胶棒所带的电为负电荷,这里所说的电叫作静电。当一个物体与另一物体相互摩擦时,其中一个物体会失去电子而带正电荷,另一个物体会得到电子而带负电荷。

电具有同性相斥,异性相吸的性质。带电物体所带电荷的数量叫"电量"。电荷用 Q 表示,电量的单位是库仑,1 库仑约等于 6.24×10^{18} 个电子所带的电量。

电荷在电场的作用下定向移动,形成电流。严格来说,是自由电子的移动形成了电流。其方向规定为正电荷流动的方向(或负电荷流动的反方向),如图 1-1 所示,其大小等于在单位时间内通过导体横截面的电量,称为电流强度,用符号 I 或 $i(t)$ 表示。

图 1-1 电流方向

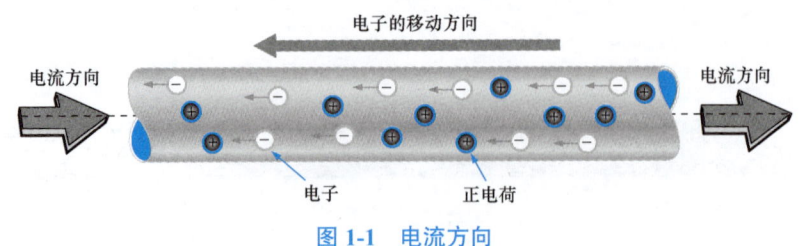

设在 $\Delta t = t_2 - t_1$ 时间内，通过导体横截面的电荷量为 $\Delta q = q_2 - q_1$，则在 Δt 时间内的电流强度可用数学公式表示为

$$i(t) = \frac{\Delta q}{\Delta t}$$

式中，Δt 为很小的时间间隔，时间的国际单位制为秒（s）；电量 Δq 的国际单位制为库仑（C）；电流 $i(t)$ 的国际单位制为安培（A）。

常用的电流单位有微安（μA）、毫安（mA）、安（A）、千安（kA）等，它们与安培的换算关系为

$$1\mu A = 10^{-6} A；1mA = 10^{-3} A；1kA = 10^{3} A$$

1.1.2 电压

如图 1-2 所示，带正电体 A 和带负电体 B 之间存在电势差（类似水位差），只要用导线连接 A、B 物体，就会有电流流动，即从电势高的带正电体 A 向电势低的带负电体 B 有电流流动。所谓电压就是带正电体 A 与带负电体 B 之间的电势差。也就是说，由电引起的压力使原子内的电子移动形成电流，即使电流流动的压力就是电压。

因此规定，电压是指电路中两点 A、B 之间的电势差（简称为电压），其大小等于单位正电荷因受电场力作用从 A 点移动到 B 点所做的功。电压的方向规定为从高电位指向低电位的方向。

电压的国际单位制为伏特（V），常用的单位还有微伏（μV）、毫伏（mV）、千伏（kV）等，它们与伏特的换算关系为

$$1\mu V = 10^{-6} V；1mV = 10^{-3} V；1kV = 10^{3} V$$

图 1-2 电压

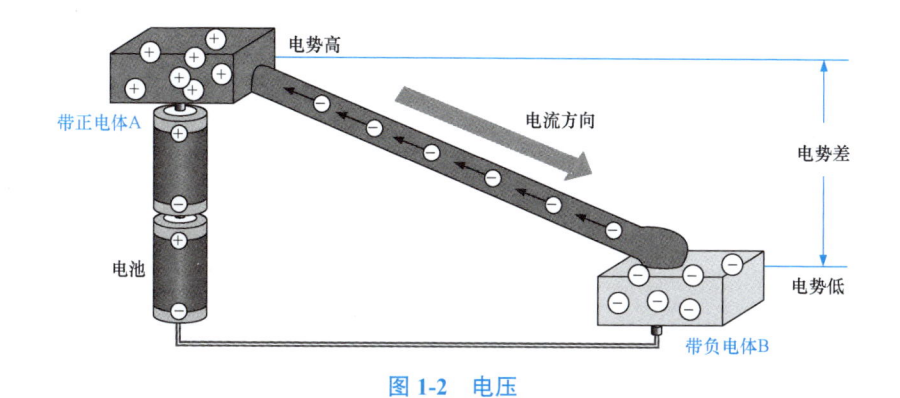

1.2 电路连接关系

1.2.1 串联电路

如果电路中两个或多个负载首、尾相连,则连接状态是串联的,称该电路为串联电路。串联电路的实物连接及电路原理图如图 1-3 所示。

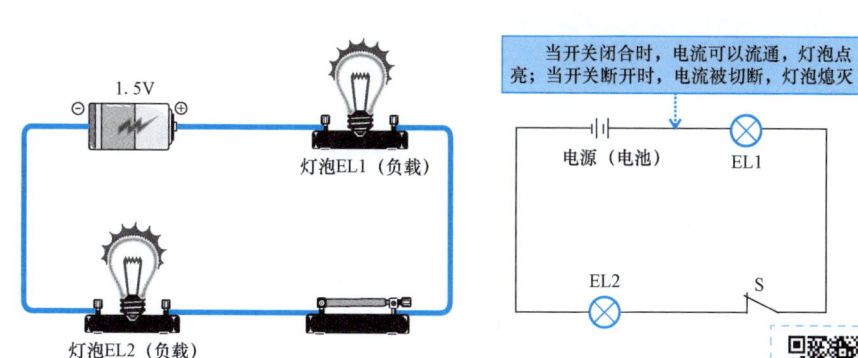

图 1-3 串联电路的实物连接及电路原理图

在串联电路中,通过每个负载的电流量是相同的,只有一个电流通路,当开关断开或电路的某一点出现问题时,整个电路将变成断路状态,因此,当其中一盏灯损坏后,另一盏灯的电流通路也被切断,不能正常点亮。

【经验分享】

串联电路中流过每个负载的电流相同,各个负载将分享电源电压,如图1-4所示。

串联电路中各个负载上的电压之和等于电源总电压,电路中各负载的电流值相同

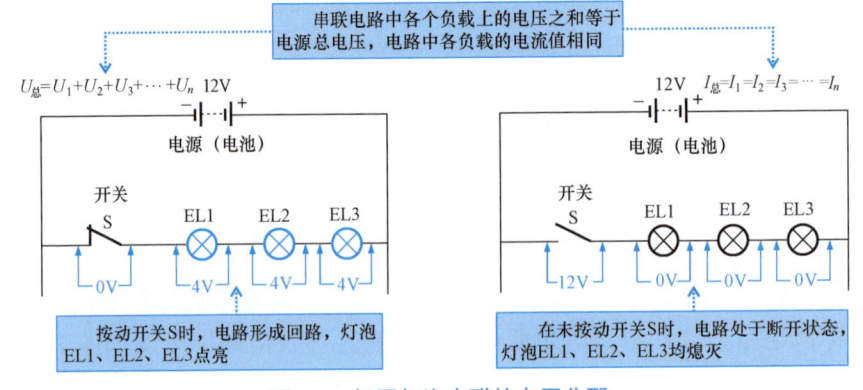

$U_总=U_1+U_2+U_3+\cdots+U_n$ 12V

$I_总=I_1=I_2=I_3=\cdots=I_n$

按动开关S时,电路形成回路,灯泡EL1、EL2、EL3点亮

在未按动开关S时,电路处于断开状态,灯泡EL1、EL2、EL3均熄灭

图1-4 相同灯泡串联的电压分配

三个相同的灯泡串联在一起,每个灯泡将得到$\frac{1}{3}$的电源电压量。

每个串联的负载可分到的电压量与自身的电阻有关,即自身电阻较大的负载会得到较大的电压值。

1. 电阻器串联

电阻器串联电路是指将两个以上的电阻器依次首尾相接,组成中间无分支的电路,是电路中最简单的电路单元,如图1-5所示。在电阻器串联电路中,只有一条电流通路,流过电阻器的电流都是相等的。这些电阻器的阻值相加就是该电路的总阻值,每个电阻器上的电压根据每个电阻器阻值的大小按比例分配。

在图 1-5a 中，发光二极管的额定电流 I_e=0.3mA，工作在 9V 电压下，可以算出，电流为 0.45mA，超过发光二极管的额定电流，当开关接通后，会烧坏发光二极管。图 1-5b 是串联一个电阻器后的工作状态，电阻器和二极管串联后，总电阻值为 30kΩ，电压不变，电路电流降为 0.3mA，发光二极管可正常发光。

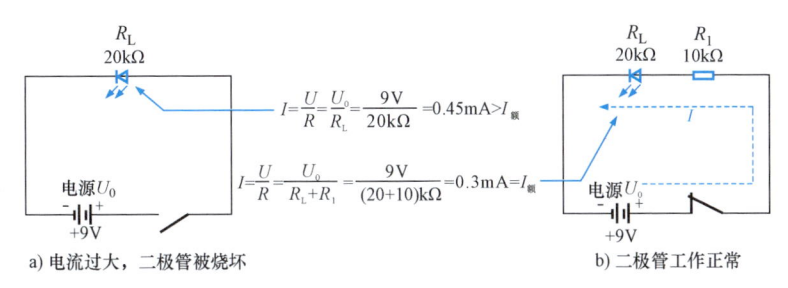

$$I = \frac{U}{R} = \frac{U_0}{R_L} = \frac{9V}{20k\Omega} = 0.45mA > I_{额}$$

$$I = \frac{U}{R} = \frac{U_0}{R_L + R_1} = \frac{9V}{(20+10)k\Omega} = 0.3mA = I_{额}$$

a) 电流过大，二极管被烧坏　　　　b) 二极管工作正常

图 1-5　电阻器串联电路的实际应用

2. 电容器串联

电容器串联电路是指将两个以上的电容器依次首尾相接，所组成中间无分支的电路，如图 1-6 所示。将多个电容器串联可以使电路中的电容器耐压值升高，串联电容器上的电压之和等于总输入电压，因此电容器具有分压功能。

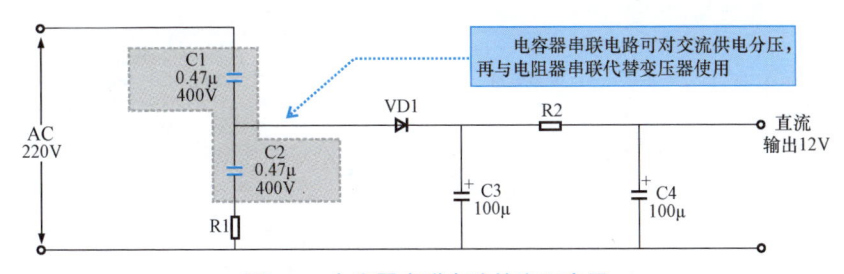

电容器串联电路可对交流供电分压，再与电阻器串联代替变压器使用

图 1-6　电容器串联电路的实际应用

在图 1-6 中，C1 和 C2 与电阻 R1 串联组成分压电路，相当于变压器的作用，有效减小了实物电路的体积。通过改变 R1 的大小，可以改变电容分压电路中电压降的大小，进而改变输出的直流电压值。这种

电路与交流市电没有隔离,地线带交流高压,要注意防触电问题。

3. RC 串联

电阻器和电容器串联连接后构建的电路称为 RC 串联电路。该电路多与交流电源连接,如图 1-7 所示。

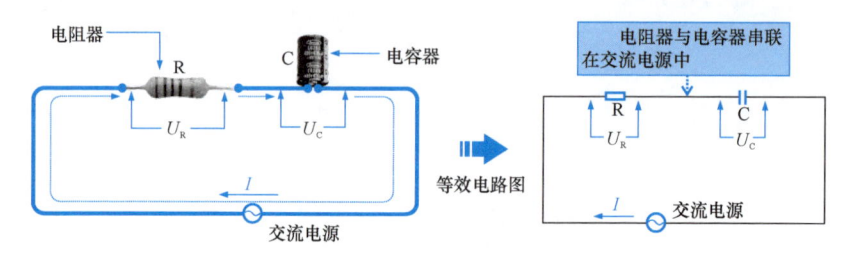

图 1-7 RC 串联电路

在图 1-7 中,RC 串联电路中的电流引起电容器和电阻器上的电压降,与电路中的电流及各自的电阻值或容抗值成比例。电阻器电压 U_R 和电容器电压 U_C 用欧姆定律表示为 $U_R=I \times R$、$U_C=I \times X_C$(X_C 为容抗)。

4. LC 串联

LC 串联谐振电路是指将电感器和电容器串联后形成的,且为谐振状态(关系曲线具有相同的谐振点)的电路,如图 1-8 所示。

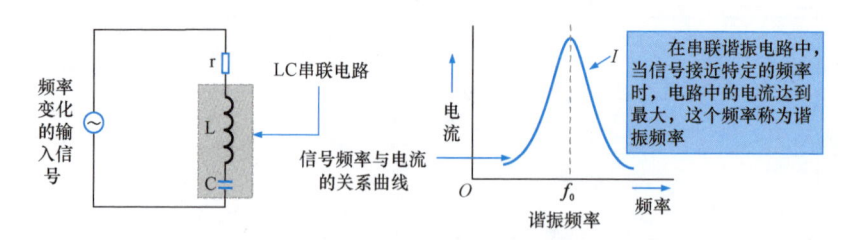

图 1-8 串联谐振电路及电流和频率的关系曲线

1.2.2 并联电路

两个或两个以上负载的两端都与电源两端相连,则连接状态是并联的，称该电路为并联电路。并联电路的实物连接及电路原理图如图 1-9 所示。

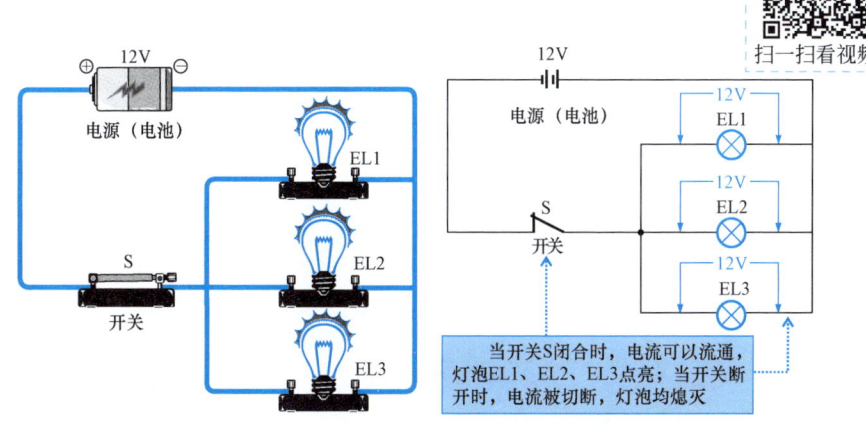

图 1-9 并联电路的实物连接及电路原理图

当开关S闭合时，电流可以流通，灯泡EL1、EL2、EL3点亮；当开关断开时，电流被切断，灯泡均熄灭

在并联状态下，每个负载的工作电压都等于电源电压，不同支路中会有不同的电流通路，当支路的某一点出现问题时，该支路将变成断路状态，照明灯会熄灭，但其他支路依然正常工作，不受影响。

图 1-10 所示为两个灯泡的并联电路。在并联电路中，每个负载相对其他负载都是独立的，即有多少个负载就有多少条电流通路。

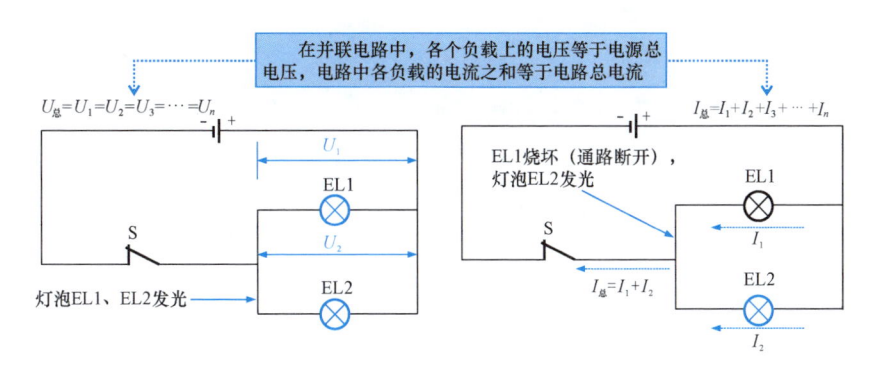

在并联电路中，各个负载上的电压等于电源总电压，电路中各负载的电流之和等于电路总电流

$U_总=U_1=U_2=U_3=\cdots=U_n$

$I_总=I_1+I_2+I_3+\cdots+I_n$

EL1烧坏（通路断开），灯泡EL2发光

灯泡EL1、EL2发光

图 1-10 两个灯泡的并联电路

7

在电路中,由于是两盏灯并联,因此就有两条电流通路,当其中一个灯泡坏掉了,则该条电流通路不能工作,而另一条电流通路是独立的,并不会受到影响,因此另一个灯泡仍然能正常工作。

1. 电阻器并联

将两个或两个以上的电阻器按首首和尾尾方式连接起来,并接在电路的两点之间,这种电路叫作电阻器并联电路,如图1-11所示。在电阻器并联电路中,各并联电阻器两端的电压都相等,电路中的总电流等于各分支的电流之和,且电路中的总阻值的倒数等于各并联电阻器阻值的倒数和。

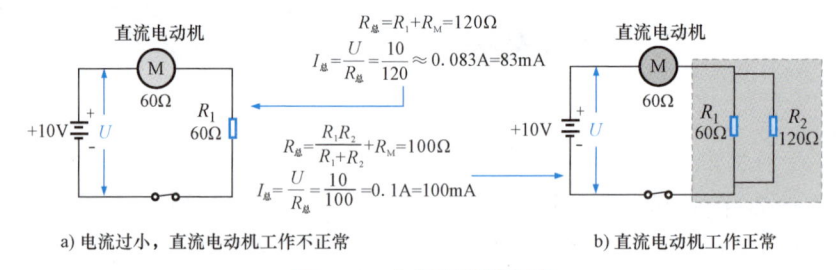

$R_总 = R_1 + R_M = 120Ω$

$I_总 = \dfrac{U}{R_总} = \dfrac{10}{120} ≈ 0.083A = 83mA$

$R_总 = \dfrac{R_1 R_2}{R_1 + R_2} + R_M = 100Ω$

$I_总 = \dfrac{U}{R_总} = \dfrac{10}{100} = 0.1A = 100mA$

a) 电流过小,直流电动机工作不正常　　b) 直流电动机工作正常

图1-11　电阻器并联电路

在电路中,直流电动机的额定电压为6V,额定电流为100mA,电动机的内阻 R_M 为60Ω。当把一个60Ω的电阻器 R_1 串联接到10V电源两端后,根据欧姆定律计算出的电流约为83mA,达不到电动机的额定电流。

在没有阻值更小的电阻器情况下,将一个120Ω的电阻器 R_2 并联在 R_1 上,根据并联电路中总阻值计算公式可得 $R_总 = 100Ω$,则电路中的电流 $I_总$ 变为100mA,达到直流电动机的额定电流,电路可正常工作。

【经验分享】

电阻器并联电路的主要作用是分流。当几个电阻器并联到一个电源电压两端时，则通过每个支电阻器的电流与阻值成反比。在同一个并联电路中，阻值越小，流过的电流越大；相同阻值的电阻器，流过的电流相等。

2. RC 并联

电阻器和电容器并联连接在交流电源两端被称为 RC 并联电路，如图 1-12 所示。与所有并联电路相似，在 RC 并联电路中，电压 U 直接加在各个支路上，因此各支路的电压相等，都等于电源电压，即 $U=U_R=U_C$，并且三者之间的相位相同。

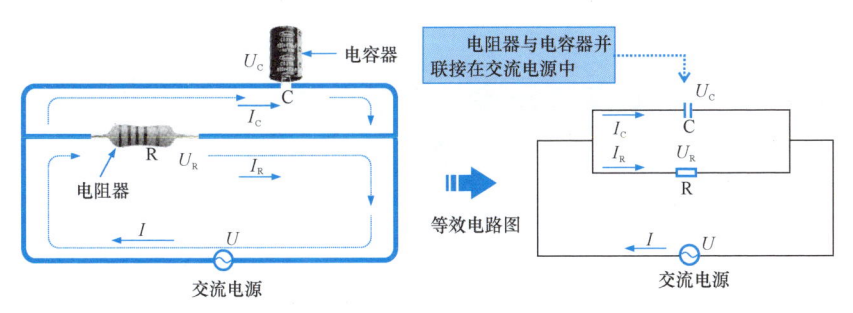

图 1-12　RC 并联电路

3. LC 并联

LC 并联谐振电路是指将电感器和电容器并联后形成的，且为谐振状态（关系曲线具有相同的谐振点）的电路，如图 1-13 所示。

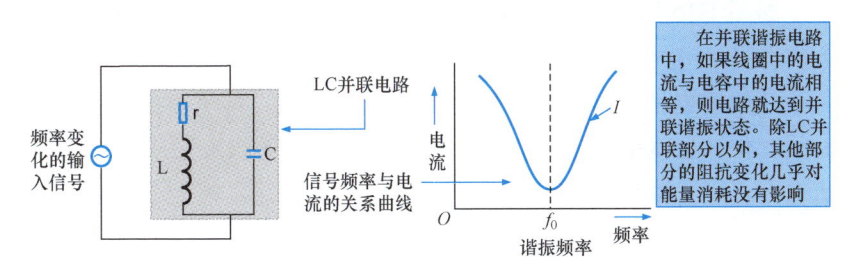

在并联谐振电路中，如果线圈中的电流与电容中的电流相等，则电路就达到并联谐振状态。除 LC 并联部分以外，其他部分的阻抗变化几乎对能量消耗没有影响

图 1-13　LC 并联谐振电路及电流和频率的关系曲线

1.2.3 混联电路

将负载串联后再并联连接起来称为混联方式，混联电路的实物连接及电路原理图如图 1-14 所示。电流、电压及电阻之间的关系仍按欧姆定律计算。

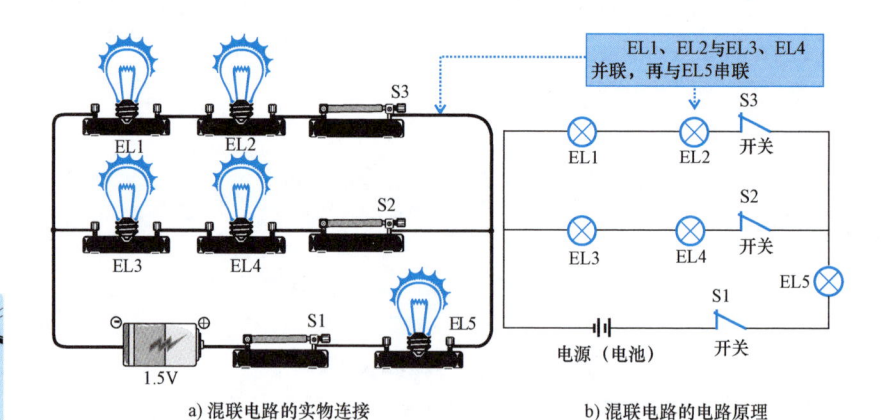

EL1、EL2与EL3、EL4并联，再与EL5串联

a）混联电路的实物连接　　　　　b）混联电路的电路原理

图 1-14　混联电路的实物连接及电路原理图

1.3　直流电与直流电路

1.3.1　直流电

如图 1-15 所示，直流电是指电流方向固定不变的电流，大小和方向都不变的称为"恒流电"。

一般由电池、蓄电池等产生的电流为直流，即电流的方向不随时间变化，也就是说其正负极始终不改变，记为"DC"或"dc"。直流电流要用大写字母 I 表示。

$$I = \frac{\Delta q}{\Delta t} = \frac{Q}{t} = 常数$$

第 1 章 电工基础

电源输出电流的方向不随时间变化的电流，称为直流电流，用大写字母 I 表示

直流电流随时间变化的曲线

$$I = \frac{\Delta q}{\Delta t} = \frac{Q}{t} = 常数$$

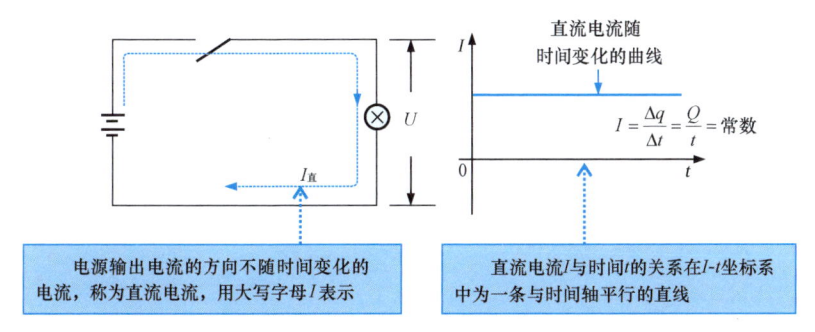

直流电流 I 与时间 t 的关系在 I-t 坐标系中为一条与时间轴平行的直线

图 1-15　直流电的特征

1.3.2　直流电路

由直流电源作用的电路称为直流电路，它主要是由直流电源、负载构成的闭合电路。一般将可提供直流电的装置称为直流电源，它是一种形成并保持电路中恒定直流的供电装置，例如干电池、蓄电池、直流发电机等。直流电源有正、负两极，当直流电源为电路供电时，能够使电路两端之间保持恒定的电位差，从而在所作用的电路中形成由直流电源正极经负载（例如直流电动机、灯泡、发光二极管等）再回到负极的直流电流，如图 1-16 所示。

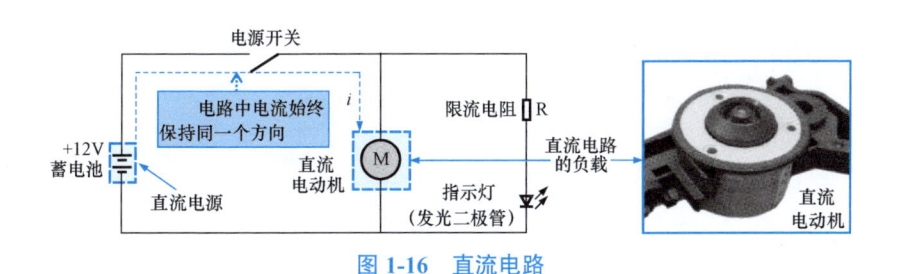

图 1-16　直流电路

直流供电的方式根据直流电源类型不同，主要有电池直接供电、交流 - 直流变换电路供电两种方式，如图 1-17 所示。

干电池、蓄电池都是家庭最常见的直流电源，由这类电池供电

11

是直流电路最直接的供电方式。

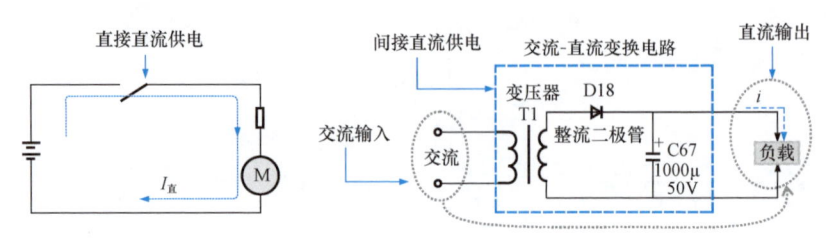

图 1-17 两种供电方式

一般采用直流电动机的小型电器产品、小灯泡、指示灯及大多数电工用仪表类设备（万用表、钳形表等）都采用这种供电方式，如图 1-18 所示。

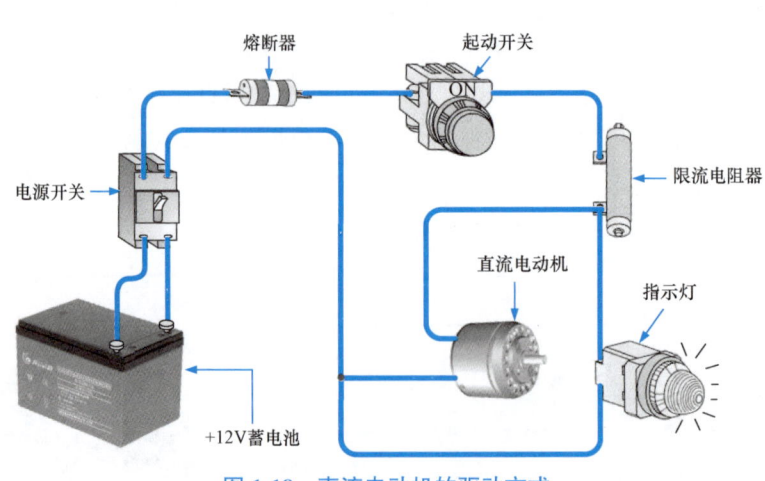

图 1-18 直流电动机的驱动方式

【经验分享】

在家用电子产品中，一般都要连接 220V 交流电源，而电路中的单元电路及功能部件多需要直流方式供电。因此，若想使家用电子产品各电路及功能部件正常工作，就需要通过交流-直流变换电路将输入的 220V 交流电压变换成直流电压。电磁炉直流电源电路如图 1-19 所示。

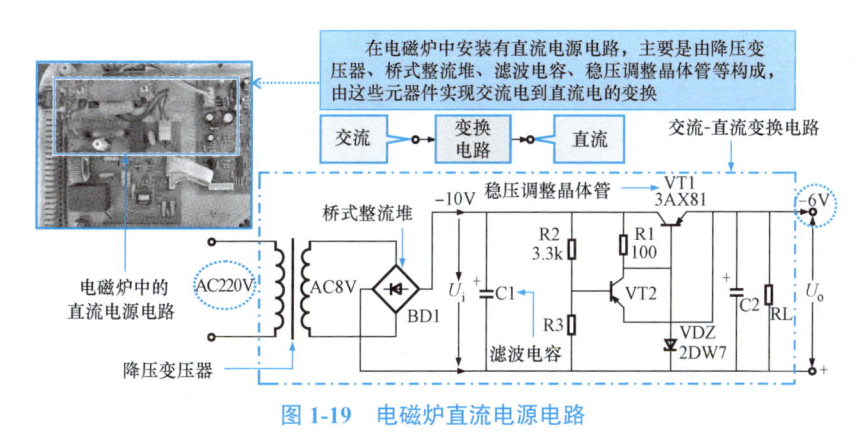

在电磁炉中安装有直流电源电路，主要是由降压变压器、桥式整流堆、滤波电容、稳压调整晶体管等构成，由这些元器件实现交流电到直流电的变换

图 1-19 电磁炉直流电源电路

1.4 交流电与交流电路

1.4.1 单相交流电与单相交流电路

单相交流供电方式是电工用电中最常见的一种电流形式。交流电（Alternating Current，AC）一般是指大小和方向会随时间作周期性变化的电流。交流电是由交流发电机产生的，主要有单相交流电和多相交流电，如图 1-20 所示。

单相交流电是以一个交变电动势作为电源的电力系统。在单相交流发电机中，只有一个线圈绕制在铁心上构成定子，转子是永磁体，当其内部的定子和线圈为一组时，它所产生的感应电动势（电压）也为一组（相），由两条线进行传输，这种电源就是单相交流电，图 1-21 所示为单相交流电的产生。

13

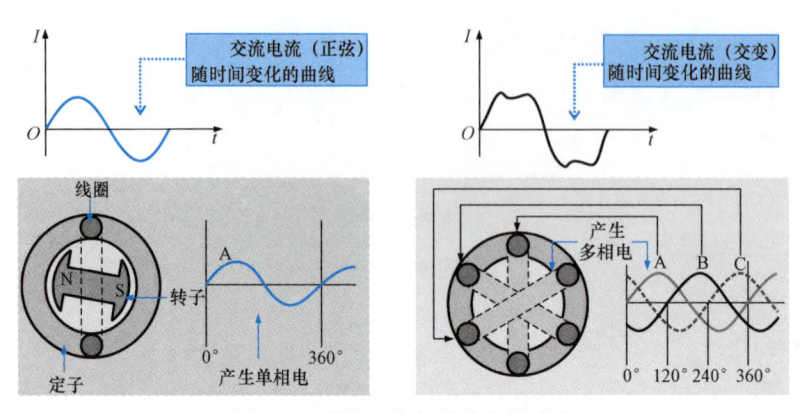

图 1-20 单相/多相交流电的产生

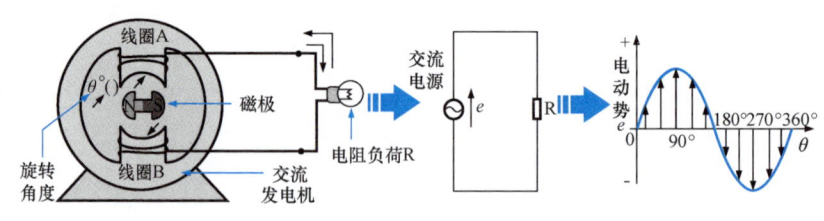

图 1-21 单相交流电的产生

家庭中所使用的单相交流电往往是由三相电源分配过来的,如图 1-22 所示。

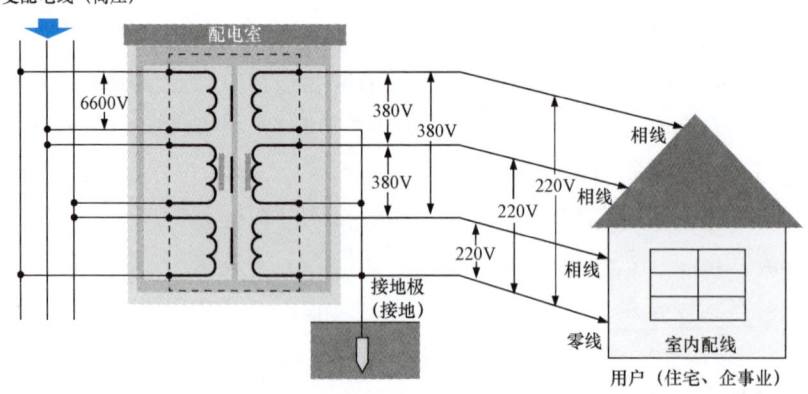

图 1-22 家庭中使用的单相交流电

供配电系统送来的电源由三根相线（火线）和一根零线（又称中性线）构成。三根相线两两之间电压为380V，每根相线与零线之间的电压为220V。这样三相交流电源就可以分成三组单相交流电给用户使用。

在单相交流供电系统中，根据线路接线方式不同，有单相两线式、单相三线式两种方式。

单相两线式是指仅由一根相线（L）和一根零线（N）构成，通过两根线获取220V单相电压，为用电设备供电。

【经验分享】

一般的家庭照明支路和两孔插座多采用单相两线式供电方式，如图1-23所示。

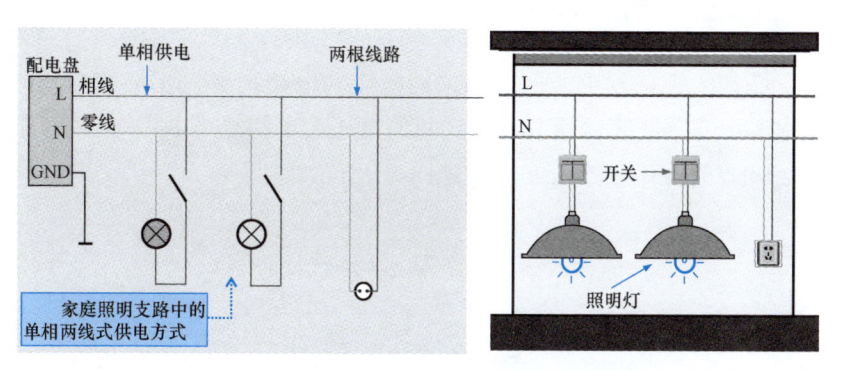

图1-23 家庭照明支路和两孔插座的供电方式

单相三线式是在单相两线式的基础上添加一根地线，即由一根相线、一根零线和一根地线构成。其中，地线与相线之间的电压为220V，零线（中性线N）与相线（L）之间的电压为220V。由于不同接地点存在一定的电位差，因而零线与地线之间可能有一定的电压。

在家庭用电中，空调器支路、厨房支路、卫生间支路、插座支路多采用单相三线式供电方式，如图 1-24 所示。

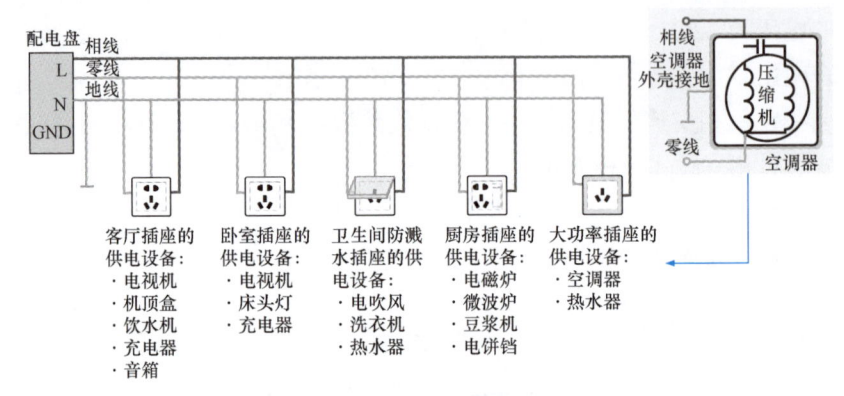

图 1-24　家庭三相插座的交流供电方式

1.4.2　三相交流电与三相交流电路

通常，把三相电源的线路中的电压和电流统称三相交流电，这种电源由三条线来传输，三线之间的电压大小相等（380V）、频率相同（50Hz）、相位差为 120°，如图 1-25 所示。

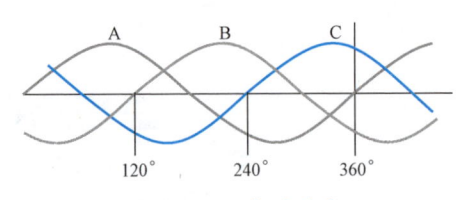

图 1-25　三相交流电

三相交流电是由三相交流发电机产生的。在定子槽内放置着三个相同的定子绕组 A、B、C，转子旋转时其磁场在空间按正弦规律变化，当转子由水轮机或汽轮机带动以角速度 ω 等速顺时针方向旋转时，在三个定子绕组中，就产生频率相同、幅值相等、相位上互差 120° 的三个正弦电动势，从而形成对称三相电动势，如图 1-26 所示。

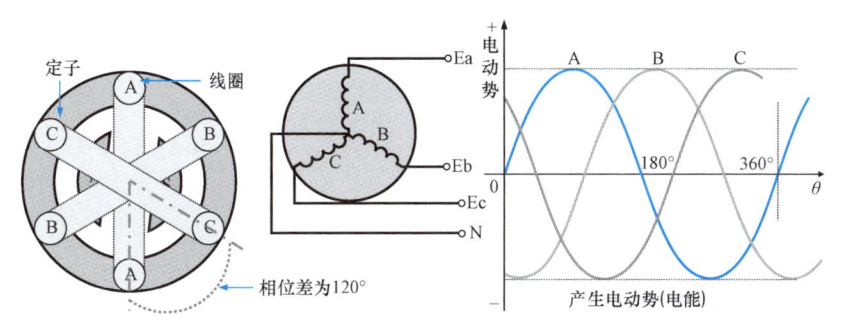

图 1-26 三相交流电的产生

图 1-27 所示为三相交流电的供配电方式。

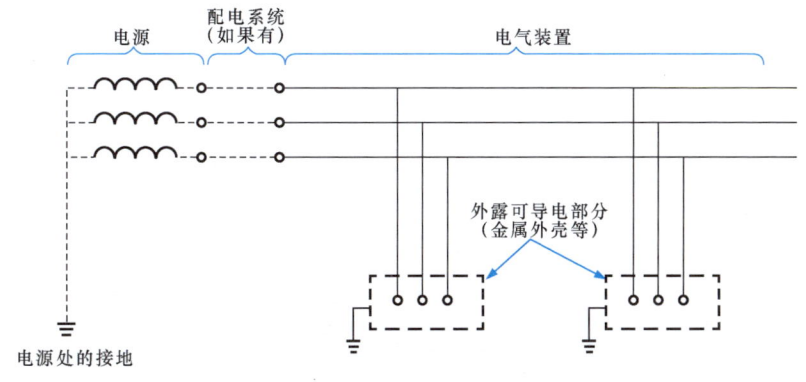

图 1-27 三相交流电的供配电方式

三相四线制供配电方式与三相三线制供配电方法不同的是从配电系统多引出一条零线。接上零线的电气设备在工作时，电流经过电气设备进行做功，没有做功的电流就可经零线回到电厂，对电气设备起到了保护的作用，这种供配电方式常用于 380/220V 低压动力与照明混合配电，如图 1-28 所示。

在三相四线制供配电方式中，由于三相负载不平衡时和低压电网的零线过长且阻抗过大时，零线中将有零序电流通过。过长的低压电网，再加上环境恶化、导线老化、受潮等因素，导线的漏电电流通

17

过零线形成闭合回路，致使零线也带一定的电位，这对安全运行十分不利。在零线断线的特殊情况下，断线以后的单相设备和所有保护接零的设备会产生危险的电压，这是不允许的。

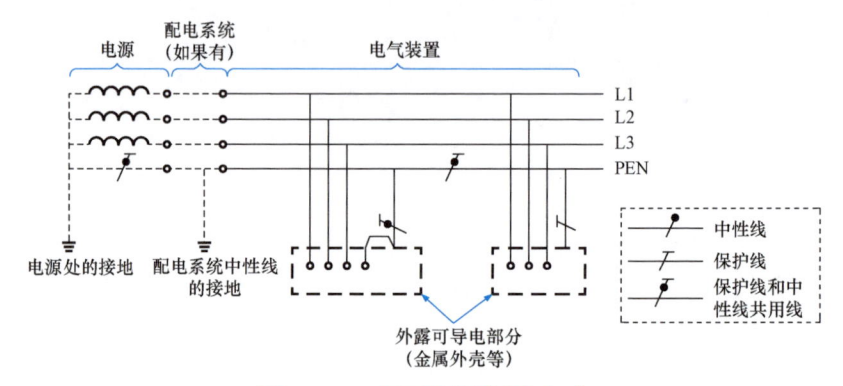

图 1-28 三相四线制供配电方式

在三相四线制供配电系统中，把零线的两个作用分开，即一根线做工作零线（N），另一根线做保护零线（PE 或地线），这样的供配电接线方式称为三相五线制供配电方式，如图 1-29 所示。

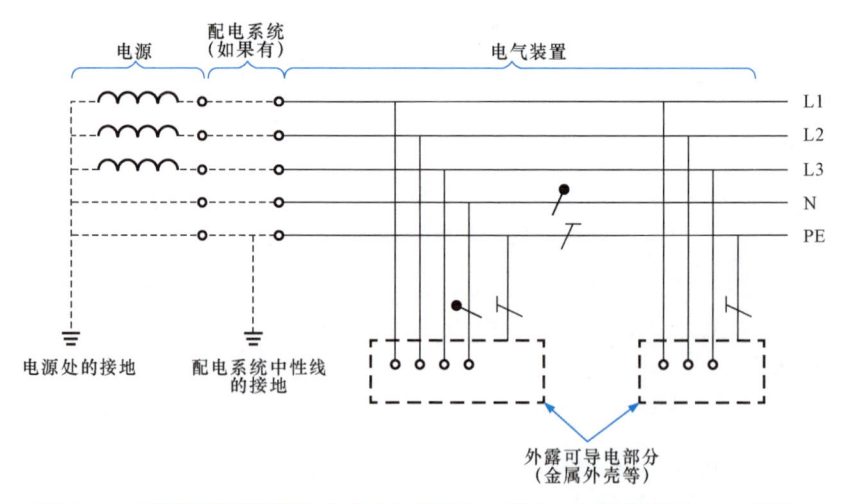

图 1-29 三相五线制供配电方式（全系统将 N 线与 PE 线分开的 TN-S 系统）

采用三相五线制供配电方式，用电设备上所连接的工作零线 N 和保护零线 PE 是分别敷设的，工作零线上的电位不能传递到用电设备的外壳上，这样就能有效隔离三相四线制供配电方式所造成的危险电压，使用电设备外壳上电位始终处在"地"电位，从而消除了设备产生危险电压的隐患。

【经验分享】

在发电机中，三组感应线圈的公共端作为供电系统的参考零点，引出线称为中性线，另一端与中性线之间有额定的电压差称为相线。一般情况下中性线是以大地作为导体，故其对地电压应为零，称为零线。因此相线对地必然形成一定的电压差，可以形成电流回路。正常供电回路由相线（火线）和零线（中性线）形成。地线是仪器设备的外壳或屏蔽系统就近与大地连接的导线，其对地电阻小于 4Ω；它不参与供电回路，主要是保护操作人员人身安全或抗干扰用的。中性线和大地的连接问题会导致用电端中线对地电压大于零，因此三相五线制中将中性线和地线分开对消除安全隐患具有重要意义，接线方式如图 1-30 所示。

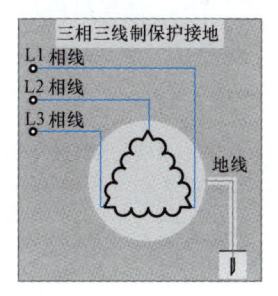

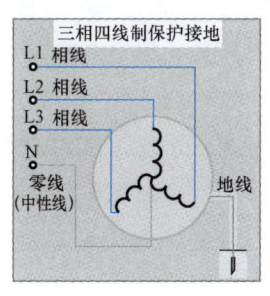

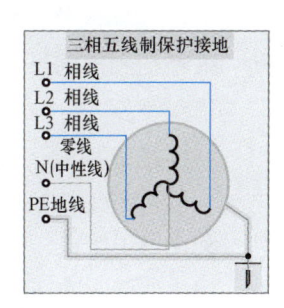

图 1-30 三相多线制的接线方式

第2章 电工材料

2.1 绝缘材料

2.1.1 有机绝缘材料

有机绝缘材料指以天然或合成的有机高分子材料为主要成分的绝缘材料。这种材料具有良好的绝缘性能和机械性能。常见的有机绝缘材料主要有绝缘漆、绝缘橡胶、绝缘纸、塑料、绝缘漆布、绝缘漆管、绝缘层压制品等。

1. 绝缘漆

绝缘漆是以高分子聚合物为基础，在一定的条件下固化成绝缘膜或绝缘整体的绝缘材料，它是漆类中一种特殊的漆。通常是由漆基、稀释剂和辅助材料等组成，可分为浸渍漆、覆盖漆、硅钢片漆、防电晕漆等。

选择绝缘漆时，其应具有良好的介电性能、较高的绝缘电阻及电气强度。它通常用于电动机、电器的线圈和绝缘零部件的绝缘处理，如图 2-1 所示，从而提高线圈的耐热性能、机械性能、耐磨性能、导热性能和防潮性能等。

2. 绝缘橡胶

绝缘橡胶是对提取的橡胶树、橡胶草等植物的胶乳进行加工，制成具有高弹性、绝缘性、不透水的橡胶绝缘材料，可分为天然橡胶和合成橡胶。电工领域中的绝缘手套、绝缘防尘套、绝缘垫都是通过橡胶制成，如图 2-2 所示。

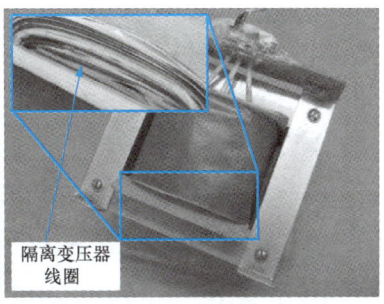

图 2-1 绝缘漆应用于线圈内

图 2-2 绝缘橡胶的应用

3. 绝缘纸

绝缘纸主要是以未漂白的硫酸盐木浆（植物纤维）或合成纤维为材料制成的，根据其组成材料可分为植物纤维纸和合成纤维纸。图 2-3 所示为绝缘纸在隔离变压器上的应用。

图 2-3 绝缘纸在隔离变压器上的应用

绝缘纸的特点是价格低廉，物理性能、化学性能、电气性能、耐老化性能等综合性能良好。选用时，应根据其绝缘纸的应用场合进行选择，图 2-4 所示为各类绝缘纸的主要应用场合。

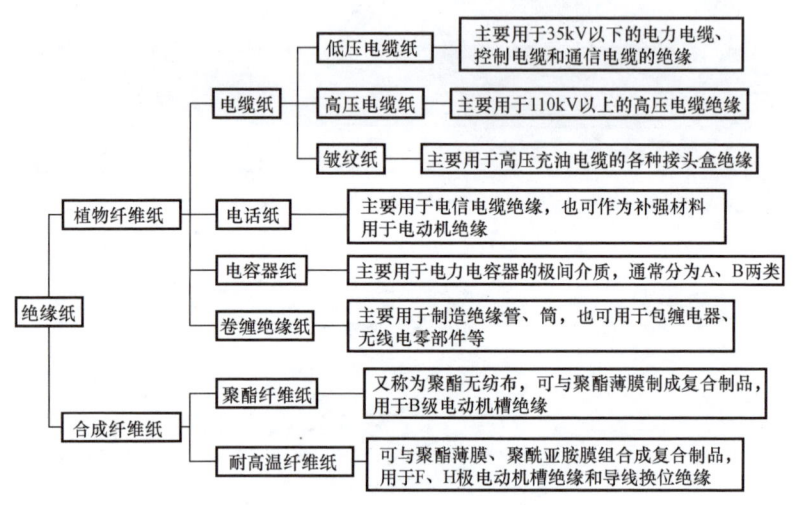

```
                          ┌─ 低压电缆纸 ── 主要用于35kV以下的电力电缆、
                          │              控制电缆和通信电缆的绝缘
               ┌─ 电缆纸 ──┼─ 高压电缆纸 ── 主要用于110kV以上的高压电缆绝缘
               │          └─ 皱纹纸 ────── 主要用于高压充油电缆的各种接头盒绝缘
               │
               │          ┌─ 电话纸 ────── 主要用于电信电缆绝缘，也可作为补强材料
   ┌─植物纤维纸─┤          │              用于电动机绝缘
   │           │          │
绝缘纸          │          ├─ 电容器纸 ──── 主要用于电力电容器的极间介质，通常分为A、B两类
   │           │          │
   │           └──────────┴─ 卷绕绝缘纸 ── 主要用于制造绝缘管、筒，也可用于包缠电器、
   │                                     无线电零部件等
   │
   │          ┌─ 聚酯纤维纸 ── 又称为聚酯无纺布，可与聚酯薄膜制成复合制品，
   └─合成纤维纸─┤              用于B级电动机槽绝缘
              │
              └─ 耐高温纤维纸 ── 可与聚酯薄膜、聚酰亚胺膜组合成复合制品，
                               用于F、H级电动机槽绝缘和导线换位绝缘
```

图 2-4　各类绝缘纸的主要应用场合

4. 塑料

塑料是一种用途广泛的合成高分子材料，具有可塑性、耐腐蚀性、绝缘性，并具有较高的强度和弹性。在电工行业应用十分广泛，例如室内的开关、插座等都是通过塑料进行绝缘的，如图 2-5 所示。

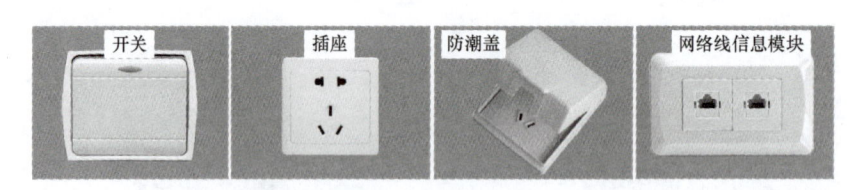

图 2-5　塑料的应用

5. 绝缘漆布

绝缘漆布是由不同材料浸以不同的绝缘漆制成的。电工材料中

常采用到的漆布主要有黄漆布（厚度为 0.15~0.3mm）、黄漆绸（厚度为 0.04~0.15mm）、醇酸玻璃漆布等，如图 2-6 所示。常用绝缘漆布的特点及应用见表 2-1。

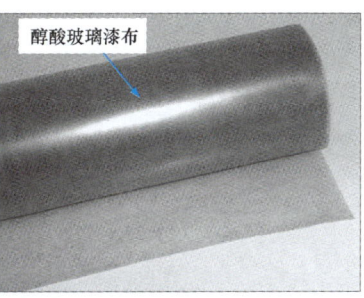

图 2-6　绝缘漆布

表 2-1　常用绝缘漆布的特点及应用

型号	耐热等级	特点及应用
黄漆布（2010 型）	A	柔软性较好，但不耐油，可用于一般电动机、电器的衬垫或线圈绝缘
黄漆布（2012 型）	A	耐油性好，可用于在侵蚀环境中工作的电动机、电器的衬垫或线圈绝缘
黄漆绸（2210 型）	A	具有较好的电气性能和良好的柔软性，可用于电动机、电器的薄层衬垫或线圈绝缘
黄漆绸（2212 型）	A	具有较好的电气性能和良好的柔软性，可用于电动机、电器的薄层衬垫或线圈绝缘，也可用于在侵蚀环境中工作的电动机、电器的薄层衬垫或线圈绝缘
醇酸玻璃漆布（2432 型）	B	具有良好的电气性、耐热性、耐油性和防霉性，常用作油浸变压器、油断路器等设备的线圈绝缘
黄玻璃漆布或油性玻璃漆布（2412 型）	A	用于电动机、电气衬垫或线圈绝缘以及在油中工作的变压器、电器的线圈绝缘

(续)

型号	耐热等级	特点及应用
黑玻璃漆布或沥青醇酸玻璃漆布（2430 型）	B	耐潮性较好，但耐油性较差，可用于一般电动机、电器衬垫和线圈绝缘
有机硅玻璃漆布（2450 型）	H	具有较高的耐热性和良好的柔软性，耐霉、耐油和耐寒性都较好，适用于 H 级电动机、电器的衬垫和线圈绝缘
聚酰亚胺玻璃漆布（2560 型）	C	具有很高的耐热性，良好的电气性能，耐溶剂和耐辐照性好，但较脆。适用于工作温度高于 200 ℃的电动机槽绝缘和端部衬垫绝缘，以及电器线圈和衬垫绝缘

【经验分享】

在使用绝缘漆布作为电工设备的绝缘材料时，要包绕严密，不能出现褶皱和气泡，更不能出现机械损伤，否则将影响其电气性能，甚至将失去绝缘的作用。

6. 绝缘漆管

绝缘漆管是由棉、涤纶、玻璃纤维管等浸以不同的绝缘漆制成的。常用的绝缘漆管为 2730 型醇酸玻璃漆管，通常称为黄腊管。该材料具有良好的电气性能和机械性能，耐油、耐热、耐潮性能较好，主要用作电动机、电器的引出线或连接线的绝缘套管。图 2-7 所示为绝缘漆管的应用。

图 2-7 绝缘漆管的应用

7. 绝缘层压制品

绝缘层压制品是由两层或多层浸有树脂的纤维或织物经叠合、热压结合成的绝缘整体，具有良好的电气性能、耐热、耐油、耐霉、耐电弧、防电晕等特性，广泛应用在电动机、变压器、高低压电器、电工仪表和电子设备中，通常可分为层压纸板、层压布板和层压玻璃布板等。

层压纸板主要是指酚醛层压纸板，其厚度为 0.2~60mm，如图 2-8 所示。一般可在电气设备中用作绝缘结构零部件。常用层压纸板的特点及应用见表 2-2。

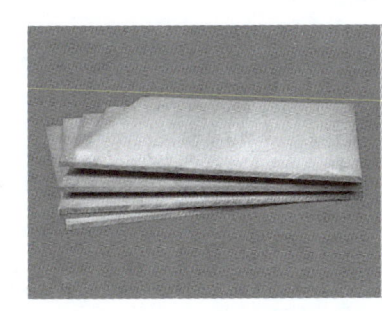

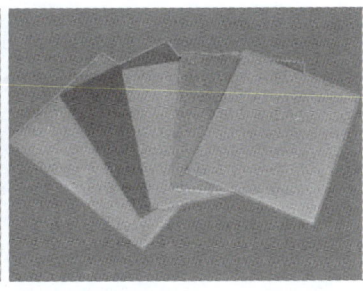

图 2-8 酚醛层压纸板

表 2-2 常用层压纸板的特点及应用

型号	耐热等级	特点及应用
3020、3021 型	E	具有良好的耐油性，可用作电工设备中的绝缘结构零部件，并可在变压器油中使用
3022 型	E	具有较高的耐潮性，可在潮湿条件下工作的电工设备中用作绝缘结构零部件
3023 型	E	该型号层压纸板介质损耗低，适于在无线电、电话和高频设备中用作绝缘结构零部件

层压布板通常称为酚醛层压布板，如图 2-9 所示，通常在电气设

备中用作绝缘零部件。常用层压布板的特点及应用见表2-3。

图2-9 酚醛层压布板

表2-3 常用层压布板的特点及应用

型号	耐热等级	特点及应用
3025型	E	机械强度和耐油性较高，适于用作电气设备中的绝缘零部件，并可在变压器油中使用
3027型	E	电气性能较好，吸水性小，适于用作高频无线电装置中的绝缘结构件

层压玻璃布板的类型较多，常见的电工用层压玻璃布板主要有酚醛层压玻璃布板和环氧酚醛玻璃布板等，如图2-10所示。常用层压玻璃布板的特点及应用见表2-4。

图2-10 层压玻璃布板

表 2-4 常用层压玻璃布板的特点及应用

型号	耐热等级	特点及应用
3230 酚醛层压玻璃布板	B	相对层压纸、布板来说，酚醛层压玻璃布板机械性能、耐水和耐压性更好，但其黏合强度低，适用于电工设备中的绝缘结构件，并可在变压器油中使用
3240 环氧酚醛玻璃布板	F	该层压制品具有很高的机械强度、耐热性、耐水性、电气性能良好，且浸水后电气性能较稳定。适于用作高机械强度、高介电性能以及耐水性好的电动机、电器的绝缘结构件，并可在变压器油中使用

2.1.2 无机绝缘材料

无机绝缘材料主要包括云母、石棉、大理石、陶瓷、玻璃等，其耐热性能和机械强度较好，主要用来制造电动机、电器的绕组绝缘或开关的底板和绝缘子等。

1. 云母

云母是一种板状、片状、柱状的晶体造岩矿物，具有良好的绝缘性、隔热性、弹性、韧性、耐高温性、抗酸性、抗碱性、抗压性等特点，还具有较大的电阻、较低的电介质损耗和抗电弧、耐电晕等介电性能，且质地坚硬，机械强度高。通常可分为白云母、黑云母和锂云母三个亚族，其中白云母亚族包括白云母、绢云母、钠云母；黑云母亚族包括黑云母、金云母、铁云母、猛云母；锂云母亚族包括含有氧化锂的各种云母的细小鳞片。在电工行业中常用的云母为白云母和金云母，可通过云母碎和云母粉加工成云母带、云母板等绝缘材料，如图 2-11 所示。

在电工行业中主要是利用云母的绝缘性和耐高温性，其绝缘性是由云母的电气性能所决定的，当云母片厚为 0.015mm 时，平均击穿电压 2.0~5.7kV，击穿强度为 133~407kV/mm，此数据为我国矿区对云母的测试结果；而耐高温性通过测试，白云母在加热至

100~600℃时，弹性和表面性质均不变，加热至700~800℃时，脱水、机械、电气性能有所改变、弹性丧失，加热至1050℃时，结构才会被破坏；而金云母较白云母来讲加热在700℃左右时，电气性能较好。除此之外，在电工行业中也会利用云母的抗酸、抗碱和耐压特性。

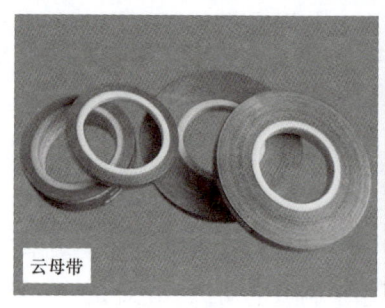

云母带

云母板

图2-11 云母的应用

2. 石棉

石棉是天然纤维状的硅质矿物，是一种天然矿物纤维，具有良好的绝缘性、隔热性、抗压性、耐水、耐酸、耐化学腐蚀等特点，在电工行业中常用于热绝缘和电绝缘材料。它可通过加工制成纱、线、绳、布、衬垫、制动片等，如图2-12所示。

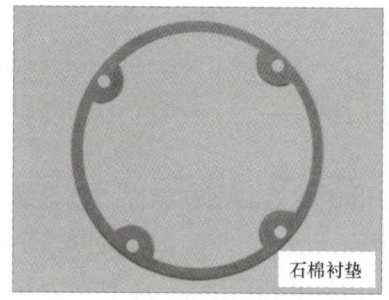

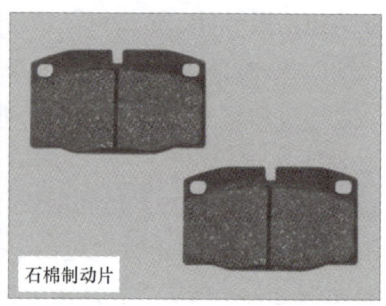

石棉衬垫　石棉制动片

图2-12 石棉的应用

石棉虽然具有很多的优良性能，但对人体的健康有一定的影响，进入人体的石棉纤维有致病的可能性。因此，在石棉粉尘严重的环境中应注意防护。

3. 大理石

大理石也称为云石，是石灰岩在高温高压下变软，所含的矿物质发生变化后，重新结晶形成的，因此也可以说大理石是重新结晶的石灰岩，其主要成分为碳酸钙和碳酸镁，具有良好的耐压性、耐磨性、耐酸性、耐腐蚀性且不易变形、不磁化等特点。通过加工大理石产生的石粉、碎石可用于制造涂料、橡胶、塑料等的填料，也可制作成各种形状的绝缘大理石壁，在电工行业中用于各种电器的安装、支撑、绝缘、隔离等，如图 2-13 所示。

图 2-13 大理石的应用

4. 陶瓷

陶瓷是通过黏土、石英、长石等天然矿物为原料加工制成多晶无机绝缘材料。它具有电阻率高、介电常数小、介电损耗小、机械强度高、热膨胀系数小、热导率高、抗热冲击性好等性能。在电力、电子工业中广泛用于电器器件的安装、支撑、绝缘、隔离、连接等。图 2-14 所示为低压架空线路上的绝缘子。

图 2-14 低压架空线路上的绝缘子

【查询知识】

绝缘陶瓷还可用于电阻机体、线圈框架、晶闸管外壳、绝缘衬套、集成电路基片、电真空器件、电热设备等绝缘的环境中。常见陶瓷的特点及应用见表 2-5。

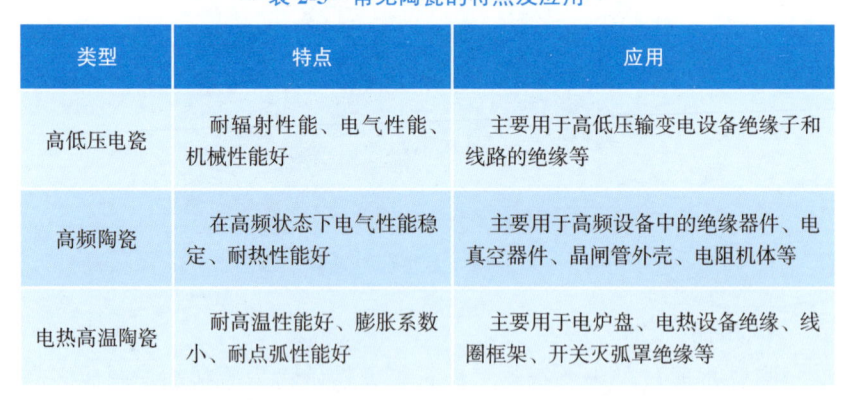

表 2-5 常见陶瓷的特点及应用

类型	特点	应用
高低压电瓷	耐辐射性能、电气性能、机械性能好	主要用于高低压输变电设备绝缘子和线路的绝缘等
高频陶瓷	在高频状态下电气性能稳定、耐热性能好	主要用于高频设备中的绝缘器件、电真空器件、晶闸管外壳、电阻机体等
电热高温陶瓷	耐高温性能好、膨胀系数小、耐点弧性能好	主要用于电炉盘、电热设备绝缘、线圈框架、开关灭弧罩绝缘等

5. 玻璃

电工玻璃是通过二氧化硅、氧化钙、氧化钠、三氧化二硼等原料加工制成的无晶玻璃体，在电工、电子行业得到广泛应用。图 2-15 所示为由玻璃制成的玻璃绝缘子。

将玻璃进行高温熔制、拉丝、络纱、织布等工艺后，形成的玻璃纤维具有耐高温、耐腐蚀、隔热、不燃、绝缘等特点，但其耐磨性差，在电工行业中常用于电绝缘材料，如图 2-16 所示。玻璃纤维的类型较多，按其特点和应用可分为不同级别的玻璃纤维，常用几种不同级别玻璃纤维的特点及应用见表 2-6，在电工行业中常用的为 E 级玻璃纤维。

图 2-15　玻璃绝缘子　　　　　　图 2-16　玻璃纤维

表 2-6　常用几种不同级别玻璃纤维的特点及应用

级别	特点	应用
C 级玻璃纤维（中碱玻璃）	与无碱玻璃相比，其耐酸性较高，但电气性能较差，机械强度较低	主要用于生产玻璃纤维表面毡、玻璃钢的增强以及过滤织物等
D 级玻璃纤维（介电玻璃）	介电强度好	主要用于生产介电强度好的低介电玻璃纤维
E 级玻璃纤维（无碱玻璃）	硼硅酸盐玻璃，具有良好的电气绝缘性和机械性能，但易被无机酸侵蚀	主要用于生产电绝缘玻璃纤维和生产玻璃钢，不适合在酸性环境中使用

玻璃纤维可通过加工生产出不同玻璃纤维织物，例如玻璃布、玻璃带、玻璃纤维绝缘套管等，如图 2-17 所示。常用玻璃纤维织物

的特点及应用见表2-7。

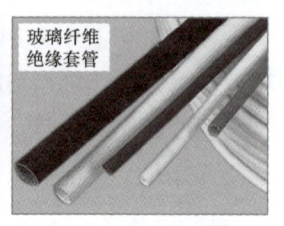

图2-17 玻璃纤维织物

表2-7 常用玻璃纤维织物的特点及应用

织物名称	应用
玻璃布	主要用于生产各种绝缘材料,例如绝缘层压板、印制电路板等
玻璃带	主要用于生产高强度、介电性能良好的电气设备零部件
玻璃纤维绝缘套管	在玻璃纤维编织管上涂上树脂材料制成的各种绝缘套管,用于各种电气设备的绝缘

2.2 常用磁性材料

2.2.1 软磁性材料

软磁性材料也是一种导磁材料,这种材料在较弱的外界磁场作用下也能传导磁性,且随外界磁场的增强而增强,并能够快速达到磁饱和状态;同样软磁性材料也会随外界磁场的减弱而减弱,当撤掉外界磁场后,其磁性基本也会消失。

根据软磁性材料的特性,通常应用在电动机、扬声器、变压器中作为铁心导磁体,或在变压器、扼流圈、继电器中作为铁心,如

图 2-18 所示。

软磁性材料在电动机中的应用　　软磁性材料在扬声器中的应用　　软磁性材料在变压器中的应用

图 2-18　软磁性材料的应用

电工用纯铁、电工用硅钢板、铁镍合金、铁铝合金以及软磁铁氧体等，是电工材料中常见的软磁性材料，其具体应用如下：

1. 电工用纯铁

电工用纯铁的饱和磁感应强度高，冷加工性好，但其电阻率较低，一般只用于直流磁场或低频条件下。

【经验分享】

常见电工用纯铁的型号主要有 DT3、DT4、DT5、DT6 几种，其中字母"DT"与数字构成电工纯铁的牌号。"DT"表示电工用纯铁，数字表示不同牌号的顺序号。还有些型号中，数字后又加上字母，如"DT3A"，其中所加字母表示该纯铁的电磁性能：A—高级，E—特级，C—超级。

2. 电工用硅钢板

电工用硅钢板的电阻率比电工用纯铁高很多，但热导率低，硬度高，适用于各种交变磁场的环境，是电动机、仪表、电信等工业部门广泛应用的重要磁性材料。通常它又可细分为热轧硅钢板和冷轧硅钢板两种。常用的硅钢板厚度有 0.35mm 和 0.5mm 两种，多在交直流电动机、变压器、继电器、互感滤波器、开关等产品中作为铁心使用。

3. 铁镍合金

铁镍合金俗称为坡莫合金，与上述两种软磁性材料相比，其磁导率极高，适用于工作在频率为 1MHz 以下的弱磁场中。

4. 铁铝合金和软磁铁氧体

铁铝合金多用于弱磁场和中等磁场下工作的器件中。软磁铁氧体是一种复合氧化物烧结体，其硬度高，耐压性好，电阻率也较高，但饱和磁感应强度低，温度热稳定性也较差，适用于高频或较高频范围内的电磁元件。

2.2.2 硬磁性材料

硬磁性材料又称为永磁性材料，该材料在外接磁场的作用下也能产生较强的磁感应强度，但当其达到磁饱和状态，去掉外界磁场后，还能在较长时间内保持较强和稳定的磁性。

根据硬磁性材料的特性，其常作为储存和提供磁能的永久磁铁，例如磁带、磁盘和微型电动机的磁钢等，如图 2-19 所示。

硬磁性材料应用于磁带中　　硬磁性材料应用于磁盘中　　硬磁性材料应用于微型电动机中

图 2-19　硬磁性材料的应用

铝镍钴合金硬磁性材料和铁氧体硬磁性材料等是电工材料中常用的硬磁性材料，其具体应用如下：

1. 铝镍钴合金硬磁材料

铝镍钴合金硬磁性材料是电动机工业中应用很广的一种材料，该材料的磁感应强度受温度影响小，具有良好的磁特性，但其热稳定性和加工工艺较差。它主要用来制造永磁电动机和微型电动机的磁极铁心以及电信工业中的微波器件等。

2. 铁氧体硬磁性材料

铁氧体硬磁性材料以氧化铁为主,该材料的电阻率高,磁感应强度受温度的影响大、硬度高、脆性大。主要用于在动态条件下工作的硬磁体,例如仪表电动机、磁疗器械以及电声部件等的永磁体。

2.3 电工线材

2.3.1 裸导线

一般裸导线具有良好的导线性能和机械性能,可作为各种电线、电缆的导电芯线或在电动机、变压器等电气设备中作为导电部件使用。此外,高压输电铁塔上的架空线远离人群,也使用裸导线输送配电,如图 2-20 所示。

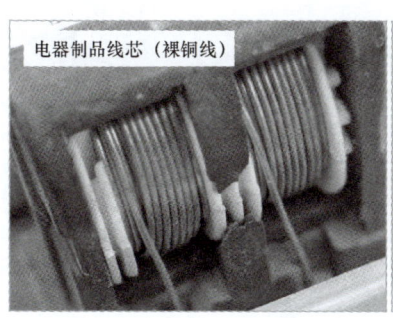

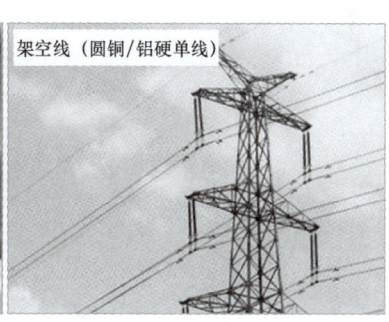

图 2-20 裸导线的应用

【查询知识】

裸导线的应用范围很广,规格型号也是多种多样,各种裸导线的型号、规格、特性及其应用见表2-8。注意：很多裸导线表面涂有高强度绝缘漆，用以防止氧化，提高绝缘性能。

表2-8 各种裸导线的型号、规格、特性及其应用

类型	名称	型号	线径范围/mm	特性	应用
圆单线	硬圆铝线 半硬圆铝线 软圆铝线	LY LYB LR	0.06~6.00	硬线抗拉强度较大，比软线大一倍；半硬线有一定的抗拉强度和延展性；软线的延展性最高	硬线主要用作架空导线；半硬线和软线用于电线、电缆及电磁线的线芯；软线用作电动机、电器及变压器绕组等
	硬圆铜线 软圆铜线	TY TR	0.02~6.00		
裸绞线	铝绞线 铝合金绞线 钢芯铝绞线	LJ HLJ LGJ	10~600	导电性和机械性能良好，且钢芯绞线承受拉力较大	低压或高压架空输电线用（基于成本考虑使用铝绞线较多）
	硬铜绞线 镀锌钢绞线	TJ GJ	2~260		
软接线	铜电刷线 软铜电刷线 纤维编织镀锡	TS TSR TSX	—	软接线的最大特性为柔软，耐弯曲性强	铜电刷线或软铜电刷线为多股铜线或镀锡铜线绕制而成，柔软且耐弯曲，多用于电动机、电器及仪表线路上连接电刷；除此之外，软接线多用于引出线、接地线以及电工用电气设备部件间的连接线等
	软铜绞线 镀锡铜软绞线 铜编织线 镀锡铜编织线	TJR TJRX TZ TZX			
型线	硬铝扁线 软铝扁线	LBY LBR	—	铜、铝扁线的机械性能与圆单线基本相同，扁线的结构形状为矩形	铜、铝扁线主要用于电动机、电器中的线圈或绕组使用
	硬铜扁线 软铜扁线	TBY TBR	—		

2.3.2 电磁线

1. 漆包线

漆包线具有漆膜均匀、光滑柔软且利于线圈的绕制等特点,广泛应用于中小型电动机及微型电动机、干式变压器和其他电工产品中。图 2-21 所示为漆包线的典型应用。

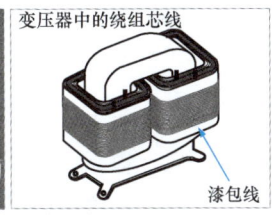

图 2-21 漆包线的典型应用

【查询知识】

电工常用的漆包线主要有油性漆包线、缩醛漆包线以及聚酯漆包线等,其型号、规格、性能参数及应用见表 2-9。

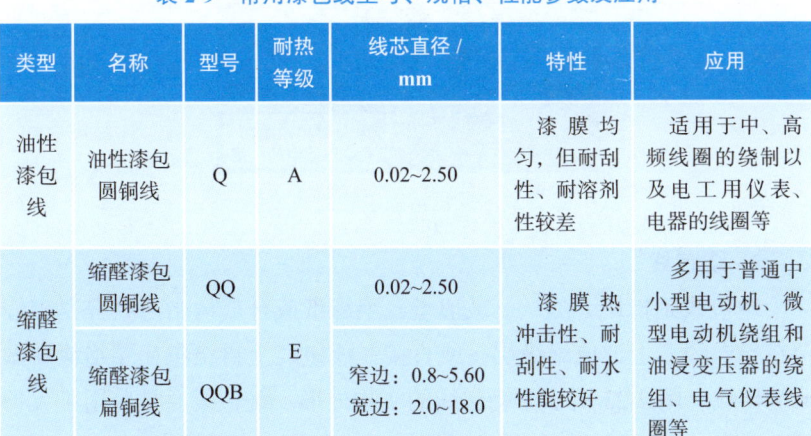

表 2-9 常用漆包线型号、规格、性能参数及应用

类型	名称	型号	耐热等级	线芯直径/mm	特性	应用
油性漆包线	油性漆包圆铜线	Q	A	0.02~2.50	漆膜均匀,但耐刮性、耐溶剂性较差	适用于中、高频线圈的绕制以及电工用仪表、电器的线圈等
缩醛漆包线	缩醛漆包圆铜线	QQ	E	0.02~2.50	漆膜热冲击性、耐刮性、耐水性能较好	多用于普通中小型电动机、微型电动机绕组和油浸变压器的绕组、电气仪表线圈等
	缩醛漆包扁铜线	QQB		窄边:0.8~5.60 宽边:2.0~18.0		

37

（续）

类型	名称	型号	耐热等级	线芯直径/mm	特性	应用
聚酯漆包线	聚酯漆包圆铜线（电工用料中最为常用）	QZ	B	0.06~2.50	耐电压击穿性好，但耐水性较差	多用于普通中小型电动机、干式变压器的绕组和电气仪表的线圈等
	聚酯漆包扁铜线	QZB		窄边：0.8~5.60 宽边：2.0~18.0		

漆包线除了上述几类外，还包括聚氨酯漆包线、环氧漆包线、聚酯亚胺漆包线和特种漆包线。

2. 无机绝缘电磁线

无机绝缘电磁线的特点是耐高温、耐辐射，主要用于高温、辐射等场合。图 2-22 所示为无机绝缘电磁线的应用。无机绝缘电磁线的种类、型号、特点及其应用见表 2-10。

图 2-22 无机绝缘电磁线的应用

3. 绕包线

绕包线是指用天然丝、玻璃丝、绝缘纸或合成树脂薄膜等紧密绕包在导电线芯上形成绝缘层，或直接在漆包线上再绕包一层绝缘层做成的导线。图 2-23 所示为绕包线的实物外形。绕包线通常应用于大中型电工产品中。绕包线的种类、型号、特点及其应用见表 2-11。

表 2-10 无机绝缘电磁线的种类、型号、特点及其应用

类型	名称	型号	线芯直径/mm	特性 优点	特性 局限性	应用
氧化膜绝缘电磁线	氧化膜圆铝线	YML YMLC	0.05~5.0	耐温性、耐辐射性好，重量轻	弯曲性、耐刮性、耐酸碱性差	起重电磁铁、高温制动器、干式变压器绕组和耐辐射场合
	氧化膜扁铝线	YMLB YMLBC	窄边：1.0~4.0 宽边：2.5~6.3			
	氧化膜铝带（箔）	YMLD	厚：0.08~1.00 宽：20~900			
陶瓷绝缘电磁线	陶瓷绝缘线	TC	0.06~0.50	耐高温性、耐化学腐蚀性、耐辐射性好	弯曲性、耐潮湿性差	用于高温以及有辐射的场合

图 2-23 绕包线的实物外形

表 2-11 绕包线的种类、型号、特点及其应用

类型	名称	型号	耐热等级	线芯直径/mm	特性	应用
纸包线	纸包圆铜线	Z	A	1.0~5.60	耐击穿性能好、价格低廉	应用于变压器绕组等
	纸包圆铝线	ZL		1.0~5.60		
	纸包扁铜线	ZB		窄边：0.9~5.60 宽边：2.0~18.0		
	纸包扁铝线	ZLB				

（续）

类型	名称	型号	耐热等级	线芯直径/mm	特性	应用
玻璃丝包线及玻璃丝包漆包线	双玻璃丝包圆铜线	SBEC	B	0.25~6.0	过负载性、耐电晕性、耐潮湿性好	适用于电动机、电器产品的绕组等
	双玻璃丝包扁铜线	SBECB		窄边：0.9~5.60		
	硅有机漆双玻璃丝包圆铜线	SBEG	H	宽边：2.0~18.0		
丝包线	双丝包圆铜线	SE	A	0.05~0.25	机械强度好，介质损耗小，电性能好	适用于仪表、电信设备的线圈和采矿电缆的线芯等
	单丝包油性漆包圆铜线	SQ				
	单丝包聚酯漆包圆铜线	SQZ				

4. 特种电磁线

特种电磁线是指具有特殊绝缘结构（例如耐水的多层绝缘结构，耐高温、耐辐射的无机绝缘结构等）和性能的一类电磁线。特种电磁线适合在高温、高湿度、高磁场、超低温环境中工作的仪器、仪表等电工产品中作为导电材料。除此之外，熔断器（熔丝）也属于电磁线的一种，且其应用较为广泛。图 2-24 所示为特种电磁线的应用。特种电磁线的种类、型号、特点及其应用见表 2-12。

特种电磁线

图 2-24　特种电磁线的应用

表 2-12 特种电磁线的种类、型号、特点及其应用

类型	名称	型号	耐热等级	线芯直径/mm	特性	应用
高频绕组线	单丝包高频绕组线	SQJ	Y	由多根漆包线绞制成线芯	柔软性好	稳定、介质损耗小的仪表电器线圈等
	双丝包高频绕组线	SEQJ				
中频绕组线	玻璃丝包中频绕组线	QZJBSB	B H	宽：2.1~8.0mm 高：2.8~12.5mm	柔软性好、嵌线工艺简单	用于1000~8000Hz的中频变频机绕组等
换位导线	换位导线	QQLBH	A	窄边：1.56~3.82mm 宽边：4.7~1.80mm	简化绕制线圈工艺	大型变压器绕组等
塑料绝缘绕组线	聚氯乙烯绝缘潜水电动机绕组线	QQV	Y	线芯截面积 0.6~11.0mm²	耐水性好	潜水电动机绕组等
	聚氯乙烯绝缘尼龙护套湿式潜水电动机绕组线	—		线芯截面积 0.5~7.5mm²	耐水性好、机械强度较高	

2.3.3 绝缘导线

塑料和橡胶绝缘导线广泛应用于交流 500V 和直流 1000V 电压及以下的各种电器、仪表、动力电路及照明电路中。塑料/橡胶绝缘硬线多作为企业及工厂中固定敷设用电线，线芯多采用铜线或铝线；而作为移动使用的电缆和电源软接线等通常采用多股铜芯的绝缘软线。

1. 塑料绝缘导线

塑料绝缘导线是电工用导电材料中应用最多的导线之一，目前几乎所有的动力和照明电路都采用的塑料绝缘电线。图2-25 所示为普通塑料绝缘导线的实物外形。按照其用途及特性不同可分为塑料绝缘硬导线、塑料绝缘软导线、铜芯塑料绝缘安装导线和塑料绝缘屏蔽导线四种类型。

图2-25 普通塑料绝缘导线的实物外形

（1）塑料绝缘硬导线

塑料绝缘硬导线的线芯数较少，通常不会超过五芯。在其规格型号标识中，首字母通常为"B"。图2-26 所示为常见塑料绝缘硬导线的结构。

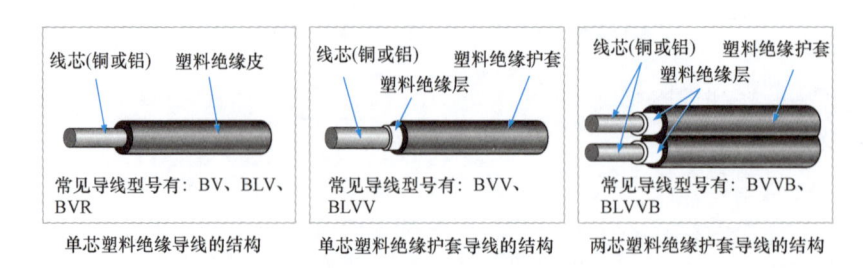

单芯塑料绝缘导线的结构	单芯塑料绝缘护套导线的结构	两芯塑料绝缘护套导线的结构
线芯(铜或铝)、塑料绝缘皮 常见导线型号有：BV、BLV、BVR	线芯(铜或铝)、塑料绝缘护套、塑料绝缘层 常见导线型号有：BVV、BLVV	线芯(铜或铝)、塑料绝缘护套、塑料绝缘层 常见导线型号有：BVVB、BLVVB

图2-26 常见塑料绝缘硬导线的结构

【查询知识】

常见塑料绝缘硬导线的型号、性能及其应用见表 2-13。

表 2-13 常见塑料绝缘硬导线的型号、性能及其应用

名称	型号	允许最大工作温度/℃	应用
铜芯塑料绝缘导线	BV	65	用于敷设于室内外及电气设备内部，家装电工中的明敷或暗敷用导线，最低敷设温度不低于 –15℃
铝芯塑料绝缘导线	BLV		
铜线塑料绝缘护套导线	BVV	65	用于敷设于潮湿的室内和机械防护要求高的场合，可明敷、暗敷和直埋地下
铝芯塑料绝缘护套导线	BLVV		
铜芯塑料绝缘护套平行线	BVVB		适用于各种交流、直流电气装置，电工仪器、仪表、动力及照明线路故障敷设
铝芯塑料绝缘护套平行线	BLVVB		
铜芯耐热 105 ℃塑料绝缘导线	BV-105	105	用于敷设于高温环境的场所，可明敷和暗敷，最低敷设温度不低于 –15℃
铝芯耐热 105 ℃塑料绝缘导线	BLV-105		

（2）塑料绝缘软导线

塑料绝缘软导线的型号字母开头为"R"，通常其线芯较多，导线本身较柔软，耐弯曲性较强，多用于电源软接线。图 2-27 所示为常见塑料绝缘软导线的结构图。

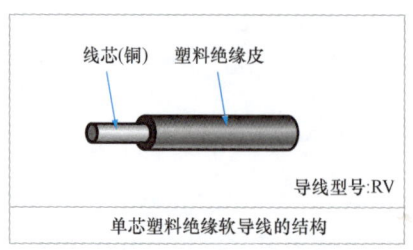

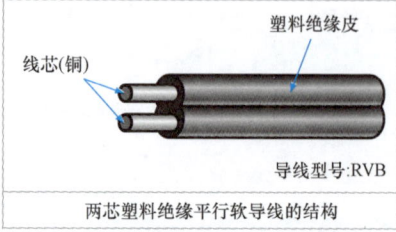

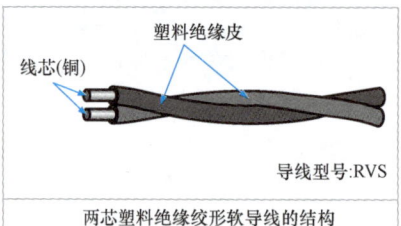

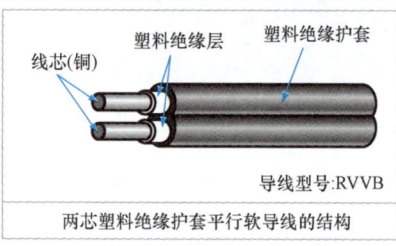

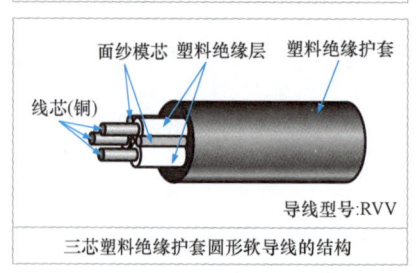

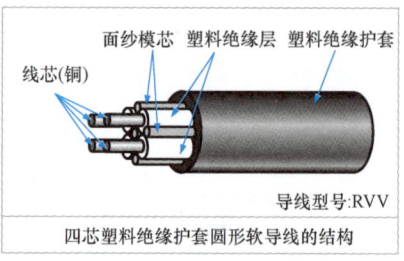

图 2-27 常见塑料绝缘软导线的结构图

【查询知识】

常见塑料绝缘软导线的型号、性能及其应用见表 2-14。

（3）铜芯塑料绝缘安装导线

铜芯塑料绝缘安装导线型号以 AV 系列为主，多应用于交流额定电压为 300V 或 500V 及以下的电气或仪表、电子设备及自动化装置的安装导线。与塑料绝缘导线相比，AV 系列铜芯塑料绝缘安装导线多用于电气设备等。常见 AV 系列铜芯塑料绝缘安装导线的型号、性能及其应用见表 2-15。

表 2-14　常见塑料绝缘软导线的型号、性能及其应用

名称	型号	允许最大工作温度/℃	应用
铜芯塑料绝缘软导线	RV	65	用于各种交流、直流移动电气装置、仪表等设备接线，也可用于动力及照明设置的连接，安装环境温度不低于 −15℃
铜芯塑料绝缘平行软导线	RVB		
铜芯塑料绝缘绞形软导线	RVS		
铜芯塑料绝缘护套软导线	RVV		该导线用途与 RV 等导线相同，该导线可用于潮湿和机械防护要求较高，以及经常移动和弯曲的场合
铜芯耐热 105℃ 塑料绝缘软导线	RV-105	105	该导线用途与 RV 等导线相同，不过该导线可用于 45℃ 以上的高温环境
铜芯塑料绝缘护套平行软导线	RVVB	70	用于各种交流、直流移动电气装置、仪表等设备接线，也可用于动力及照明设置的连接，安装环境温度不低于 −15℃

表 2-15　常见 AV 系列铜芯塑料绝缘安装导线的型号、性能及其应用

名称	型号	允许最大工作温度	应用
铜芯塑料绝缘安装导线	AV	AV-105、AVR-105 型号的安装导线应不超过 105℃；其他规格导线应不超过 70℃	适合在交流额定电压 300V 或 500V 及以下的电气装置、仪表和电子设备以及自动化装置中作为安装用导线
铜芯耐热 105℃ 塑料绝缘安装导线	AV-105		
铜芯塑料绝缘安装软导线	AVR		
铜芯耐热 105℃ 塑料绝缘安装软导线	AVR-105		
铜芯塑料安装平行软导线	AVRB		
铜芯塑料安装绞形软导线	AVRS		
铜芯塑料绝缘护套安装软导线	AVVR		

(4) 塑料绝缘屏蔽导线

塑料绝缘屏蔽导线是在绝缘软/硬导线的绝缘层外包绕了一层金属箔或编织金属丝等作为屏蔽层使用。这样做可以减少外界电磁波对绝缘导线内电流的干扰，也可减少导线内电流产生的磁场对外界的影响。图 2-28 所示为常见塑料绝缘屏蔽导线的实物外形。

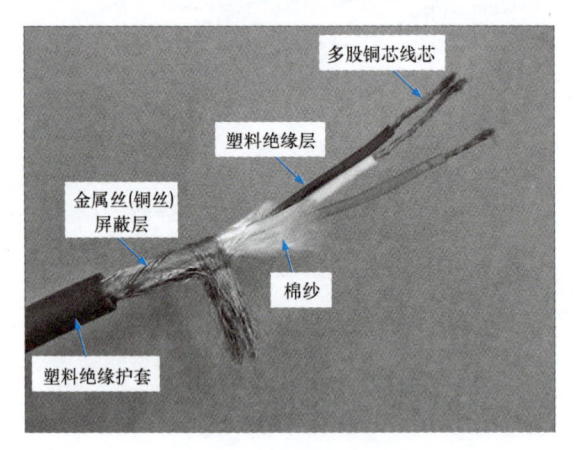

图 2-28　常见塑料绝缘屏蔽导线的实物外形

【查询知识】

塑料绝缘屏蔽导线由于其屏蔽层的特殊功能，广泛应用于要求防止相互干扰的各种电气装置、仪表、电信设备、电子仪器以及自动化装置等电路中。常见塑料绝缘屏蔽导线的型号、性能及其应用见表 2-16。

表 2-16　常见塑料绝缘屏蔽导线的型号、性能及其应用

名称	型号	允许最大工作温度/℃	应用
铜芯塑料绝缘屏蔽导线	AVP	65	固定敷设，适用于 300V 或 500V 及以下电气装置、仪表、电子设备等的电路中；安装使用时环境温度不低于 −15℃
铜芯耐热 105℃塑料绝缘屏蔽导线	AVP-105	105	

(续)

名称	型号	允许最大工作温度/℃	应用
铜芯塑料绝缘屏蔽软线	RVP	65	移动使用，也适用于300V或500V及以下电气装置、仪表、电子设备等的电路中，而且可用于环境较潮湿或要求较高的场合
铜芯耐热105℃塑料绝缘屏蔽软导线	RVP-105	105	
铜芯塑料绝缘屏蔽塑料护套软导线	RVVP	65	

2. 橡胶绝缘导线

橡胶绝缘导线主要是由天然丁苯橡胶绝缘层和导线线芯构成的。常见的电工用橡胶绝缘电线多为黑色且较粗（成品线径为4.0~39mm）的电线。多用于企业电工、农村电工中的动力线敷设，也可用于照明装置的固定敷设等。常见橡胶绝缘导线的型号、性能及其应用见表2-17。

表2-17 常见橡胶绝缘导线的型号、性能及其应用

名称	型号	允许最大工作温度	应用
铜芯橡胶绝缘导线	BX	长期允许工作温度不超过65℃，环境温度不超过25℃	适用于交流电压500V及以下或直流1000V及以下的电气装置及动力、照明装置的固定敷设
铝芯橡胶绝缘导线	BLX		
铜芯橡胶绝缘软导线	BXR		适用于室内安装及要求柔软的场合
铜芯氯丁橡胶导线	BXF		适用于交流500V及以下或直流1000V及以下的电气设备及照明装置
铝芯氯丁橡胶导线	BLXF		
铜芯橡胶绝缘护套导线	BXHF		适用于敷设在较潮湿的场合，可用于明敷和暗敷
铝芯橡胶绝缘护套导线	BLXHF		

2.3.4 电缆

电缆线路适用于有腐蚀性气体和易燃易爆物的场所。电缆的基本结构主要由三部分组成：一是导电线芯，用于传输电能；二是绝缘层，使线芯与外界隔离，保证电流沿线芯传输；三是保护层，主要起保护密封的作用，使绝缘层不被潮气侵入，不受外界损伤，保持绝缘性能。在某些电缆的保护层中还会加入钢带或钢丝（铝带或铝丝）铠装。图 2-29 所示为无铠电缆和有铠电缆的结构图。

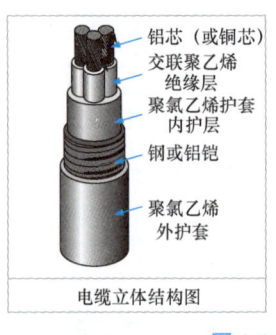

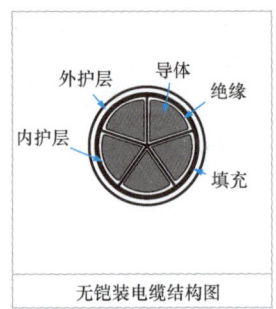

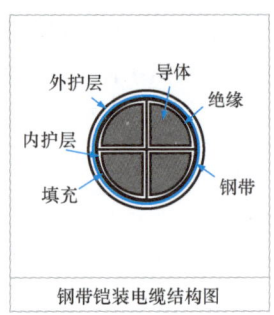

图 2-29 无铠电缆和有铠电缆的结构图

高层建筑、地铁、电站及重要的公共建筑物的防火问题很重要，这些场所需要采用防火电缆，该电缆可在 950~1000℃的高温火焰中安全使用 3h 以上。图 2-30 所示为防火电缆的结构图。

电缆的种类很多，按其结构及作用可分为电力电缆、控制电缆、通信电缆、同轴电缆等。

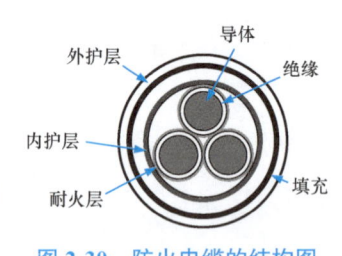

图 2-30 防火电缆的结构图

1. 电力电缆

电力电缆不易受外界风、雨、冰雹的影响，供电可靠性高，但其材料和安装成本较高。电力电缆通常按一定电压等级制造出厂，其中 1kV 电压等级的电力电缆使用最为普遍，3~35kV 电压等级的电力电缆常用于大、中型建筑内的主要供电线路。

> 【提示】
>
> 电力电缆的导电芯有 5 种：分别为单芯、二芯、三芯、四芯、五芯。
>
> 单芯电缆用于传送单相交流电、直流电及高压电动机引出线；二芯电缆多用于传送单相交流电或直流电；三芯电缆用于三相交流电网中，广泛用于 35kV 以下的电缆线路；四芯电缆用于低压配电线路、中性点接地的 TT 方式和 TN-C 方式供电系统；五芯电缆用于低压配电线路、中性点接地的 TN-S 方式供电系统。

2. 控制电缆

控制电缆主要用于配电装置中连接电气仪表、继电保护装置和自动控制设备，以传导操作电流或信号。控制电缆属于低压电缆，线芯多且较细，工作电压一般在 500V 以下。

3. 通信电缆

通信电缆按结构可分为对称式、同轴式通信电缆。

对称式通信电缆的传输频率较低（一般在几百赫兹以内），其线对的两根绝缘线结构相同，而且对称于线对的纵向轴线。

同轴式通信电缆的传输频率可达几十兆赫兹，主要用于距离几百千米以上的通信线路，它的线对是同轴的，两根绝缘线分别为内导线和外导线，内导线在外导线的轴心上。

4. 同轴电缆

同轴电缆又称为射频电缆，在电视系统中用于传输电视信号。它由同轴的内外两个导体组成，内导体是单股实心导线，外导体为金

属丝网,内外导体之间充有高频绝缘介质,外面包有塑料护套,如图 2-31 所示。

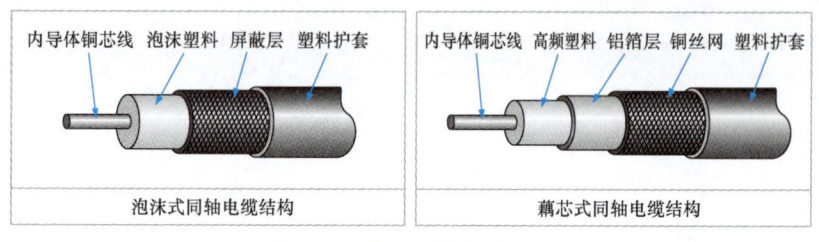

图 2-31 常用同轴电缆结构

第 3 章 电工急救与电气灭火

3.1 电工急救

3.1.1 知晓触电危害

触电是电工作业中最易发生的，也是危害最大的一类事故。触电所造成的危害主要体现在当人体接触或接近带电体造成触电事故时，电流流经人体，对接触部位和人体内部器官等造成不同程度的伤害，甚至威胁到生命，造成严重的伤亡事故。

如图 3-1 所示，当人体接触设备的带电部分并形成电流通路时，就会有电流流过人体，从而造成触电。

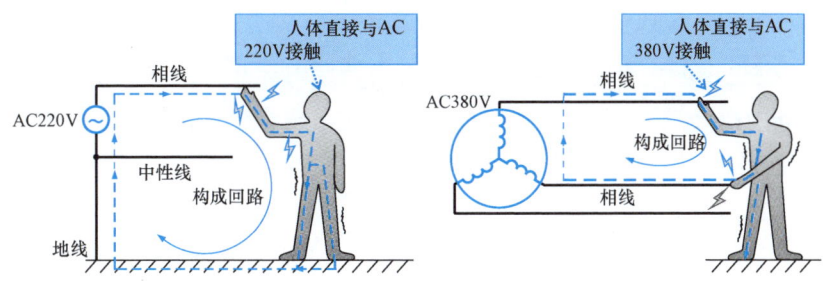

图 3-1　人体触电时形成的电流

触电电流是造成人体伤害的主要原因，触电电流是有大小之分的，因此，触电引起的伤害也会不同。触电电流按照伤害大小可分为

51

感觉电流、摆脱电流、伤害电流和致死电流。图 3-2 所示为触电的危害等级。

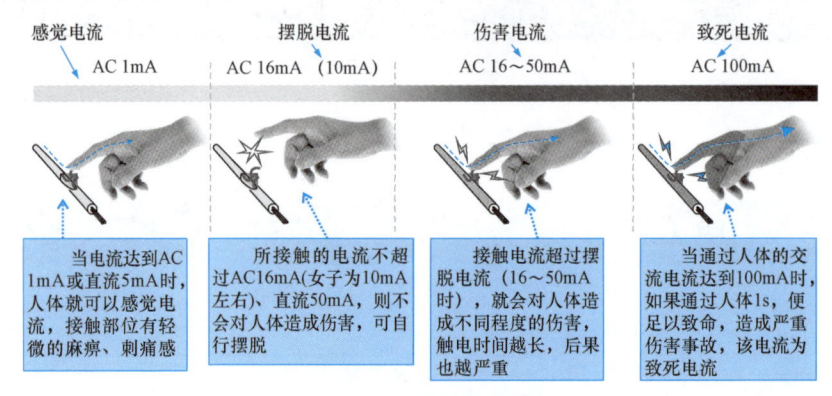

感觉电流	摆脱电流	伤害电流	致死电流
AC 1mA	AC 16mA（10mA）	AC 16～50mA	AC 100mA
当电流达到AC 1mA或直流5mA时，人体就可以感觉电流，接触部位有轻微的麻痹、刺痛感	所接触的电流不超过AC16mA(女子为10mA左右)、直流50mA，则不会对人体造成伤害，可自行摆脱	接触电流超过摆脱电流（16～50mA时），就会对人体造成不同程度的伤害，触电时间越长，后果也越严重	当通过人体的交流电流达到100mA时，如果通过人体1s，便足以致命，造成严重伤害事故，该电流为致死电流

图 3-2　触电的危害等级

根据触电电流的危害程度的不同，触电的危害主要表现为"电伤"和"电击"两大类。"电伤"主要是指电流通过人体某一部分或电弧效应而造成的人体表面伤害，主要表现为烧伤或灼伤。一般情况下，虽然"电伤"不会直接造成十分严重的伤害，但可能会因电伤造成精神紧张等情况，从而导致摔倒、坠落等二次事故，即间接造成严重危害，需要注意特别防范。

"电击"是指电流通过人体内部而造成内部器官，例如心脏、肺部和中枢神经等的损伤。特别是电流通过心脏时，危害性最大。相比较来说，"电击"比"电伤"造成的危害更大。

1. 单相触电

单相触电是指人体在地面上或其他接地体上，手或人体的某一部分触及三相线中的其中一根相线，在没有采用任何防范的情况下，电流就会从接触相线经过人体流入大地，这种情形称为单相触电。图 3-3 所示为检修带电断线时引发的单相触电。

第 3 章 电工急救与电气灭火

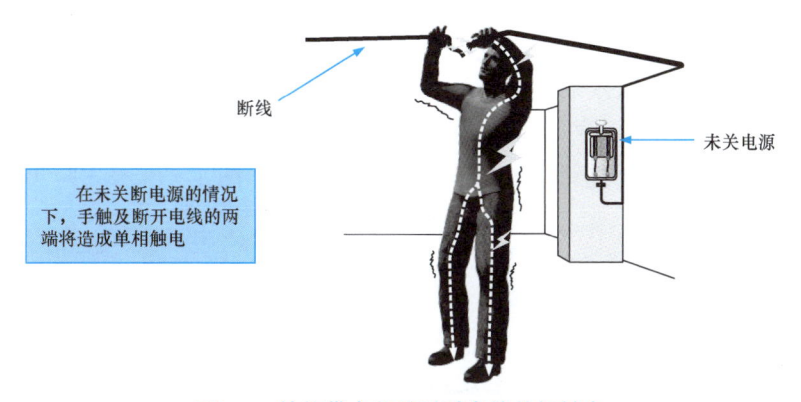

断线

未关电源

在未断开电源的情况下，手触及断开电线的两端将造成单相触电

图 3-3 检修带电断线时引发的单相触电

2. 两相触电

两相触电是指人体两处同时触及两相带电体（三根相线中的两根）所引起的触电事故。这时人体承受的是交流 380V 电压，其危险程度远大于单相触电，轻则导致烧伤或致残，严重会引起死亡。图 3-4 所示为两相触电的事故。

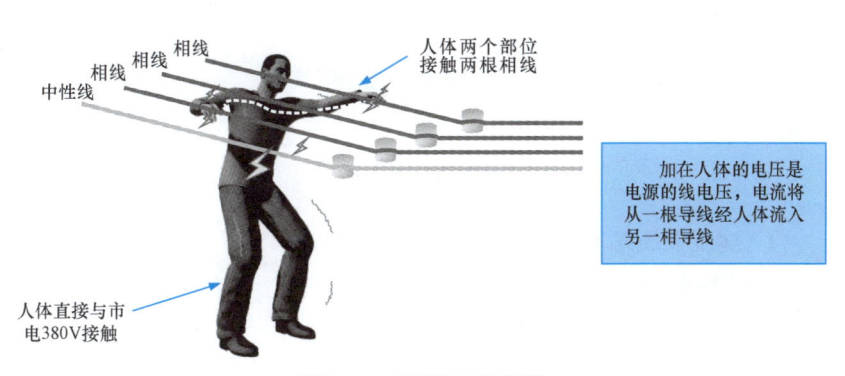

中性线
相线
相线
相线

人体两个部位接触两根相线

加在人体的电压是电源的线电压，电流将从一根导线经人体流入另一相导线

人体直接与市电 380V 接触

图 3-4 两相触电的事故

3. 跨步触电

当架空线路的一根高压相线断落在地上，电流便会从相线的落地点向大地流散，于是地面上以相线落地点为中心，形成了一个特

53

定的带电区域，一般半径为 8~10m，离电线落地点越远，地面电位也越低。人进入带电区域后，当跨步前行时，由于前后两只脚所在地的电位不同，两脚前后间就有了电压，两条腿便形成了电流通路，这时就有电流通过人体，造成跨步触电。图 3-5 所示为跨步触电的事故。

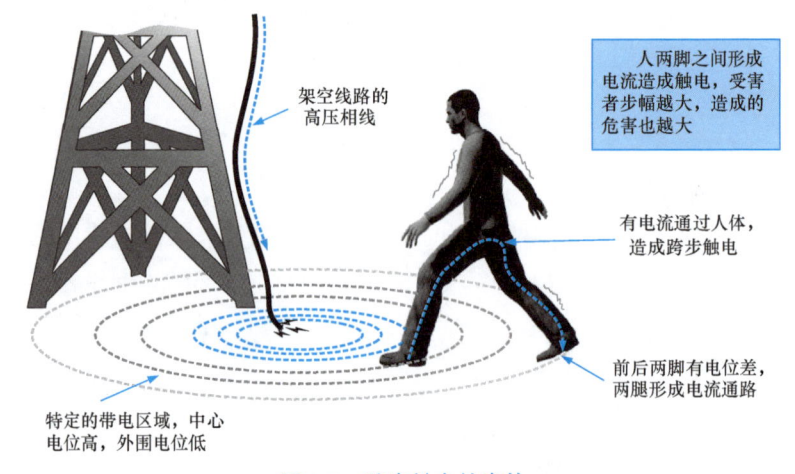

图 3-5　跨步触电的事故

3.1.2　掌握触电急救方法

1. 摆脱低压触电环境

低压触电急救法是指触电者的触电电压低于 1000V 的急救方法，具体是让触电者迅速脱离电源，然后再进行救治。

若救护者在开关附近，应当马上断开电源开关，然后再将触电者移开进行急救。图 3-6 所示为断开电源开关的急救演示。

若救护者离开关较远，无法及时关掉电源，切忌直接用手去拉触电者。在条件允许的情况下，需采用穿上绝缘鞋、戴上绝缘手套等防护措施来切断电线，从而断开电源。图 3-7 所示为切断电源线的急救演示。

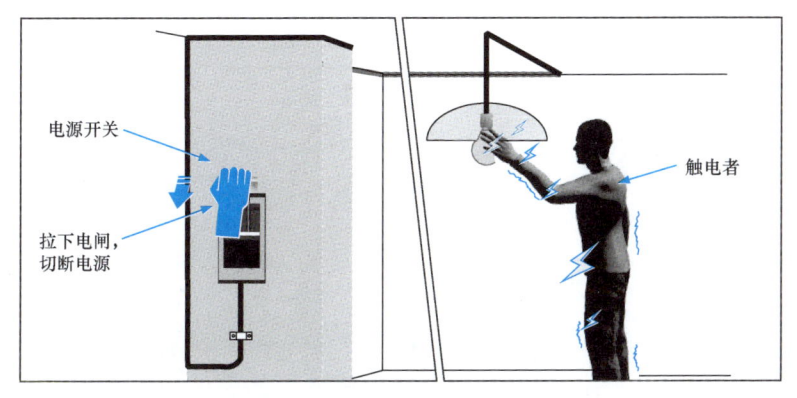

图 3-6 断开电源开关的急救演示

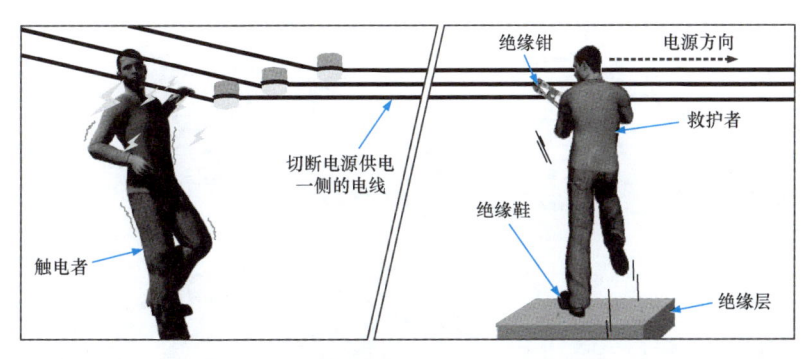

图 3-7 切断电源线的急救演示

若触电者无法脱离电线，应利用绝缘物体使触电者与地面隔离。比如用干燥木板塞垫在触电者身体底部，直到身体全部隔离地面，这时救护者就可以将触电者脱离电线。将木板塞垫在触电者身下的急救演示如图 3-8 所示。

若电线压在触电者身上，可以利用干燥的木棍、竹竿、塑料制品、橡胶制品等绝缘物挑开触电者身上的电线。挑开电线的急救演示如图 3-9 所示。

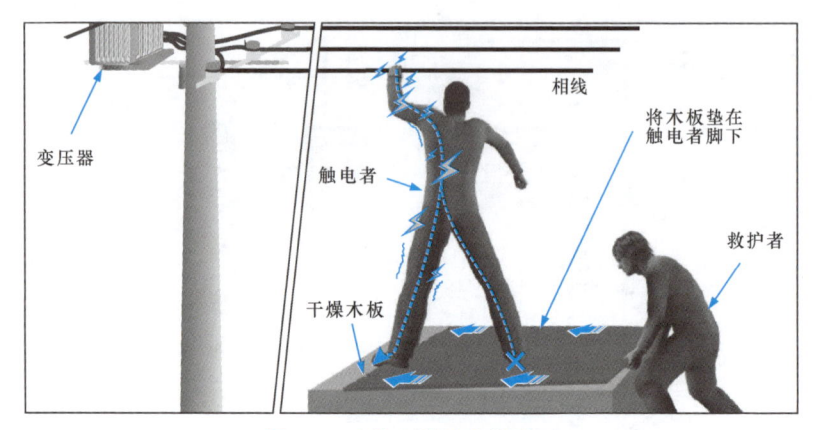

图 3-8　塞垫木板的急救演示

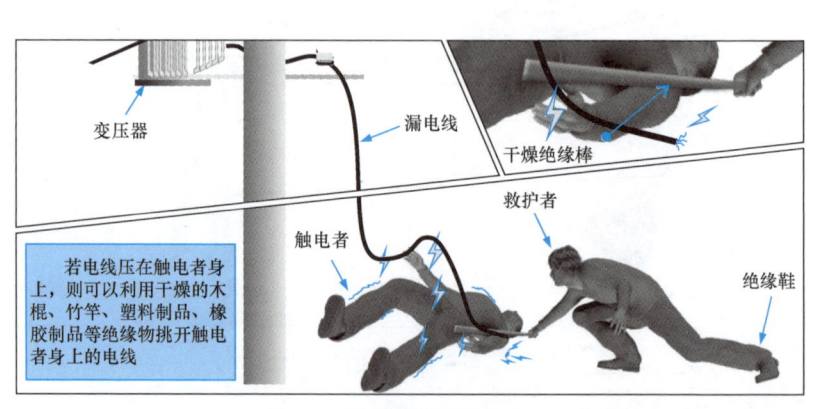

图 3-9　挑开电线的急救演示

若电线压在触电者身上，则可以利用干燥的木棍、竹竿、塑料制品、橡胶制品等绝缘物挑开触电者身上的电线

【提示】

如图 3-10 所示，在实施急救时，无论情况多么紧急，施救者也不要用手直接拉拽或触碰触电者，否则极易同时触电。

图 3-10　错误急救措施

2. 摆脱高压触电环境

高压触电急救法是指电压达到 1000V 以上的高压线路和高压设备的触电事故急救方法。当发生高压触电事故时，其急救应比低压触电更加谨慎，因为其电压已超出安全电压范围很多，接触高压时一定会发生触电事故，在不接触时，靠近高压也可能发生触电事故。

一旦出现高压触电事故，应立即通知有关电力部门断电，在之前没有断电的情况下，不能接近触电者。否则，有可能会产生电弧，导致抢救者烧伤。

【提示】

在高压的情况下，一般的低压绝缘材料会失去绝缘效果，因此，不能用低压绝缘材料去接触带电部分。需利用高电压等级的绝缘工具拉开电源。

若发现在高压设备附近有人触电，且不可盲目上前，可采取抛金属线（钢、铁、铜、铝等）急救的方法。即先将金属线的一端接地，然后抛另一端金属线，这里注意抛出的另一端金属线不要碰到触电者或其他人，同时救护者应与断线点保持 8~10m 的距离，以防跨步电压伤人。抛金属线的急救演示如图 3-11 所示。

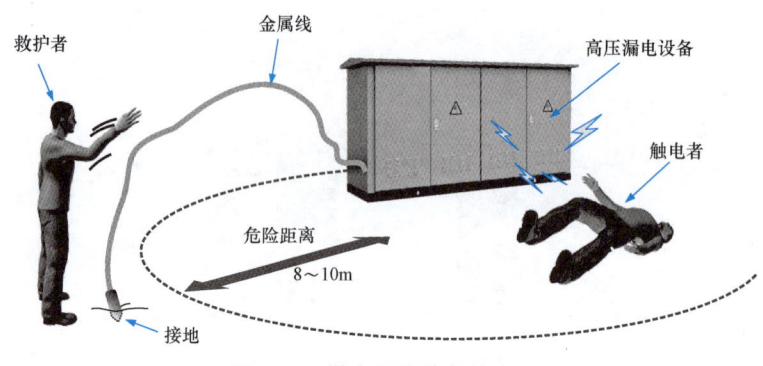

图 3-11 抛金属线的急救演示

3. 现场触电急救措施

当触电者脱离电源后,不要将其随便移动,应将触电者仰卧,并迅速解开触电者的衣服、腰带等保证其正常呼吸。同时疏散围观者,保证周围空气畅通,拨打 120 急救电话,以保证用最短的时间将触电者送往医院。

若触电者神志清醒,但有心慌、恶心、头痛、头昏、出冷汗、四肢发麻、全身无力等症状。这时应让触电者平躺于地并仔细观察,最好不要让触电者站立或行走。

当触电者已经失去知觉,但仍有轻微的呼吸及心跳,这时候应让触电者就地仰卧平躺,使气道通畅,把触电者衣服以及有碍于其呼吸的腰带等物解开帮助其呼吸,并且在 5s 内呼叫触电者或轻拍触电者肩部,以判断意识是否丧失。在触电者神志不清时,不要摇动触电者的头部或呼叫触电者。若情况紧急,可采取一定的急救措施。

(1) 触电者身体状况的判断

当触电者意识丧失时,应在 10s 内观察并判断触电者呼吸及心跳情况,判断的方法如图 3-12 所示。观察判断时首先查看触电者的腹部、胸部等有无起伏动作,接着用耳朵贴近触电者的口鼻处,听触电者有无呼吸声音,最后是测嘴和鼻孔是否有呼气的气流,再用一只手扶住触电者额头部,另一只手摸颈部动脉判断有无脉搏跳动。经过判断后触电者无呼吸也无颈动脉动时,才可以判定触电者呼吸、心跳停止。

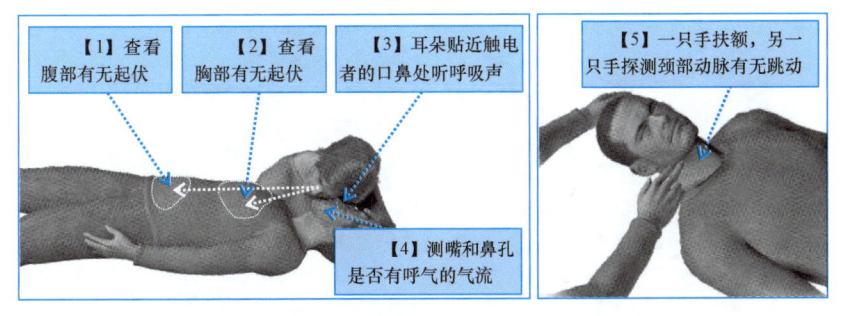

图 3-12 判断触电者身体状况的方法

(2) 人工呼吸

通常情况下,当触电者无呼吸,但仍然有心跳时,应采用人工呼救法进行救治。首先使触电者仰卧,头部尽量后仰并迅速解开触电者衣服、腰带等,使触电者的胸部和腹部能够自由扩张。尽量将触电者头部后仰,鼻孔朝天,颈部伸直,图 3-13 所示为通畅气道的方法。

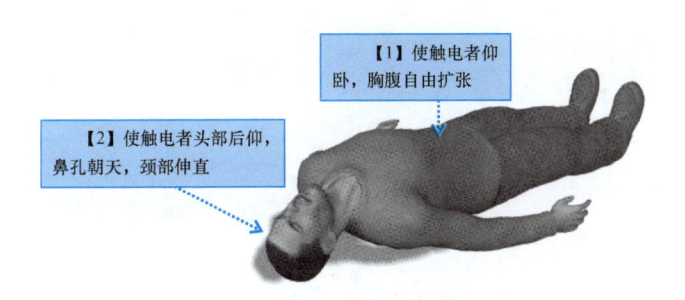

图 3-13 通畅气道的方法

图 3-14 所示为托颈压额法(也称压额托颌法)。救护者站立或跪在触电者身体一侧,用一只手放在触电者前额并向下按压,同时另一只手的食指和中指分别放在两侧下颌角处,并向上托起,使触电者头部后仰,气道即可开放。在实际操作中,此方法不仅效果可靠,而且

省力、不会造成颈椎损伤,而且便于做人工呼吸。

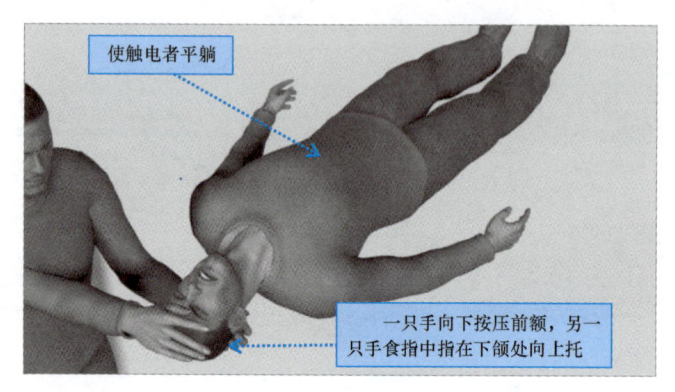

图 3-14 托颈压额法

图 3-15 所示为仰头抬颌法(也称压额提颌法)。若触电者无颈椎损伤,可首选此方法。救助者站立或跪在触电者身体一侧,一只手放在触电者前额,并向下按压;同时另一只手向上提起触电者下颌,使得下颌向上抬起、头部后仰,气道即可开放。

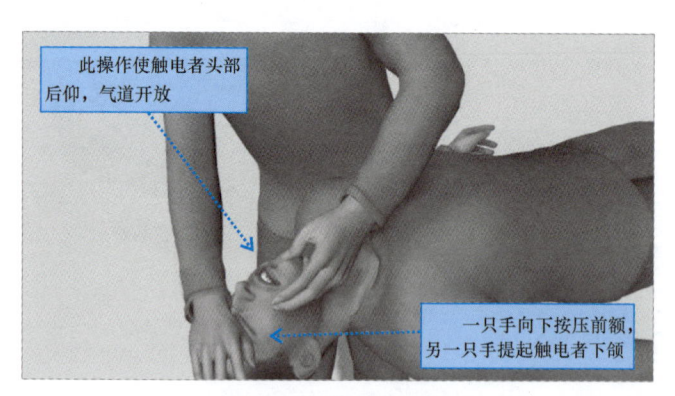

图 3-15 仰头抬颌法

图 3-16 所示为托颌法(也称双手拉颌法)。若触电者已发生或怀疑颈椎损伤,选用此法可避免加重颈椎损伤,但不便于做人工呼吸。

站立或跪在触电者头顶端，肘关节支撑在触电者仰卧的平面上，两只手分别放在触电者额头两侧，分别用两只手拉起触电者两侧的下颌角，使头部后仰，气道即可开放。

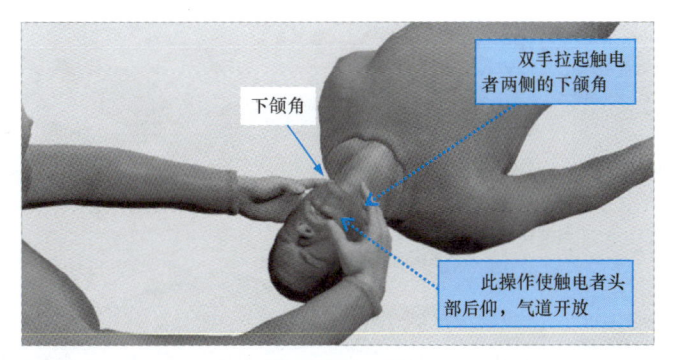

图 3-16 托颌法

做完前期准备后，就能对触电者进行口对口的人工呼吸了。进行人工呼吸时，首先救护者深吸一口气之后，紧贴着触电者的嘴巴大口吹气，使其胸部膨胀，然后救护者换气，放开触电者的嘴鼻，使触电者自动呼气，如图 3-17 所示，如此反复进行上述操作，吹气时间为 2~3s，放松时间为 2~3s，5s 左右为一个循环。重复操作，中间不可间断，直到触电者苏醒为止。

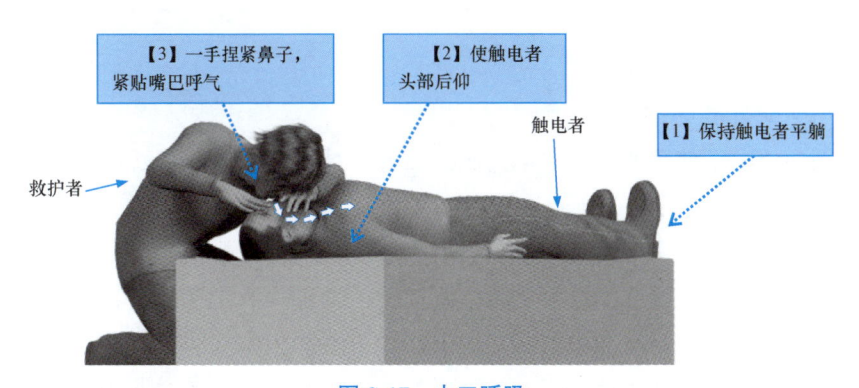

图 3-17 人工呼吸

（3）牵手呼吸

若救护者嘴或鼻被电伤，无法对触电者进行口对口人工呼吸或口对鼻人工呼吸时，也可以采用牵手呼吸法进行救治，如图 3-18 所示。

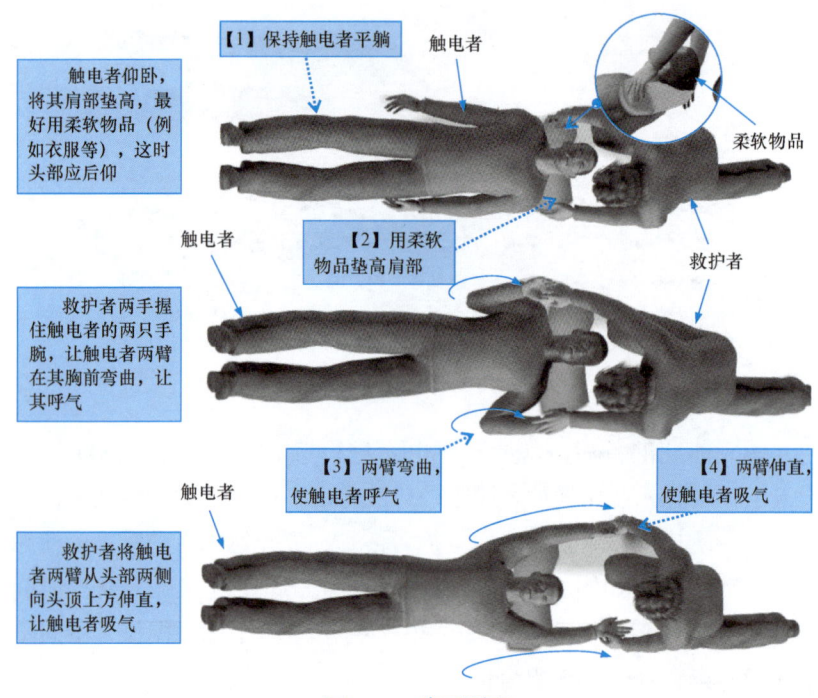

【1】保持触电者平躺
触电者
柔软物品

触电者仰卧，将其肩部垫高，最好用柔软物品（例如衣服等），这时头部应后仰

触电者
【2】用柔软物品垫高肩部
救护者

救护者两手握住触电者的两只手腕，让触电者两臂在其胸前弯曲，让其呼气

触电者
【3】两臂弯曲，使触电者呼气
【4】两臂伸直，使触电者吸气

救护者将触电者两臂从头部两侧向头顶上方伸直，让触电者吸气

图 3-18　牵手呼吸

（4）胸外心脏按压

胸外心脏按压是在触电者心音微弱、心跳停止或脉搏短而不规则的情况下使用的心脏复苏措施。该方法是帮助触电者恢复心跳的有效救助方法之一。

如图 3-19 所示，让触电者仰卧，解开衣服和腰带，救护者跪在触电者腰部两侧或跪在触电者一侧，救护者将左手掌放在触电者的胸骨按压区，中指对准颈部凹陷的下端，右手掌压在左手掌上，用力垂直向下挤压。成人胸外按压频率为 100 次 /min。一般在实际救治时，应每按压 30 次后，实施两次人工呼吸。

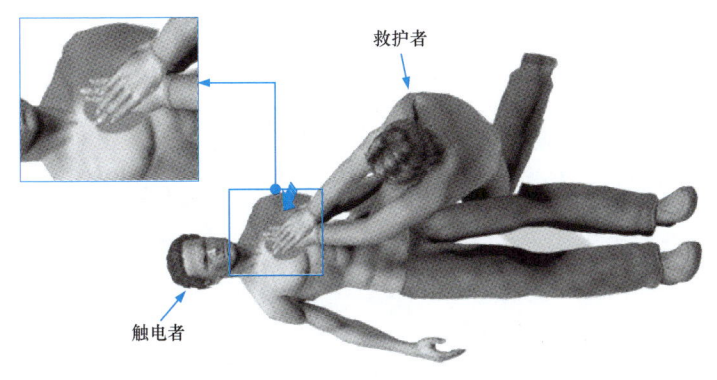

图 3-19　胸外心脏按压复苏

3.2　电气灭火

3.2.1　知晓灭火器种类

电气火灾通常是指由于电气设备或电气线路操作、使用或维护不当而直接或间接引发的火灾事故。一旦发生电气火灾事故，应及时切断电源，拨打火警电话 119 报警，并使用身边的灭火器灭火。

图 3-20 所示为几种电气火灾中常用的灭火器。

a) 二氧化碳灭火器　　　b) 干粉灭火器　　　c) 七氟丙烷灭火器

图 3-20　几种电气火灾中常用灭火器的类型

63

一般来说，对于电气线路引起的火灾，应选择二氧化碳灭火器、干粉灭火器或七氟丙烷灭火器，这些灭火器中的灭火剂不具有导电性。

> 【提示】
>
> 电气类火灾不能使用泡沫灭火器、清水灭火器或直接用水灭火，因为泡沫灭火器和清水灭火器都属于水基类灭火器，其内部灭火剂有导电性，仅适用于扑救油类或其他易燃液体火灾，不能用于扑救带电体火灾及其他导电物体火灾。

3.2.2 掌握电气灭火方法

使用灭火器灭火，要先除掉灭火器的铅封，拔出位于灭火器顶部的保险销，然后压下压把，将喷管（头）对准火焰根部进行灭火，使用方法如图3-21所示。

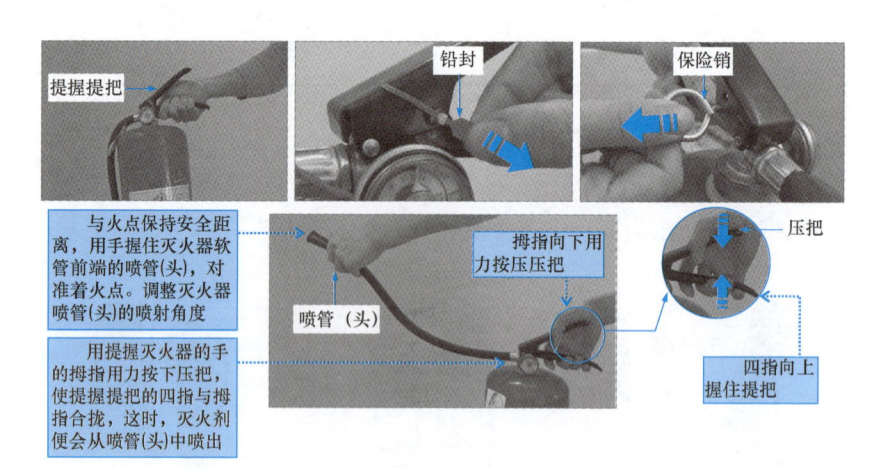

图3-21 灭火器的使用方法

灭火时，应保持有效喷射距离和安全角度（不超过45°），如

图 3-22 所示，对火点由远及近，猛烈喷射，并用手控制喷管（头）左右、上下来回扫射，与此同时，快速推进，保持灭火剂猛烈喷射的状态，直至将火扑灭。

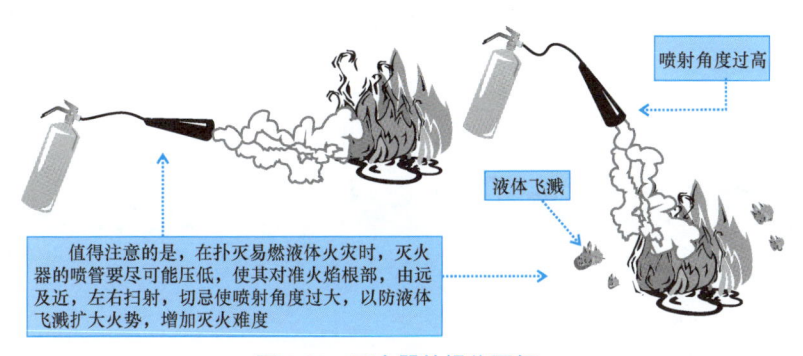

喷射角度过高

液体飞溅

值得注意的是，在扑灭易燃液体火灾时，灭火器的喷管要尽可能压低，使其对准火焰根部，由远及近，左右扫射，切忌使喷射角度过大，以防液体飞溅扩大火势，增加灭火难度

图 3-22 灭火器的操作要领

第4章 练习验电器使用操作

4.1 认识验电器

4.1.1 认识高压验电器

高压验电器多用于检测 500V 以上的高压。目前常见的高压验电器按结构来分主要有接触式（如蜂鸣器报警高压验电器、声光型高压验电器）和非接触式两种，可以根据使用环境的不同使用匹配的高压验电器。

1. 蜂鸣器报警高压验电器（接触式）

图 4-1 所示为蜂鸣器报警高压验电器的外形结构（接触式）。该高压验电器主要由绝缘手柄、伸缩绝缘杆、报警蜂鸣器、自检按钮及金属探头构成。

2. 声光型高压验电器（接触式）

图 4-2 所示为声光型高压验电器的外形结构。该高压验电器主要由绝缘手柄、伸缩绝缘杆、报警蜂鸣器（扬声器）、信号指示灯（灯光闪烁提示）、自检按钮及金属探头构成。

3. 高压非接触式验电器

图 4-3 所示为贝汉 275HP 型高压非接触式验电器的外形结构。该验电器主要由 LED 指示灯、蜂鸣器、电压档位旋钮和开关、手柄（电池盒）和绝缘延长杆接口等构成。

第 4 章　练习验电器使用操作

金属探头

验电时，金属探头要接触导体的金属部分

报警蜂鸣器

报警蜂鸣器可以为操作人员提供警告、提示等信息

高压验电器的一端采用绝缘手柄，使用时，操作人员必须手握绝缘手柄处，不可超过限位的标记，起保护作用

绝缘手柄

自检按钮

在验电前，通过自检按钮进行自检，确保验电器可以正常使用

伸缩绝缘杆

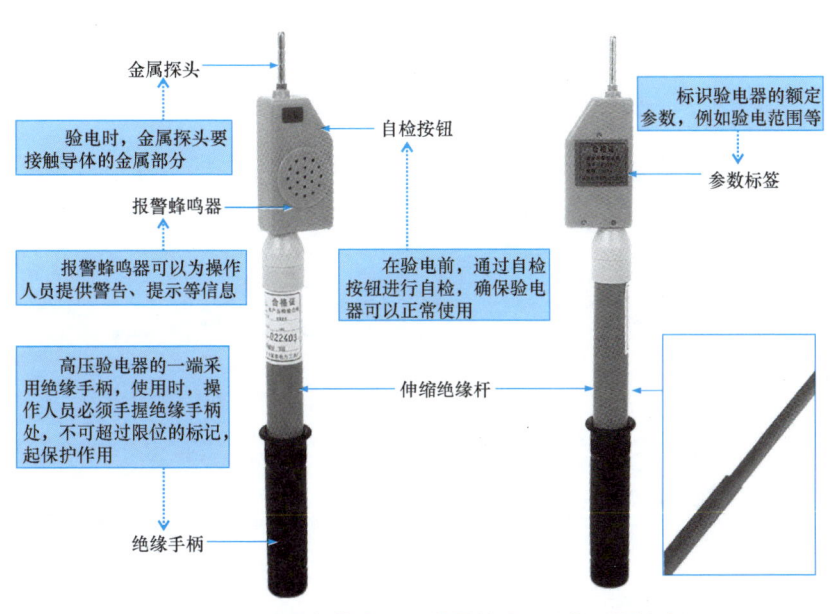

标识验电器的额定参数，例如验电范围等

参数标签

图 4-1　蜂鸣器报警高压验电器的外形结构（接触式）

金属探头

报警蜂鸣器（扬声器）

伸缩绝缘杆

绝缘手柄

信号指示灯

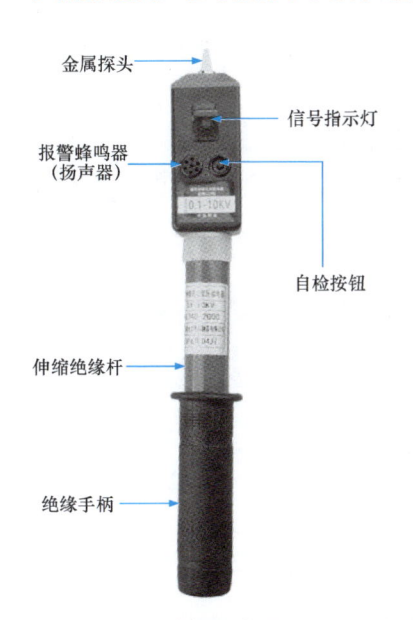

自检按钮

图 4-2　声光型高压验电器的外形结构

67

蜂鸣器
电压档位旋钮和开关
LED指示灯
手柄（电池盒）
绝缘延长杆接口

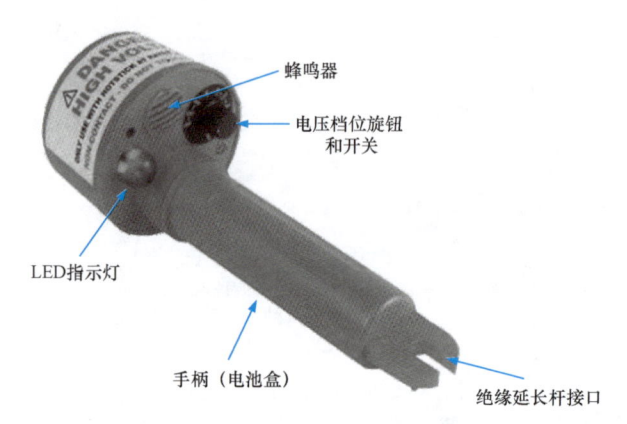

图 4-3 贝汉 275HP 型高压非接触式验电器的外形结构

4.1.2 认识低压验电器

低压验电器是用于检测低压的验电工具，测量范围为 12~500V，可用来检测电气设备是否带电。

目前，常见的低压验电器主要有氖管验电器、电子验电器和低压非接触式验电器。

1. 氖管验电器（接触式）

氖管验电器是一种应用比较广泛的低压验电器，根据设计不同，外形多种多样，如图 4-4 所示。

a) 钢笔形氖管验电器 b) 螺丝刀形氖管验电器

图 4-4 氖管验电器的实物外形

图 4-5 所示为低压氖管验电器的结构组成。

68

弹簧　　　　氖管　　　　电阻

金属夹　　　　　　　　　金属探头

a) 钢笔形氖管验电器

弹簧　　电阻　　金属探头

金属螺钉　氖管　　绝缘柄　　刀头

b) 螺丝刀形氖管验电器

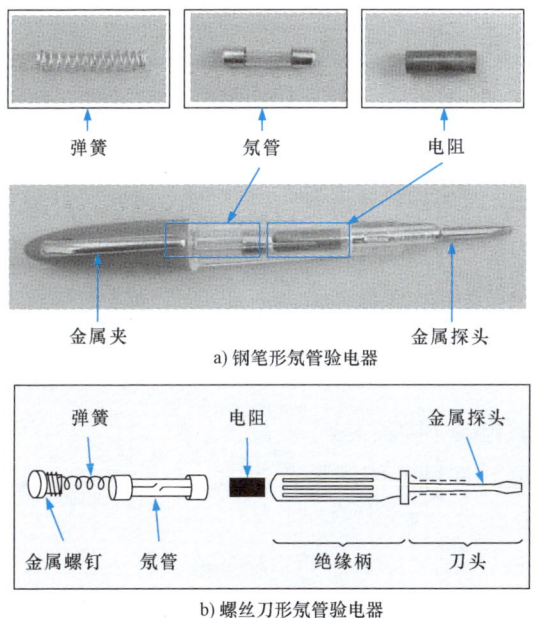

图 4-5　低压氖管验电器的结构组成

图 4-6 所示为氖管验电器的工作原理图。当检测电源零线时，没有电流通过氖管，氖管不会发光。

氖管发光

电阻

相线

零线

电流极小，对人体没有危害

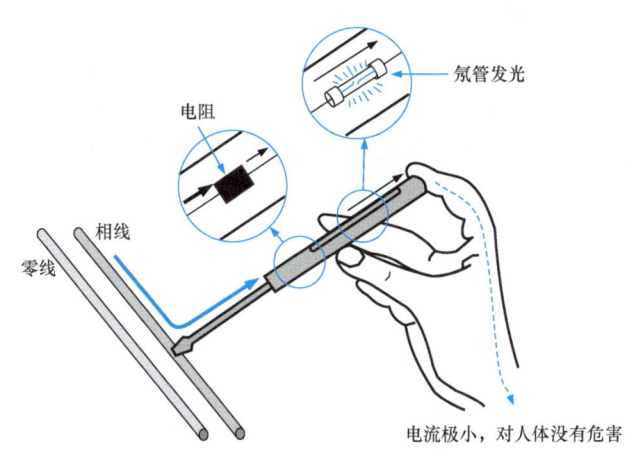

图 4-6　氖管验电器的工作原理图

扫一扫看视频

69

【提示】

使用接触式验电器时,手必须接触验电器的尾部金属体,也就是说,验电器和人体串联在一起。相线与地之间有220V的电压。当使用验电器检测电源相线时,220V电压同时加到验电器与人体上,人体电阻通常很小,验电器内部的电阻有几兆欧,根据欧姆定律$I=U/R$,通过验电器和人体的电流极其微弱,甚至不到1mA,这样小的电流对人体没有危害,但足够使氖管发光。

2. 电子验电器(接触式)

电子验电器是目前使用最普遍的一种验电器,具有显示直观、操作简单的特点。

图4-7所示为电子验电器的实物外形。电子验电器是目前使用最普遍的一种验电器,具有显示直观、操作简单的特点。

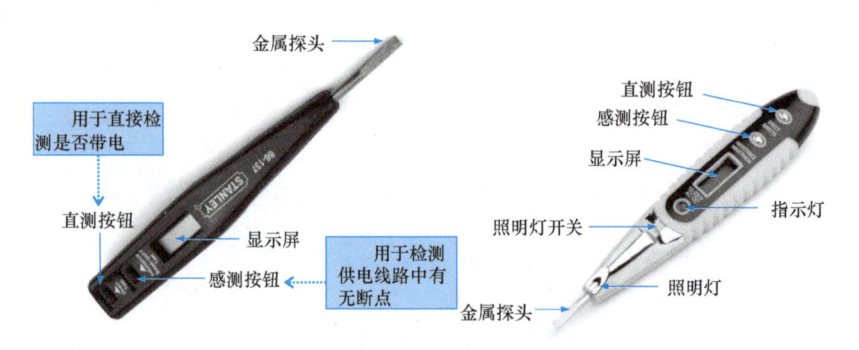

图4-7 电子验电器的实物外形

从结构上看,电子验电器主要是由金属探头、指示灯、显示屏、感测按钮及直测按钮等部分构成的。

3. 低压非接触式验电器

低压非接触式验电器是无须直接接触带电体,通过感应的方式检测低压电路或设备是否带电的新型验电器。图 4-8 所示为低压非接触式验电器的结构组成。

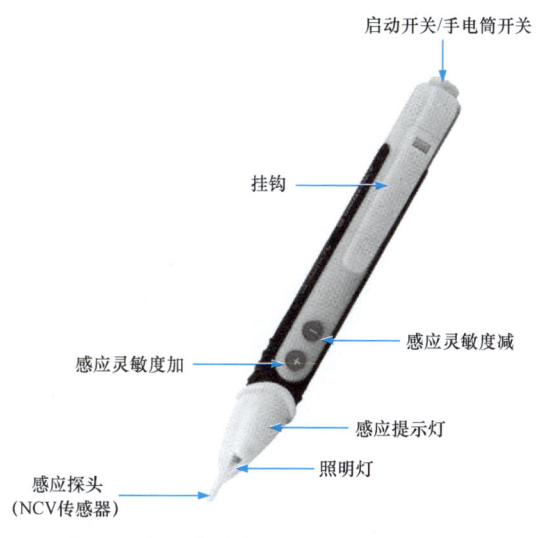

启动开关/手电筒开关

挂钩

感应灵敏度减

感应灵敏度加

感应提示灯

感应探头
(NCV传感器)

照明灯

图 4-8　低压非接触式验电器的结构组成

4.2　掌握验电器使用方法

4.2.1　掌握高压验电器使用方法

1. 高压验电器的使用注意事项

在使用前，应根据被测线路设备的额定电压选择合适型号的高压验电器，非接触式高压验电器还要选择合适的量程。

在使用时，必须佩戴符合耐压要求的绝缘手套，如图 4-9 所示。

如图 4-10 所示，先将高压验电器的伸缩绝缘杆调节至需要的长度并固定，以方便操作。

图 4-9 高压验电器的使用注意事项

图 4-10 高压验电器伸缩绝缘杆长度的调节

【提示】

在验电操作前，应对高压验电器进行自检，自检正常后方可使用，或者在带电设备上试测，若可以正常检测再使用。高压验电器使用前自身性能的检测，如图 4-11 所示。

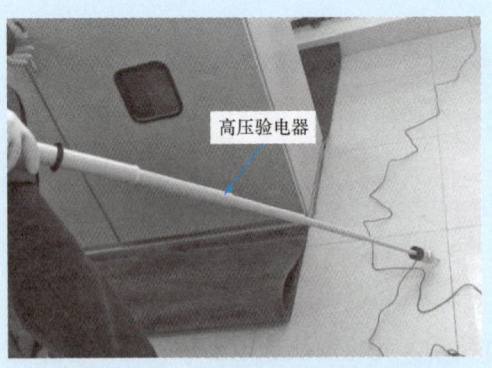

图 4-11 高压验电器使用前自身性能的检测

第 4 章　练习验电器使用操作

　　为了操作人员的安全，除必须佩戴符合要求的绝缘手套外，手握高压验电器时，必须握在绝缘手柄上，不可越过护环，不可触碰伸缩绝缘杆。图 4-12 所示为手握高压验电器的注意事项。

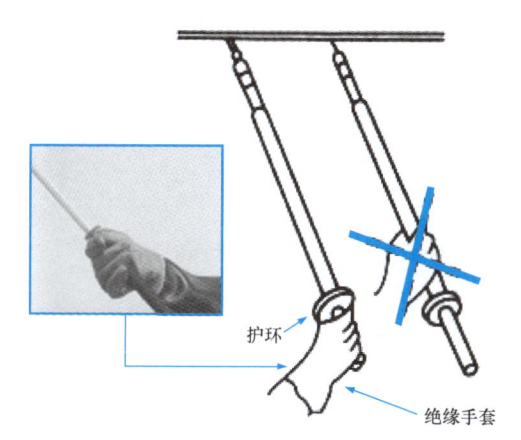

图 4-12　手握高压验电器的注意事项

2. 高压验电器的操作指导

　　图 4-13 所示为高压接触式验电器的操作指导。使用高压接触式验电器时，通常会安装伸缩绝缘杆，手必须握在绝缘手柄处，将验电器的金属探头接触待测部位后，在正常情况下，指示灯点亮或蜂鸣器出声，说明该部位带电。

图 4-13　高压接触式验电器的操作指导

73

【提示】

操作人员应将高压验电器慢慢靠近待测设备或供电线路，直至接触到待测设备或供电线路。若在该过程中高压验电器无任何反应，则表明待测设备或供电线路不带电；若在靠近的过程中，高压验电器发光或发声，则表明待测设备带电，此时可停止靠近，完成验电操作。

使用高压非接触式验电器的方法与高压接触式验电器基本相同，操作指导如图4-14所示。

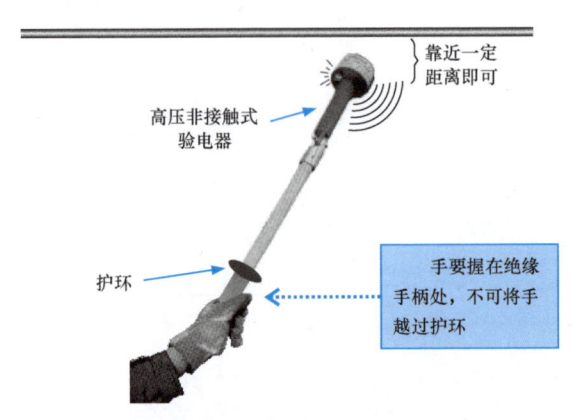

图4-14 高压非接触式验电器的操作指导

【拓展】

使用高压非接触式验电器应注意以下几点：
1) 检测的电压值必须达到所选档位的起动电压，距离越近，起动电压越低；距离越远，起动电压越高。
2) 若选择同一档位，则被测电压越高，距离越远。

3）选择电压档位越高，若测量同一电压，则被测距离越近。

4）选择电压档位越低，若测量同一电压，则被测距离越远。

4.2.2 掌握低压验电器使用方法

1. 低压氖管验电器的使用

使用氖管验电器时，需要用拇指按住尾部的金属部分，食指和中指夹住氖管验电器的绝缘部分，插入需要检测的设备。图 4-15 所示为典型低压氖管验电器的基本操作方法。

图 4-15　典型低压氖管验电器的基本操作方法

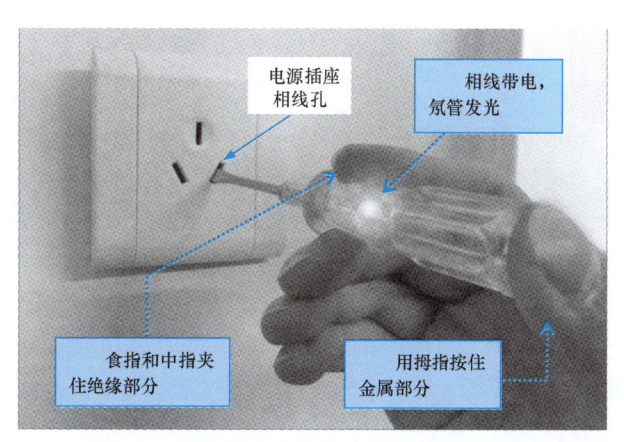

图 4-16 所示为低压氖管验电器的使用注意事项。使用氖管验电器时，若拇指未接触氖管验电器尾部的金属部分，即使所测对象带电，氖管也不能发光，将无法为操作人员提供准确的验电结果。验电时，要防止手指触及金属探头，以免造成触电事故。

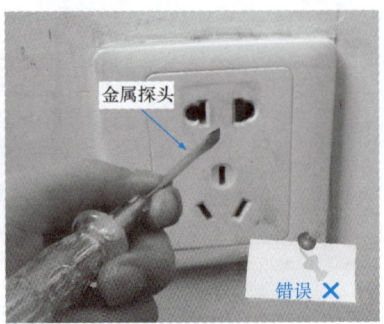

图 4-16　低压氖管验电器的使用注意事项

> 【提示】
>
> 在使用前，应检查验电器内有无安全电阻、是否损坏、有无受潮或进水情况。
>
> 必须在有已知的电源处进行测试，以证明氖管可以正常发光。
>
> 使用氖管验电器时，应逐渐靠近被测物体，直至氖管发亮。

根据氖管的显示状态可判断检测部位的电流情况，见表 4-1。

表 4-1　氖管的显示状态对应检测部位的电流情况

氖管显示状态	电流情况
氖管两端全亮	被测线路为交流电
氖管前端亮	被测线路为直流电负极
氖管后端亮	被测线路为直流电正极
在判别直流电有无接地时，氖管前端发亮	被测直流电正极接地故障
在判别直流电有无接地时，氖管后端发亮	被测直流电负极接地故障

【拓展】

在明确氖管验电器自身性能正常的前提下,使用时,若氖管不发光,则表明待测设备或供电线路不带电;若氖管发亮,则表明待测设备或供电线路带电。

氖管验电器除了可以检测设备是否带电外,还可以通过观察氖管的显示状态区分电压的高、低及零线和相线。

检测时,若氖管发光至黄红色,则表明电压较高;若发光微亮至暗红,则表明电压较低。

在区分零线、相线时,只需观察氖管是否发光即可,若发光,则表明被测线路为相线;反之,为零线。

2. 低压电子验电器的使用

图 4-17 所示为典型低压电子验电器的基本操作方法。一般在检测待测设备或供电线路是否带电时,将金属探头接触待测部位,按下直测按钮即可。

当使用电子验电器检测供电线路有无断线情况时,用拇指按下感测按钮,将金属探头搭在导线绝缘皮上,显示屏显示"⚡"标识表示导线无断线情况;若无"⚡"标识,则多为导线中有断线情况。

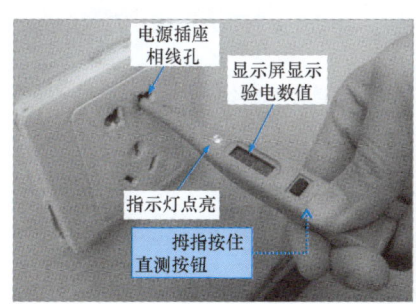

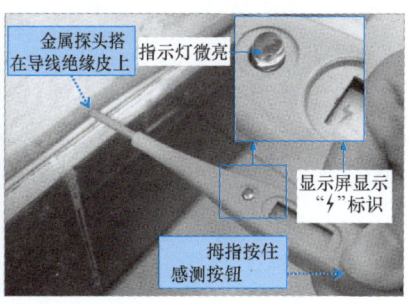

图 4-17 典型低压电子验电器的基本操作方法

图 4-18 所示为电子验电器的数值显示及读取方法。

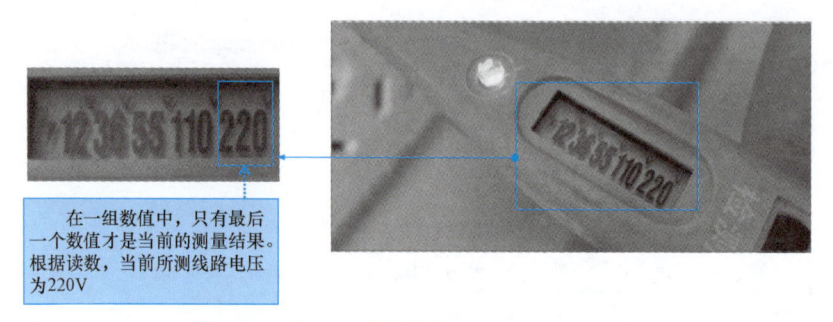

在一组数值中，只有最后一个数值才是当前的测量结果。根据读数，当前所测线路电压为220V

图 4-18　电子验电器的数值显示及读取方法

图 4-19 所示为使用电子验电器检测电源插座相线孔是否带电的操作训练。

用手指轻轻按压直测按钮

电子验电器的指示灯点亮，显示屏显示12V 35V 55V 110V 220V，表明该相线孔带电，电压为220V

电源插座相线孔

将电子验电器的金属探头插入相线孔，确保金属探头接触到相线孔内的金属触片

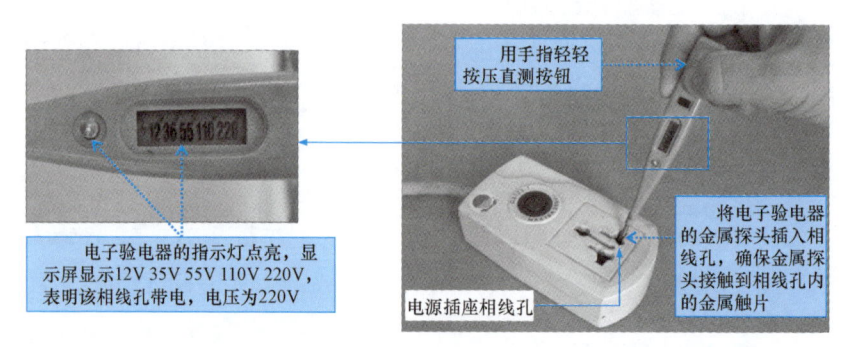

图 4-19　使用电子验电器检测电源插座相线孔是否带电的操作训练

另外，在使用电子验电器检测相线时，若相线带电，即使不按压直测按钮，指示灯也会点亮，显示屏也会显示电压，一般显示12V，如图 4-20 所示。

图 4-21 所示为使用电子验电器检测电源插座零线孔是否带电的操作训练。

第4章 练习验电器使用操作

不按压直测按钮，指示灯点亮，显示屏显示12V

电源插座相线孔

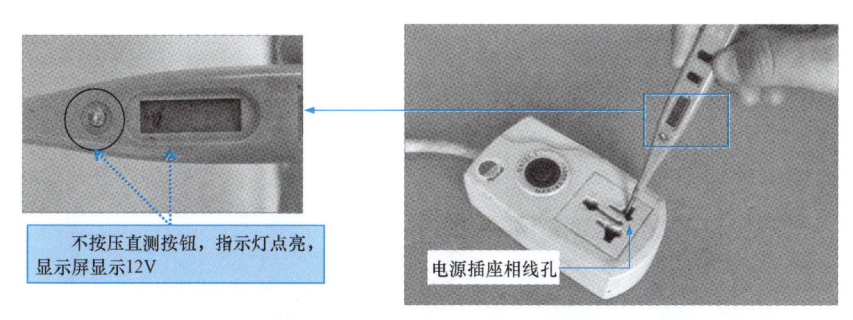

图 4-20 使用电子验电器检测相线在不按压直测按钮时的显示结果

电源插座零线孔　　　　电源插座零线孔

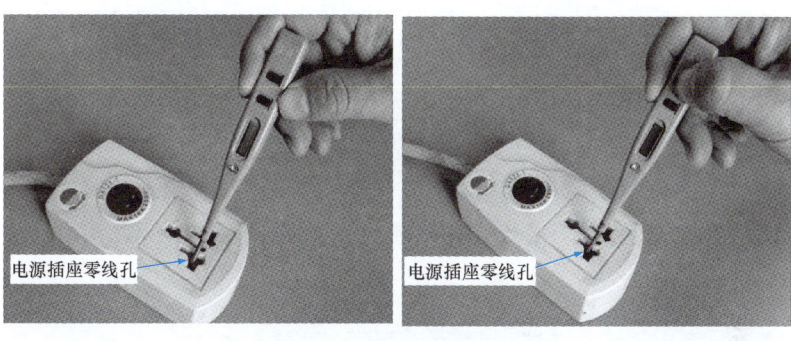

图 4-21 使用电子验电器检测电源插座零线孔是否带电的操作训练

【提示】

借助电子验电器检测零线是否带电，在不按压任何按钮时，指示灯不亮，显示屏无任何显示。

按下直测按钮后，有些电子验电器显示带电标识，有些电子验电器显示 12V 电压，指示灯微亮，表明零线不带电；若指示灯点亮，显示电压较高，则表明零线带电，此状态处于线路短路危险状态，必须在安全的前提下，立刻排查线路的短路问题。

79

图 4-22 所示为使用电子验电器检测电源插座地线孔是否带电的操作训练。

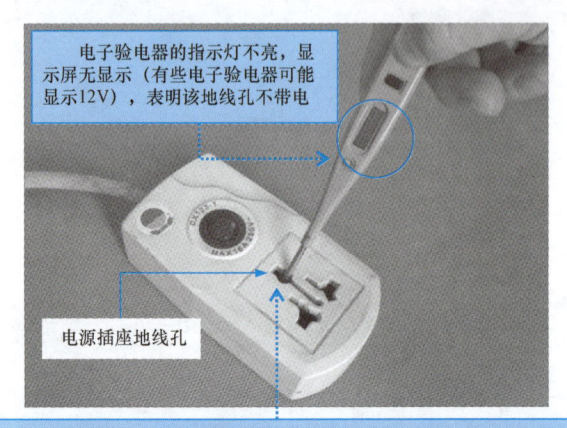

电子验电器的指示灯不亮，显示屏无显示（有些电子验电器可能显示12V），表明该地线孔不带电

电源插座地线孔

用手指轻轻按压直测按钮，将低压电子验电器的金属探头插入电源插座地线孔内，确保金属探头接触到地线孔内的金属触片

图 4-22 使用电子验电器检测电源插座地线孔是否带电的操作训练

第 5 章 练习万用表使用操作

5.1 认识万用表

5.1.1 认识指针式万用表

典型指针式万用表的基本结构图如图 5-1 所示。指针式万用表从外观结构上大体可以分为表笔、刻度盘、功能旋钮和插孔几个部分。其中，刻度盘用于显示测量的结果，键钮用于控制万用表，插孔用来连接表笔和部分元器件。

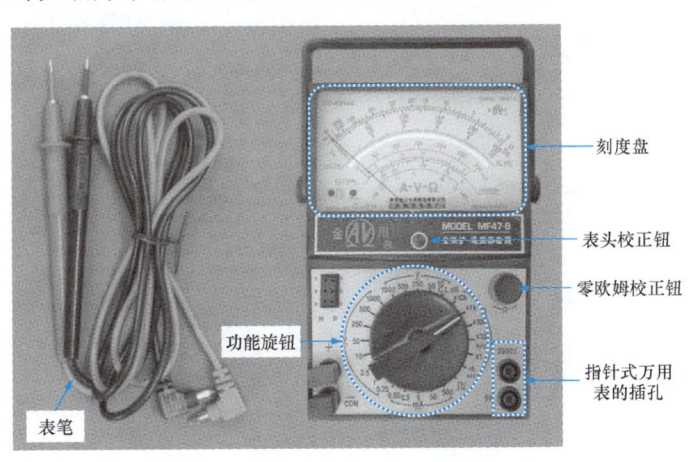

图 5-1 典型指针式万用表的基本结构图

1. 刻度盘

由于万用表的功能很多，因此表盘上通常有许多刻度线和刻度值。

典型指针式万用表的刻度盘外形如图 5-2 所示。

图 5-2 典型指针式万用表的刻度盘外形

①电阻值刻度
②交/直流电压毫安电流刻度
③交流电压刻度
④晶体管放大倍数（hFE）刻度
⑤电容（μF）刻度
⑥电感（H）刻度
⑦分贝数刻度(dB)

2. 表头校正钮

表头校正钮位于表盘下方的中央位置，用于进行万用表的机械调零。正常情况下，指针式万用表的表笔开路时，指针应指在左侧 0 刻度线的位置。如果不在 0 位，就必须进行机械调零，以确保测量的准确。

万用表的机械调零方法如图 5-3 所示。

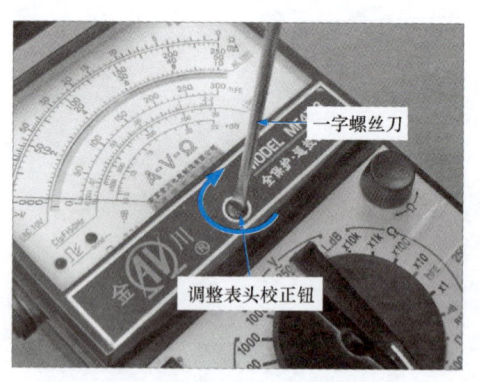

图 5-3 万用表的机械调零方法

在对万用表进行机械调零时，可以使用一字螺丝刀调整万用表的表头校正钮。

3. 零欧姆校正钮

为了提高测量电阻的精确度，在使用指针式万用表测量电阻前要进行零欧姆调整。调整零欧姆校正钮如图 5-4 所示。

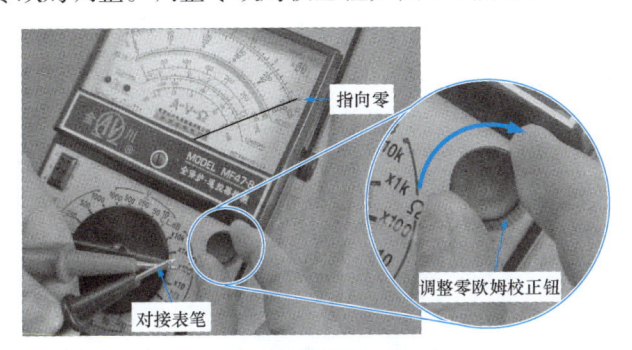

图 5-4　调整零欧姆校正钮

先将万用表功能旋钮旋至电阻测量档位，再将万用表的两只表笔对接，观察万用表指针是否指向 0Ω，若指针不能指向 0Ω，用手旋转零欧姆校正钮，直至指针精确指向 0Ω 刻度线。

4. 晶体管检测插孔

在操作面板左侧有两组测量端口，它是专门用来对晶体管的放大倍数 h_{FE} 进行检测的。

指针式万用表中晶体管的检测插孔如图 5-5 所示。

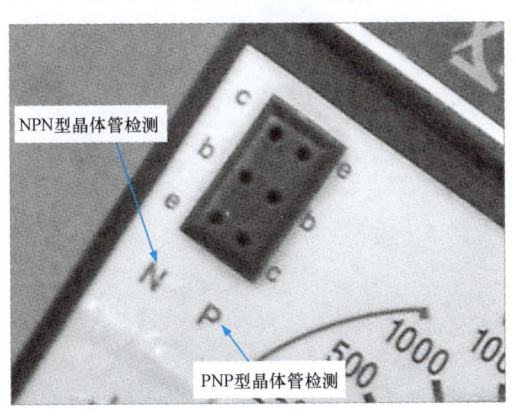

图 5-5　指针式万用表中晶体管的检测插孔

【提示】

在晶体管检测插孔中,相对位于下面的端口下方标记有"N、P"的文字标识,这两个端口分别用于对NPN、PNP型晶体管进行检测。

这两组测量端口都是由3个并排的小插孔组成,分别标识有"c"(集电极)、"b"(基极)、"e"(发射极)的标识,分别对应两组端口的3个小插孔。

检测时,首先将万用表的功能开关旋至"hFE"档位,然后将待测晶体管的三个引脚依标识插入相应的3个小插孔中即可。

5. 功能旋钮

指针式万用表的功能旋钮位于指针式万用表的主体位置,在其四周标有测量功能及测量范围。

指针式万用表的功能旋钮如图5-6所示。

图 5-6 指针式万用表的功能旋钮

在功能旋钮的左侧使用"V"标识的区域为直流电压检测,可以检测直流电压的大小;而上侧"V"所标识的区域为交流电压检测,在其右侧的"C.L.dB"表示的检测点为分贝检测,右侧标记为

"Ω"的区域为电阻检测，最下侧"mA"标识的区域则为直流电流检测。

6. 表笔插孔

通常在指针式万用表的操作面板下面有2~4个插孔，用来与万用表表笔相连（根据万用表型号的不同，表笔插孔的数量及位置都不尽相同）。每个插孔都用文字或符号进行标识。

其中"COM"与万用表的黑表笔相连（有的万用表也用"−"或"*"表示负极）；"+"与万用表的红色表笔相连；"5A"是测量电流的专用插孔，连接万用表红表笔，该插孔标识的文字表示所测最大电流值为5A。"2500V"是测量交/直流电压的专用插孔，连接万用表红表笔，插孔标识的文字表示所测量的最大电压值为2500V。

7. 表笔

指针式万用表的表笔分别使用红色和黑色标识，用于与待测电路、元器件及万用表之间的连接。

5.1.2　认识数字万用表

常见的数字万用表实物外形如图5-7所示。数字万用表在结构上主要有液晶显示屏、功能键钮、表笔插孔三部分。键钮用于控制万用表，插孔用来连接表笔和部分元器件。

1. 液晶显示屏

液晶显示屏用来显示检测数据、数据单位、表笔插孔指示、安全警告提示等信息。

数字万用表的液晶显示屏如图5-8所示。

数字万用表的测量值通常位于液晶显示屏的中间，用大字符显示。在该万用表中，测得数值的单位位于数值的上方或下方，若检测的数值为交流电压或交流电流，在液晶显示屏左侧会出现"AC"交流标志，液晶显示屏的下方可以看到表笔插孔指示，若测量的档位属于高压，在VΩ和COM表笔插孔指示之间有一个闪电状高压警告标

志，测量人员应注意安全。

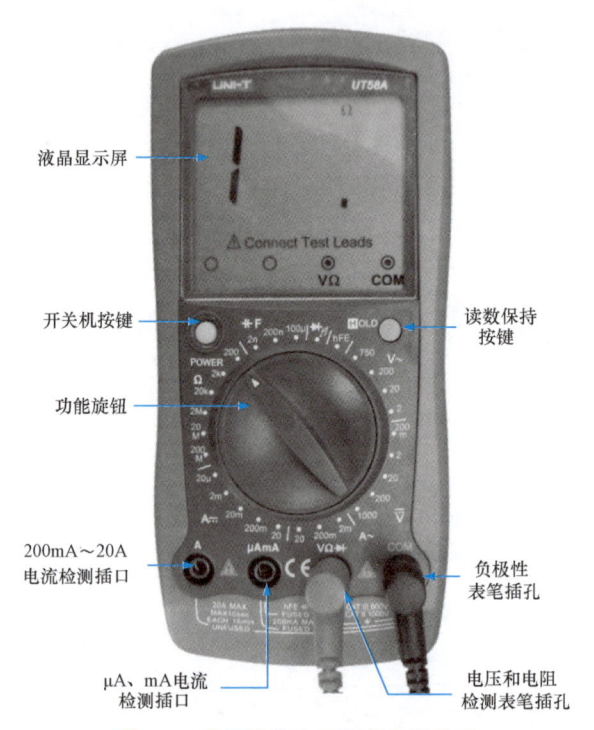

图 5-7 常见的数字万用表实物外形

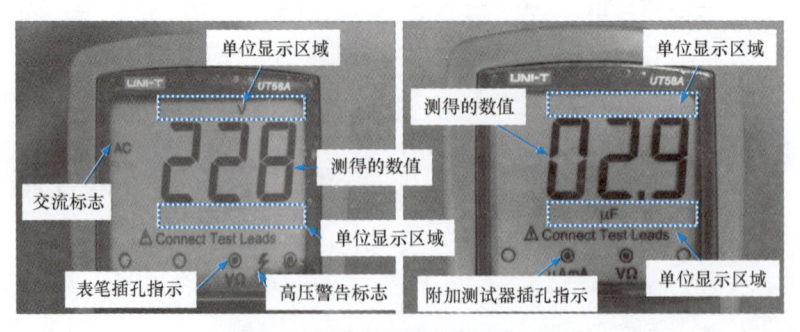

图 5-8 数字万用表的液晶显示屏

【提示】

在使用数字万用表对器件（或设备）进行测量时，最好大体估算一下待测器件（或设备）的最大值，再进行检测，以免检测时量程选择过大增加测量数值的误差，或者选择量程过小无法检测出待测设备的具体数值。

若数字万用表检测数值超过设置量程，其液晶显示屏将显示"1."或"-1"，如图5-9所示，此时应尽快停止测量，以免损坏数字万用表。

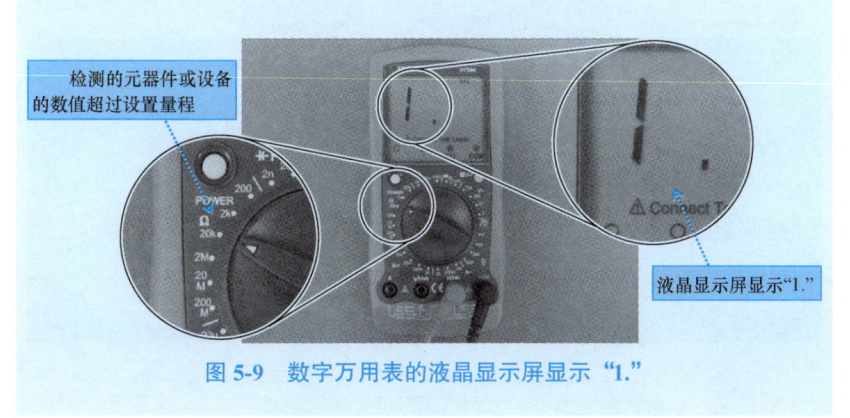

检测的元器件或设备的数值超过设置量程

液晶显示屏显示"1."

图 5-9　数字万用表的液晶显示屏显示"1."

2. 功能旋钮

数字万用表的液晶显示屏下方是功能旋钮，其功能是为不同的检测设置相对应的量程，其功能与指针式万用表的功能旋钮相似。

典型数字万用表的功能旋钮如图5-10所示。

从图中可以看到，该数字万用表的测量功能包括电压、电流、电阻、电容、二极管、晶体管等。

3. 电源开关

电源开关上通常有"POWER"标识，用于启动或关断数字万用

电工上岗实操 查·学·用

表的供电电源。在使用完毕后应关断其供电电源,以节约能源。

图 5-10 典型数字万用表的功能旋钮

4. 数值保持开关

数字万用表通常有一个数值保持开关,英文标识为"HOLD",在检测时按下数值保持开关,可以在显示屏上保持所检测的数据,方便使用者读取记录数据。

数字万用表的电源开关和数值保持开关如图 5-11 所示。

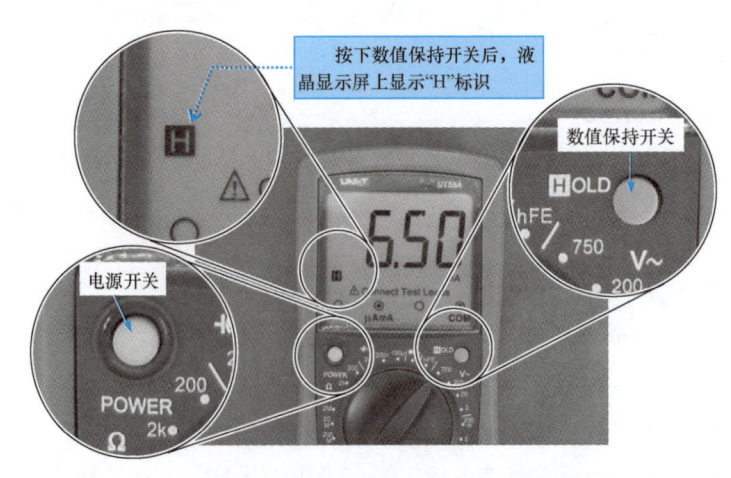

图 5-11 数字万用表的电源开关和数值保持开关

88

> 【提示】
>
> 由于很多数字万用表有自动断电功能,即长时间不使用时万用表会自动切断供电电源,所以不宜使用数值保持开关长期保存数据。

5. 表笔插孔

数字万用表的表笔插孔主要用于连接表笔的引线插头和附加测试器。

数字万用表的表笔插孔如图 5-12 所示。

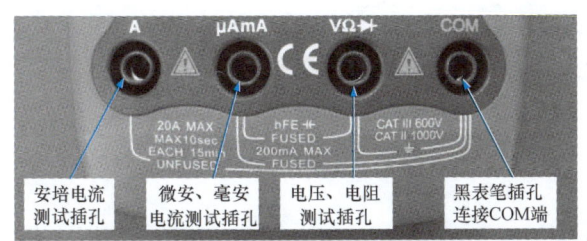

图 5-12　数字万用表的表笔插孔

红表笔连接测试插孔,在测量电流时红表笔连接 A 插孔或 μAmA 插孔,测量电阻或电压时红表笔连接 VΩ 插孔,黑表笔连接 COM 端;在测量电容量、电感量和晶体管放大倍数时,附加测试器的插头连接 μAmA 和 VΩ 插孔。

> 【提示】
>
> 数字万用表的表笔分别使用红色和黑色标识,用于与待测电路、元器件及万用表之间的连接。
>
> 有的数字万用表还配有一个附加测试器,用来扩展数字万用表的功能。数字万用表的附加测试器如图 5-13 所示。

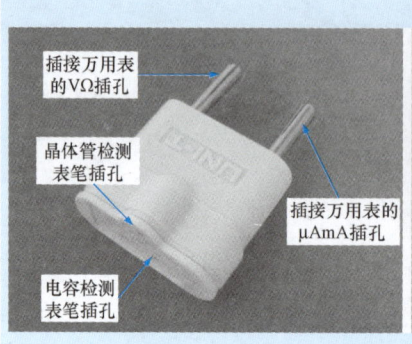

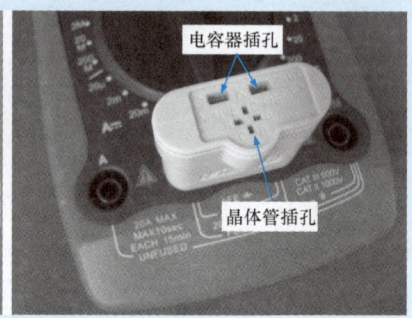

图 5-13　数字万用表的附加测试器

附加测试器主要用来检测晶体管的放大倍数、电容器的电容量。在使用时按照万用表的提示将附加测试器插接在万用表的 μAmA 插孔和 VΩ 插孔上，再将晶体管或电容器插接在附加测试器的插孔上即可。

5.2　掌握万用表使用方法

5.2.1　掌握指针式万用表使用方法

指针式万用表的不同档位可以测量元器件或电路的电流值、电压值、电阻值、放大倍数等量，其基本操作方法如下：

1. 连接测量表笔

指针式万用表有红色和黑色两支表笔，测量时将红色的表笔插到"+"端，黑色的表笔插到"-"或"*"端。

连接万用表的测量表笔如图 5-14 所示。

若万用表的表笔插孔大于两个，一般是有多个正极插孔，则应根据测量需要选择红表笔的插孔。

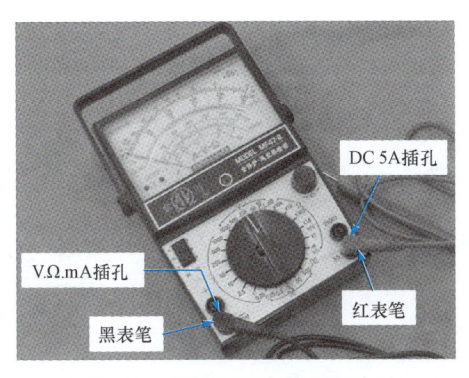

图 5-14 连接万用表的测量表笔

2. 表头较正

指针式万用表的表笔开路时，指针应指在 0 的位置，这就是使用指针式万用表测量前进行的表头校正，此调整又称机械调零。

指针式万用表的机械调零如图 5-15 所示。

图 5-15 指针式万用表的机械调零

如果指针没有指到 0 的位置，可用螺丝刀微调校正螺钉使指针处于 0 位，即完成对万用表的零位调整。

3. 设置测量范围

根据测量的需要，无论测量电流、电压、还是电阻，扳动指针式万用表的功能旋钮，将万用表调整到相应测量档位。指针式万用表

91

的功能旋钮设置如图 5-16 所示。

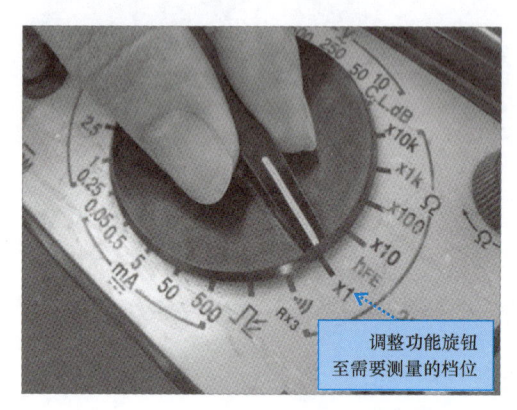

图 5-16　指针式万用表的功能旋钮设置

针对不同的测量对象，可以通过设置功能旋钮来选择，其测量的是电压、电流还是电阻，以及量程的大小。

4. 零欧姆调整

在使用指针式万用表测量电阻值前要进行零欧姆调整，以保证其准确度。

零欧姆调整如图 5-17 所示。

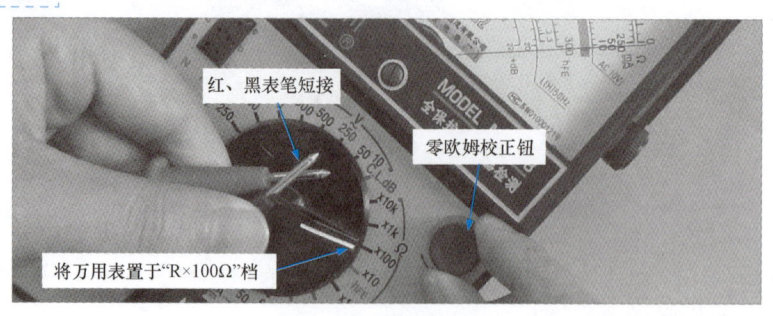

图 5-17　零欧姆调整

首先将功能旋钮旋拨到待测电阻的量程范围，然后将两支表笔互相短接，这时指针应指向 0Ω（表盘的右侧，电阻刻度的 0 值），如果不在 0Ω 处，就需要调整调零欧姆校正钮使万用表指针指向 0Ω 刻度。

【提示】

值得注意的是：在进行电阻值测量时，每变换一次档位或量程，就需要重新通过零欧姆校正钮进行零欧姆校正，这样才能确保测量电阻值的准确。进行其他物理量测量时则不需要进行零欧姆校正。

5. 测量

指针式万用表测量前的准备工作完成后，就可以进行具体的测量，其测量方法会因测量的不同而有所差异。

使用指针式万用表检测电阻器的电阻值如图 5-18 所示。

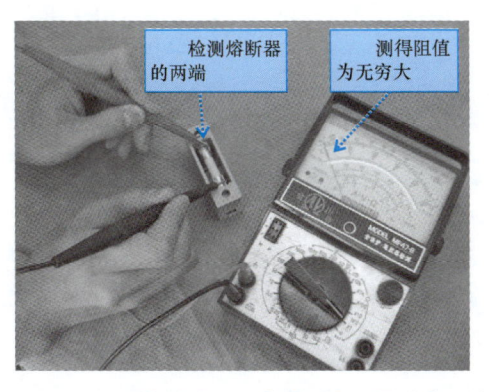

图 5-18 使用指针式万用表检测电阻器的电阻值

使用指针式万用表检测电阻器的电阻值时，需将红、黑表笔分别接入电阻器的两端，通过表盘中指针的指示，读出其电阻值。

指针式万用表不仅可以使用表笔检测电压、电阻及电流等，还可以使用其本身的晶体管检测插孔,直接检测晶体管的放大倍数。

> 【提示】
>
> 使用指针式万用表检测晶体管的放大倍数如图 5-19 所示。

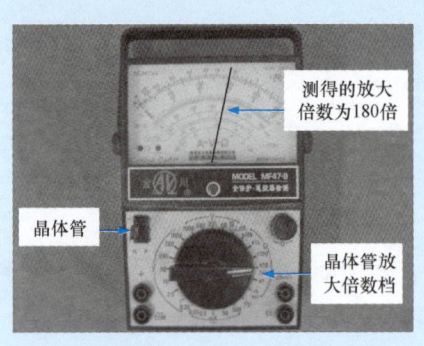

图 5-19 使用指针式万用表检测晶体管的放大倍数

检测晶体管的放大倍数时,应使用指针式万用表中的晶体管检测插孔进行检测。

5.2.2 掌握数字万用表使用方法

数字万用表的操作规程与指针式万用表相似,主要包括连接测量表笔、功能设定、测量结果识读,由于一些数字万用表带有附加测试器,因此在操作规程中还包括附加测试器的使用。

1. 功能设定

数字万用表使用前不用像指针式万用表那样需要进行机械调零和零欧姆校正,只需要根据测量的需要,调整万用表的功能旋钮至相应测量档位即可。

数字万用表的功能旋钮设置如图 5-20 所示。

图 5-20　数字万用表的功能旋钮设置

【提示】

数字万用表设置量程时，应尽量选择大于待测参数，但最接近的档位，若选择量程范围小于待测参数，则液晶屏显示"1."，表示超范围了；若选择量程远大于待测参数，则可能读数不准确。

2. 开启电源开关

首先开启数字万用表的电源开关，电源开关通常位于液晶显示屏下方，功能旋钮上方，带有"POWER"标识。

开启电源开关的操作如图 5-21 所示。

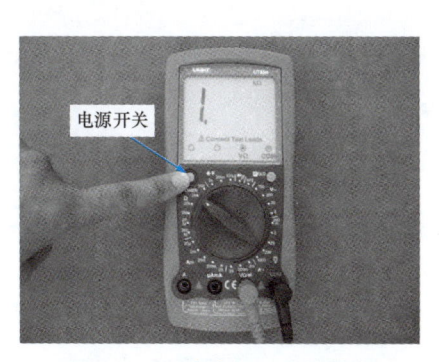

图 5-21　开启电源开关的操作

3. 连接测量表笔

数字万用表也有红色和黑色两支表笔，用红色和黑色标识，测量时将其中红表笔插到测试端，黑表笔插到"COM"端，COM 端是检测的公共端。

数字万用表的连接测量表笔如图 5-22 所示。

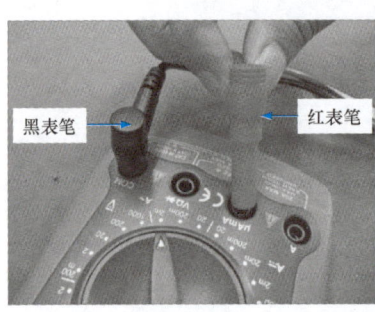

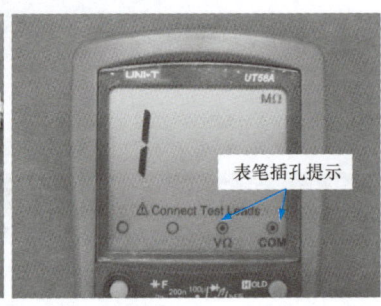

图 5-22　数字万用表的连接测量表笔

在连接红表笔时，应注意表笔插孔的标识，根据测量值选择红表笔插孔。对于液晶显示屏上有表笔插孔的数字万用表，应按照标识连接表笔。

4. 测量结果识读

数字万用表测量前的准备工作完成后就可以进行具体的测量了。在识读测量值时，应注意数值和单位，同时还应读取功能显示以及提示信息。

数字万用表的识读信息如图 5-23 所示。

在使用数字万用表检测时，可以在液晶屏上读到测得的数值、单位以及功能显示、提示信息等。此时可以按下数值保持开关"HOLD"使测量数值保持在液晶显示屏上。

检测电阻值时万用表的读数如图 5-24 所示。

从图中可以看到数字万用表液晶屏上的信息，显示测量值为".816"，数值的上方为单位 kΩ，即所测量的电阻值为 0.816kΩ；液晶显示屏的下方可以看到表笔插孔指示为 VΩ 和 COM，即红表笔插接在 VΩ 表笔插孔上，黑表笔插接在 COM 表笔插孔上。在液晶显示屏左侧有"H"标志，说明此时数值保持键"HOLD"已按下。若需要恢复测量状态只需再次按下数值保持键即可。

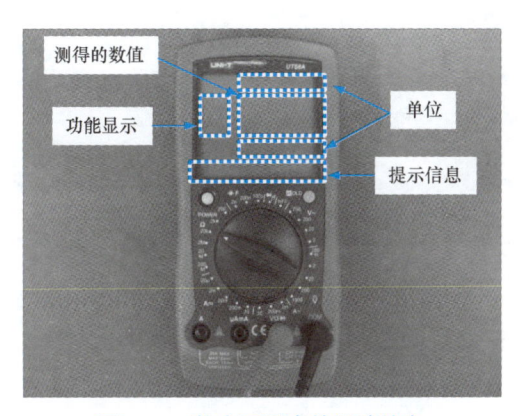

图 5-23 数字万用表的识读信息

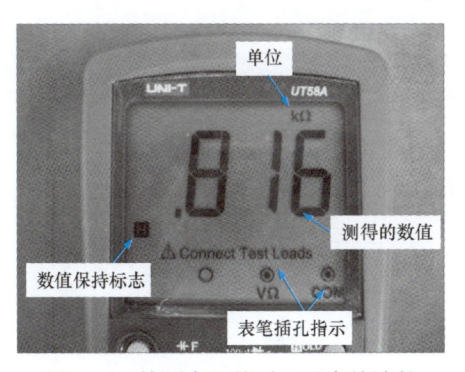

图 5-24 检测电阻值时万用表的读数

5. 附加测试器的使用

数字万用表的附加测试器用于检测电容器的电容量和晶体管的放大倍数。

附加测试器的使用如图 5-25 所示。

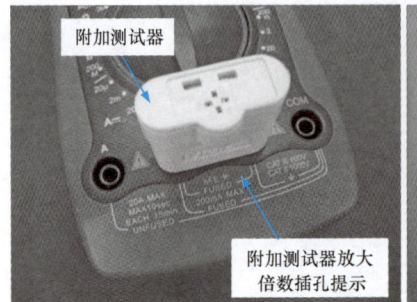

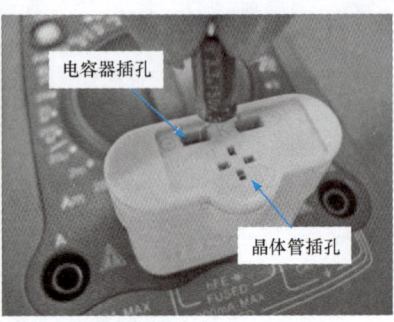

图 5-25 附加测试器的使用

在使用时应先将附加测试器插在表笔插孔中,再将被测元器件插在附加测试器上,同时应注意被测元器件与插孔相对应。

第6章 练习绝缘电阻表使用操作

6.1 认识绝缘电阻表

6.1.1 认识手摇式绝缘电阻表

绝缘电阻表俗称兆欧表，主要用于检测电气设备、家用电器以及线缆的绝缘电阻或高值电阻。绝缘体的电阻值与普通电阻值不同，绝缘电阻值非常大，如果电源线与接电线之间的绝缘阻值较小，就容易发生漏电情况，对人身及电气本身造成危害，因此掌握绝缘电阻的测量方法尤为重要。

绝缘电阻表可以测量所有导电型、抗静电型及静电泄放型材料的阻抗或电阻。使用绝缘电阻表测出绝缘性能不良的设备和产品可以有效地避免发生触电伤亡及设备损坏等事故。

手摇式绝缘电阻表的内部无内置电池，但在其内部安装有小型手摇发电机，可以通过手动摇柄产生高压加到检测端，图6-1所示为手摇式绝缘电阻表的实物外形。手摇式绝缘电阻表主要由刻度盘、接线端子、手动摇杆、测试线等部分构成。

通常，在手摇式绝缘电阻表上安装有铭牌标识和使用说明，可以通过观察铭牌标识和使用说明了解该手摇式绝缘电阻表的产品信息和使用要求。

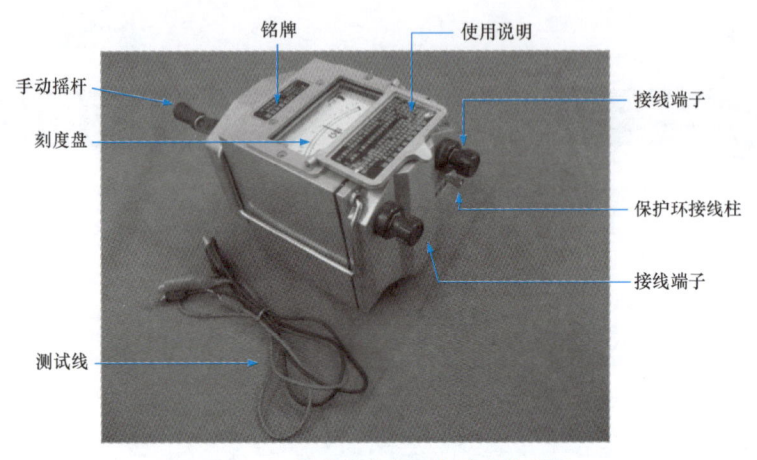

图 6-1 手摇式绝缘电阻表的实物外形

【提示】

手摇式绝缘电阻表通常只能产生一种电压，当需要测量不同电压下的绝缘电阻时，就要选择相应的手摇式绝缘电阻表。若测量额定电压在 500V 以下的设备或线路的绝缘电阻时，可选用 500V 或 1000V 绝缘电阻表；测量额定电压在 500V 以上的设备或线路的绝缘电阻时，应选用 1000~2500V 的绝缘电阻表；测量绝缘子时，应选用 2500~5000V 绝缘电阻表。一般情况下，测量低压电气设备的绝缘电阻时可选用 0~200MΩ 量程的绝缘电阻表。

图 6-2 所示为手摇式绝缘电阻表铭牌标识和使用说明，在铭牌上标有型号、额定电压、量程和生产厂商等信息；使用说明位于刻度盘上方，简单介绍了该手摇式绝缘电阻表的使用方法和注意事项。

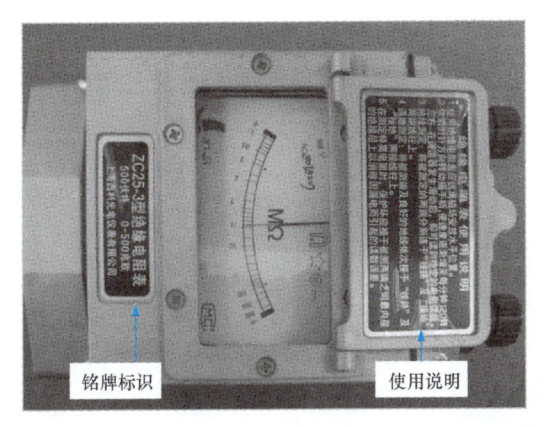

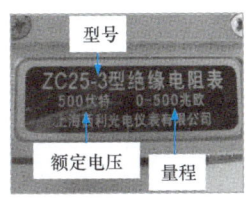

图 6-2 手摇式绝缘电阻表铭牌标识和使用说明

1. 刻度盘

手摇式绝缘电阻表的刻度盘是由量程、刻度线、指针和额定输出电压等构成，绝缘电阻表以指针的方式指示出测量结果，测量者根据指针在刻度线上的指示位置即可读出当前测量的具体数值。

如图 6-3 所示，可以通过该刻度盘上的标识得知该手摇式绝缘电阻表的量程为 500MΩ，额定输出电压为 500V，指针初始位置一直位于 10MΩ 处。有一些绝缘电阻表的指针在待机状态时指向 ∞。

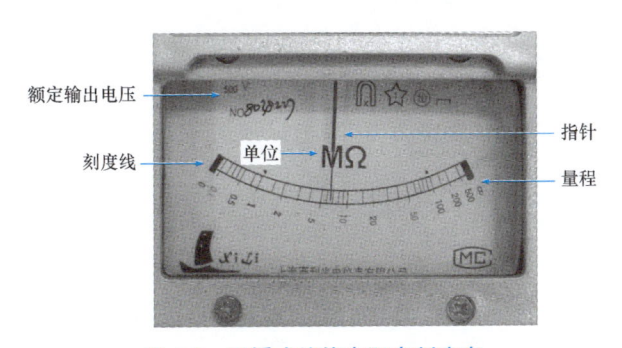

图 6-3 手摇式绝缘电阻表刻度盘

101

2. 接线端子

手摇式绝缘电阻表上的接线端子用于与测试线连接，通过测试线与待测设备进行连接，检测其绝缘阻值。

如图 6-4 所示，手摇式绝缘电阻表共有三个接线端子。接线端子 L 用以连接被测导体，习惯上使用红色测试线与线路端子相连；接线端子 E 通常在测量时，用于与电器外壳、接地棒以及线路绝缘层等进行连接，习惯上使用黑色测试线；保护环接线柱在检测电缆绝缘阻值时，用于与屏蔽线进行连接。

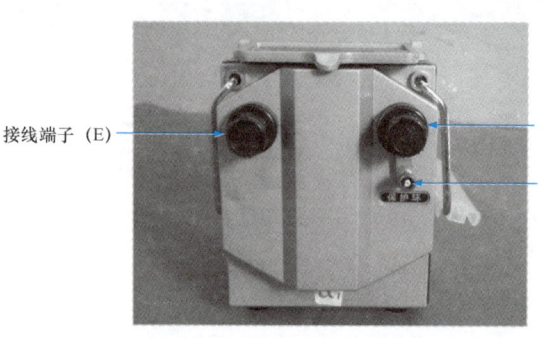

图 6-4　手摇式绝缘电阻表接线端子

3. 测试线

手摇式绝缘电阻表的测试线可以分为红色测试线与黑色测试线，是用于连接手摇式绝缘电阻表与待测设备。

图 6-5 所示为手摇式绝缘电阻表测试线，红色测试线用来与接线端子（L）连接；黑色测试线用来与接地接线端子（E）连接。测试线的一端为"U 形接口"，用来与接线端子连接；另一端为"鳄鱼夹"，用以夹住待测部位，有效防止滑脱。

4. 手动摇杆

手摇式绝缘电阻表的手动摇杆与内部的发电机相连，当顺时针摇动摇杆时，绝缘电阻表中的小型发电机开始发电，为检测电路提供高压。

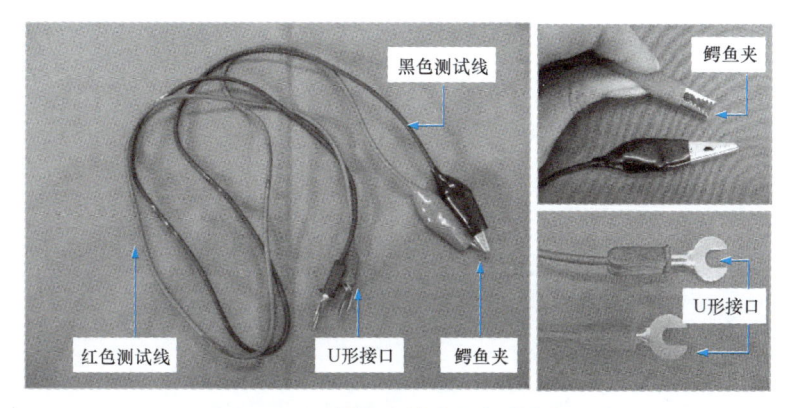

图 6-5　手摇式绝缘电阻表测试线

图 6-6 所示为手摇式绝缘电阻表的手动摇杆，在使用手摇式绝缘电阻表进行测试时，应当顺时针摇动手动摇杆，这样可以使手摇式绝缘电阻表的输出端开始输出高电压。

图 6-6　手摇式绝缘电阻表的手动摇杆

6.1.2　认识电动式绝缘电阻表

电动式绝缘电阻表又称为电子式绝缘电阻表，通常内部装有内置电池和升压电路，在检测时内置电池为电动式绝缘电阻表提供所需要的高压电源。电动式绝缘电阻表根据显示检测数值的不同方式，又可分为数字式绝缘电阻表与指针式绝缘电阻表。

103

数字式绝缘电阻表使用数字直接显示测量的结果,其内部通常使用内置电池作为电源,它采用DC/DC变换技术提升至所需的直流高压,图6-7所示为数字式绝缘电阻表的实物外形,它具有测量精度高、输出稳定、功能多样、经久耐用等特点,它可以通过改变档位从而改变输出电压。

指针式绝缘电阻表内部同样设有内置电池作为电源,它是使用刻度表值,图6-8所示为指针式绝缘电阻表的实物外形。它具有体积小、重量轻、便于携带等特点。

图6-7 数字式绝缘电阻表的实物外形

图6-8 指针式绝缘电阻表的实物外形

图6-9所示为典型电动式绝缘电阻表的外形结构。电动式绝缘电阻表主要由数字显示屏、测试线连接插孔、功能按钮、量程调节旋钮以及测试钮等部分构成。

1. 数字显示屏

电动式绝缘电阻表的数字显示屏可以显示被测电阻的数值,此外还能显示很多辅助信息,例如电池状态、高压电压值、高压警告、测试时间、存储指示、极性符号等。

如图6-10所示,数字显示屏直接显示测试时所选择的高压档位以及高压警告,通过电池状态可以了解数字式绝缘电阻表内的电量,测试时间可以显示测试检测的时间,计时符号闪动时表示当前处于计时状态;检测到的绝缘阻值可以通过光标刻度盘读出测试的读数,也可以通过数值直接显示出检测的数值以及单位。

第6章 练习绝缘电阻表使用操作

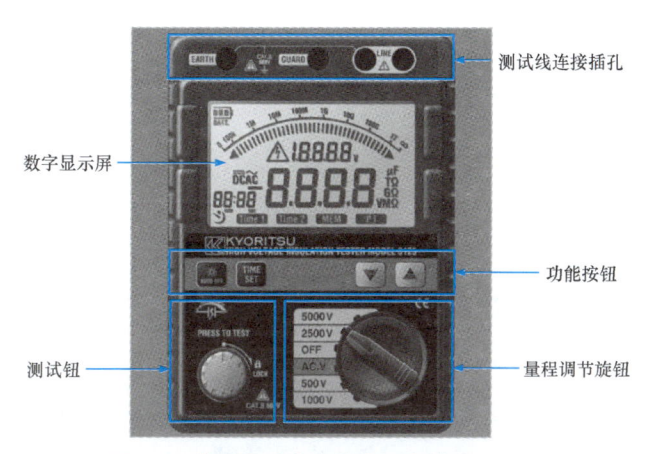

图6-9 典型电动式绝缘电阻表的外形结构

（测试线连接插孔、数字显示屏、功能按钮、测试钮、量程调节旋钮）

图6-10 数字显示屏

（电池状态、模拟数值刻度表、高压警告、测试时间、计时符号、时间提示、存储指示、极性符号、高压电压值、测试结果、测试单位）

表6-1为数字显示屏显示符号的意义。

表6-1 数字显示屏显示符号的意义

符号	定义	说明
BATT	电池状态	显示电池的使用量
（刻度表图）	光标刻度表	用来显示测试阻值的范围

105

（续）

符号	定义	说明
1.8.8.8.8 V	高压电压值	输出高压值
⚡	高压警告	按下测试键后输出高压时，该符号点亮
88:88 min see	测试时间	测试时显示的时间
☽	计时符号	当处于测试状态时，该符号闪动，正在测试计时
8.8.8.8	测试结果	测试的阻值结果，无穷大显示为"—— ——"
μF TΩ GΩ VMΩ	测试单位	测试结果的单位
Time1	时间提示	到时间提示
Time2	时间提示	到时间提示并计算吸收比
MEM	存储指示	当按存储键显示测试结果时，该符号点亮
P1	极性指示	极性指数符号，当到 Time2 计算完极性指数后，点亮该符号

2. 测试线连接插孔

电动式绝缘电阻表上的测试线连接插孔是用于与测试线进行连接，便于电动式绝缘电阻表通过测试线与待测设备进行连接，从而对设备进行检测。

如图 6-11 所示，电动式绝缘电阻表共有三类连接插孔。地线连接插孔（EARTH）、屏蔽线连接插孔（GUARD）、线路连接插孔（LINE）。通常检测绝缘电阻只连接接地插孔和线路插孔即可。只有在检测其有屏蔽层的电缆时，将屏蔽线接到 GUARD 端。

图 6-11 测试线连接插孔

3. 功能按钮

电动式绝缘电阻表的功能按钮主要是由背光灯控制键、时间设置键和上下控制键等构成。

图 6-12 所示为电动式绝缘电阻表的功能按钮，背光灯控制键可以用于控制数字显示屏内的背光灯点亮或熄灭，时间设置键是用于设置显示的时间等信息，上下控制键用于控制数据的读取与数据的修改等。

图 6-12 电动式绝缘电阻表的功能按钮

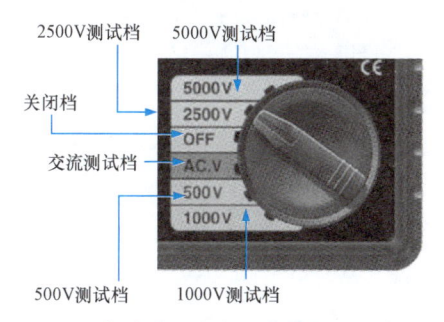

4. 量程调节旋钮

电动式绝缘电阻表的量程调节旋钮可以选择测试档位和测试量程。

图 6-13 所示为电动式绝缘电阻表的量程调节旋钮，该电动式绝缘电阻表可以调节的量程有交流测试档（AC）、关闭档（OFF）、500V、1000V、2500V、5000V 等多个测试档位。

图 6-13 电动式绝缘电阻表的量程调节旋钮

5. 测试钮

电动式绝缘电阻表的测试钮用于检测设备或线缆的绝缘电阻值时使用。

图 6-14 所示为电动式绝缘电阻表的测试钮，需要测试绝缘电阻值时，按下测试钮即可加载电压，若此时旋转测试钮，可以锁定此键，使电动式绝缘电阻表可以一直为检测设备加载电压。

图 6-14 电动式绝缘电阻表的测试钮

6.2 掌握绝缘电阻表使用方法

6.2.1 掌握手摇式绝缘电阻表使用方法

1. 连接测试线

使用手摇式绝缘电阻表检测室内供电线路的绝缘阻值时，首先将接线端子（L）拧松，然后将红色测试线的 U 形接口接线端子（L）上，拧紧即可；再将 E 接地端子拧松，并将黑测试线的 U 形接口接入接线端子（E），拧紧即可，如图 6-15 所示。

2. 对绝缘电阻表进行空载检测

在使用手摇式绝缘电阻表进行测量前，应提前进行开路与短路测试，检查绝缘电阻表是否正常。具体方法为将红黑测试夹分开，顺时针摇动摇杆，绝缘电阻表指针应当指示"∞"；再将红黑测试夹短接，顺时针摇动摇杆，绝缘电阻表指针应当指示"0"，说明该绝缘电阻表正常，注意摇速不要过快，如图 6-16 所示。

第6章 练习绝缘电阻表使用操作

【1】拧松接线端子(L)，连接红色测试线

【2】拧松接线端子(E)，连接黑色测试线

图 6-15 将红、黑测试线与接线端子进行连接

【2】指针指示无穷大

红黑测试夹短路 【2】指针指示为零

红黑测试夹开路 【1】顺时针摇动摇杆

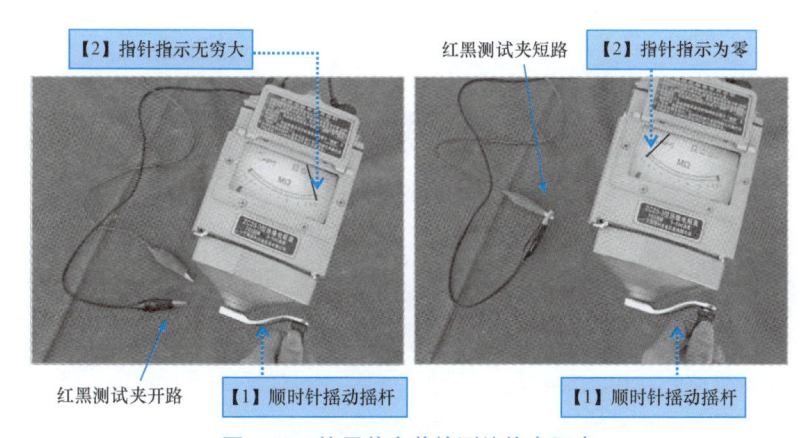

【1】顺时针摇动摇杆

图 6-16 使用前空载检测绝缘电阻表

3. 检测室内供电线路的绝缘阻值

将室内供电线路上的总断路器断开，然后将绝缘电阻表的红色测试线连接支路开关（照明支路）输出端的电线，黑色测试线连接在室内的地线或接地端（接地棒），如图 6-17 所示。然后顺时针摇动绝缘电阻表的摇杆，检测室内供电线路与大地间的绝缘电阻。若测得绝缘阻值不小于1MΩ，则说明该线路绝缘性很好，是安全的，切忌不可带电检测。

109

【4】测得绝缘阻抗不小于1MΩ

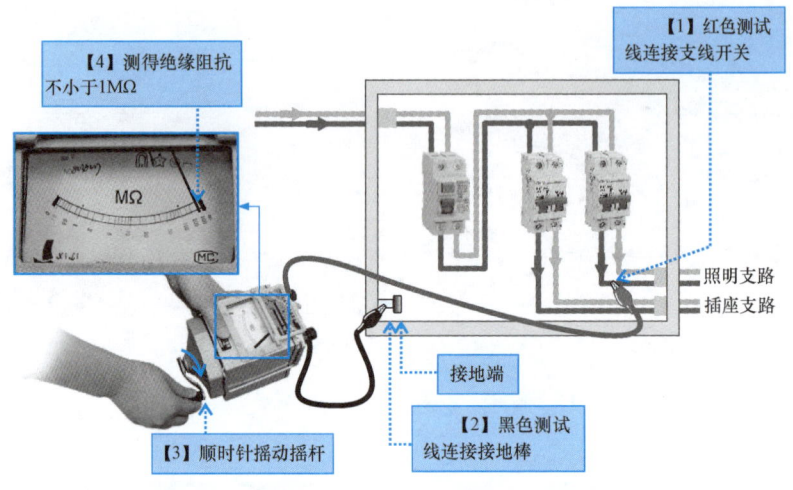

【1】红色测试线连接支线开关

照明支路
插座支路

接地端

【2】黑色测试线连接接地棒

【3】顺时针摇动摇杆

图 6-17　检测室内供电线路与接地端的绝缘电阻

【提示】

在使用绝缘电阻表进行测量时，需要手提绝缘电阻表进行测试，应保持稳定，防止在摇动摇杆时晃动，并且应当使绝缘电阻表水平放置时，去读取检测数值。在摇动摇杆手柄时，应当由慢至快，若发现指针指向零时，应当立即停止摇动，以防绝缘电阻表内部的线圈损坏。在检测过程中，严禁用手触碰测试端以防电击。在检测结束，进行拆线时，也不要触及引线的金属部分。

4. 检测线缆的绝缘电阻

使用手摇式绝缘电阻表检测线缆的绝缘阻值时，同样应将红色测试线连接到连接端子（L）上，黑色测试线连接至接地端子（E）上；然后将保护环端子 G 拧松，将绿色导线连接至保护环上，再将保护环端子拧紧即可，如图 6-18 所示。

当绿色导线与保护环端子连接完成后，应当将绿色导线的另一端与线缆内层的屏蔽层进行连接，再将黑色测试夹（E 端）夹在线缆的外绝缘层上,并将红色测试夹夹在线缆内的芯线上,如图 6-19 所示。

【1】将保护环的端子拧松

【2】将绿色导线连接至保护环端子上

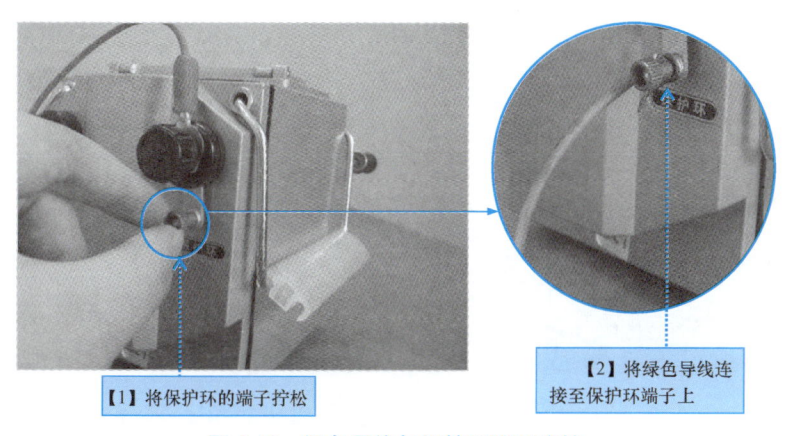

图 6-18　绿色导线与保护环端子连接

【3】红色测试夹夹在线缆内的芯线上

【2】黑色测试夹夹在外绝缘层上

【1】绿色导线与线缆内层的屏蔽层连接

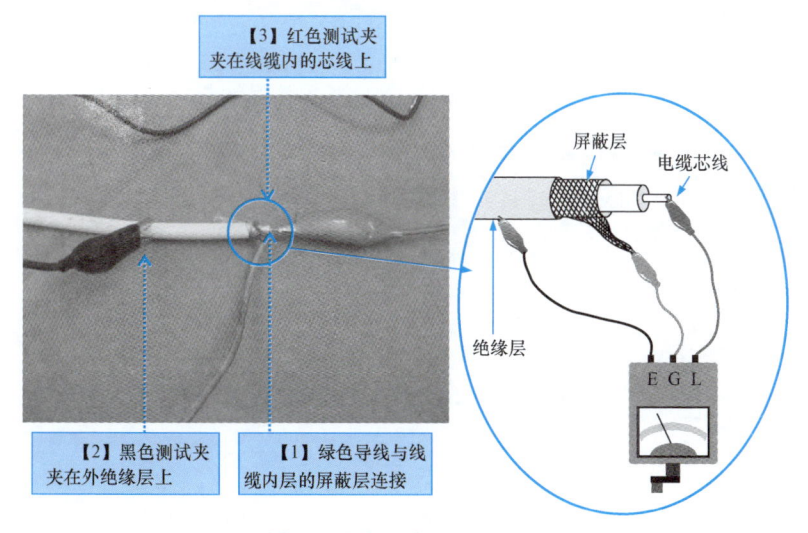

图 6-19　手摇式绝缘电阻表与待测线缆的连接方法

当测试线缆与手摇式绝缘电阻表连接好之后,可以顺时针匀速摇动手摇摇杆,观察刻度盘上指针的指向,此时检测到绝缘阻值为"70MΩ",如图 6-20 所示。

【2】测得绝缘阻值约为70MΩ

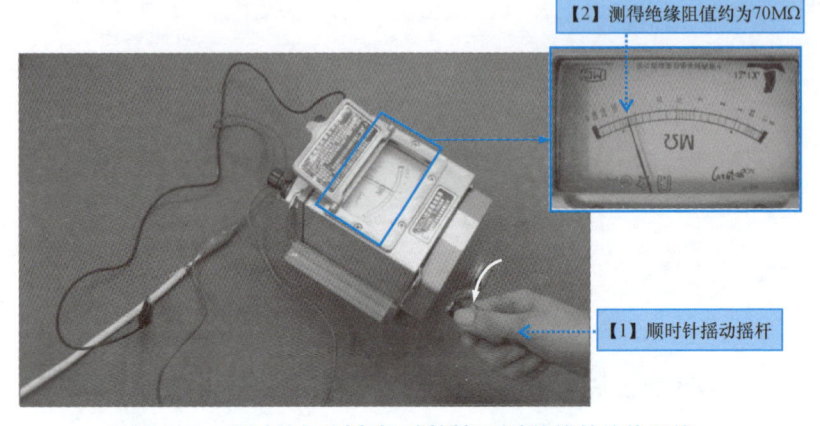

【1】顺时针摇动摇杆

图 6-20 顺时针匀速摇动手摇摇杆测试线缆的绝缘阻值

【提示】

使用绝缘电阻表测量线缆的绝缘阻值，当绝缘电阻表为线缆所加的电压为1000V时，线缆的绝缘阻值应当达到"1MΩ"以上，若加载的电压为10kV时，线缆的绝缘阻值应当达到"10MΩ"以上，说明该线缆绝缘性能良好。若线缆绝缘性能不能达到上述要求，在与连接的电气设备等运行过程中，可能导致短路故障的发生。

6.2.2 掌握电动式绝缘电阻表使用方法

1. 检测变压器绝缘电阻

使用数字式绝缘电阻表检测变压器的绝缘阻值时，需要分别对变压器的绕组之间的绝缘阻值以及与铁心之间的绝缘阻值进行检测，图 6-21 所示为待测变压器的实物外形。

将数字式绝缘电阻表的量程调整为"500V"档，显示屏上也会同时显示量程为500V；然后将红表笔插入线路端"LINE"孔中，然

第 6 章 练习绝缘电阻表使用操作

后再将黑表笔插入接地端"EARTH"孔中，如图 6-22 所示。

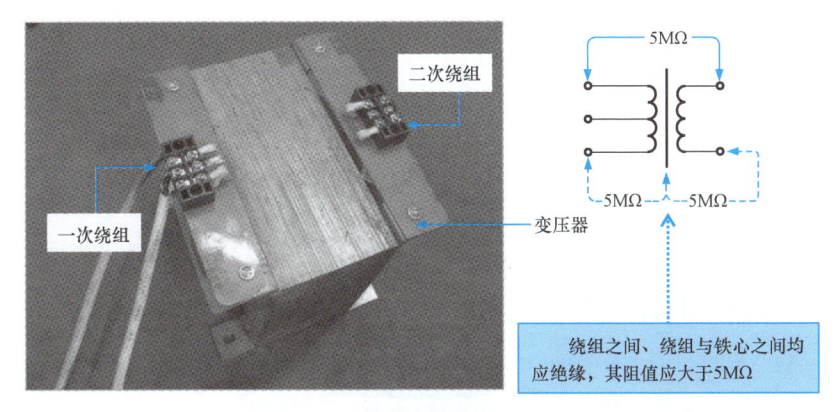

图 6-21 待测变压器的实物外形

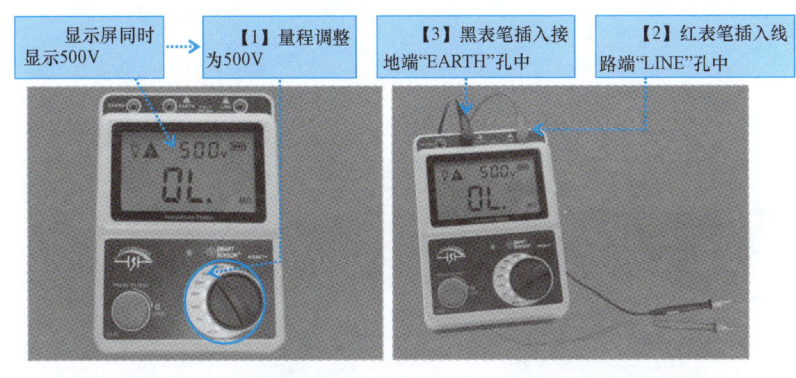

图 6-22 调整数字式绝缘电阻表的量程并连接表笔

将数字式绝缘电阻表的红表笔搭在变压器一次绕组的任意一根线芯上，黑色表笔搭在变压器的金属外壳上，然后按下数字式绝缘电阻表的测试按钮，此时数字式绝缘电阻表的显示盘显示绝缘阻值为"500MΩ"，如图 6-23 所示。

将数字式绝缘电阻表的红表笔搭在变压器二次绕组的任意一根线芯上，黑色表笔搭在变压器的金属外壳上，然后按下数字式绝缘电阻表的测试按钮，此时数字式绝缘电阻表的显示盘显示绝缘阻值为

"500MΩ"，如图 6-24 所示。

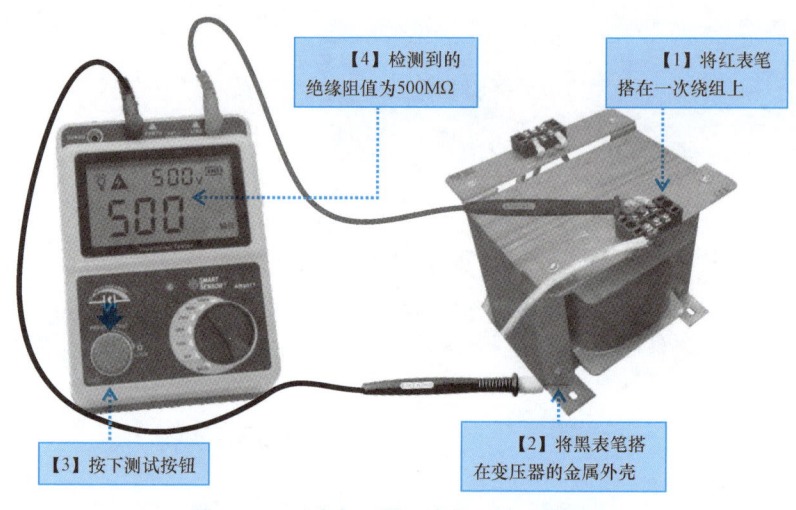

图 6-23　测试变压器一次绕组的绝缘阻值

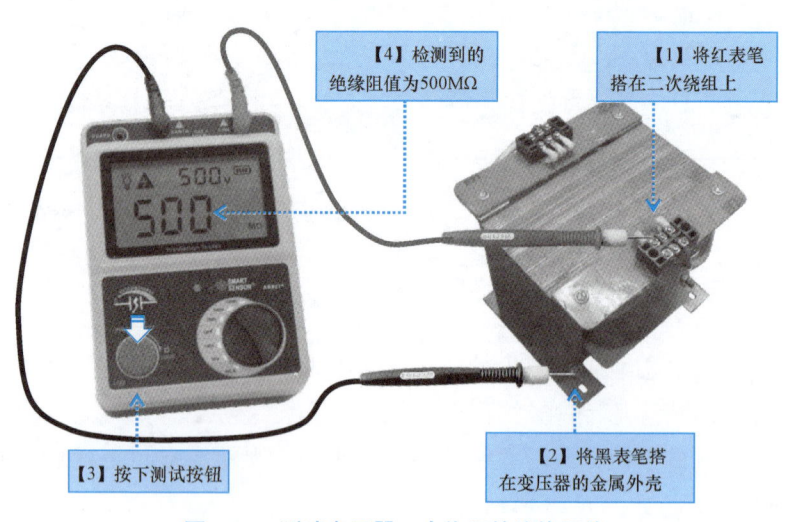

图 6-24　测试变压器二次绕组的绝缘阻值

　　将数字式绝缘电阻表的红表笔搭在变压器次级绕组的任意一根线芯上，黑色表笔搭在变压器一次绕组的任意一根线芯上，然后按下

114

数字式绝缘电阻表的测试按钮,此时数字式绝缘电阻表的显示盘显示绝缘阻值为"500MΩ",如图 6-25 所示。

【4】检测到的绝缘阻值为500MΩ

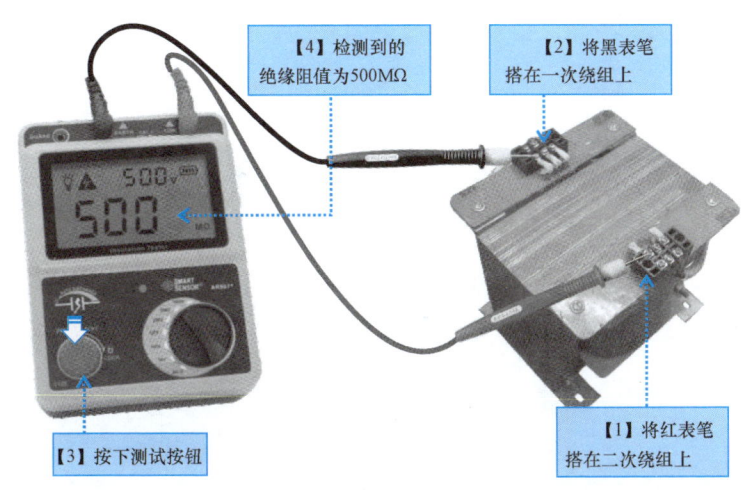

【2】将黑表笔搭在一次绕组上

【3】按下测试按钮

【1】将红表笔搭在二次绕组上

图 6-25 测试变压器一次绕组与二次绕组之间的绝缘阻值

2. 检测电动机绝缘电阻

将指针式绝缘电阻表的档位调整为"2500V"档,指针式绝缘电阻表上的电源指示灯亮起;然后将红色测试夹的连接线插入线路端"LINE"孔中,将黑色测试夹的连接线插入接地端"EARTH"孔中,如图 6-26 所示。

【1】档位调整为2500V

【3】黑色测试夹插入"EARTH"孔中

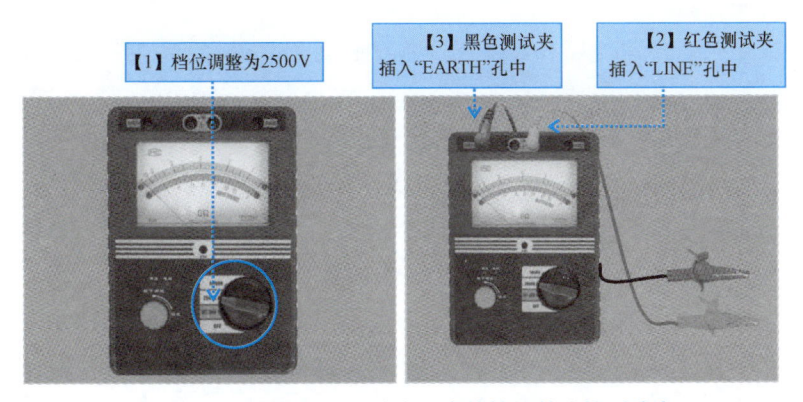

【2】红色测试夹插入"LINE"孔中

图 6-26 调整指针式绝缘电阻表的档位并连接测试夹

将指针式绝缘电阻表的红色测试夹夹在电动机的引线线芯上，再将黑色测试夹夹在电动机的外壳上，再按下测试按钮，此时高压指示灯也会同时亮起，指针式绝缘电阻表的指针指示为"0.8GΩ"，如图 6-27 所示。

【4】指针指向0.8GΩ

高压指示灯亮

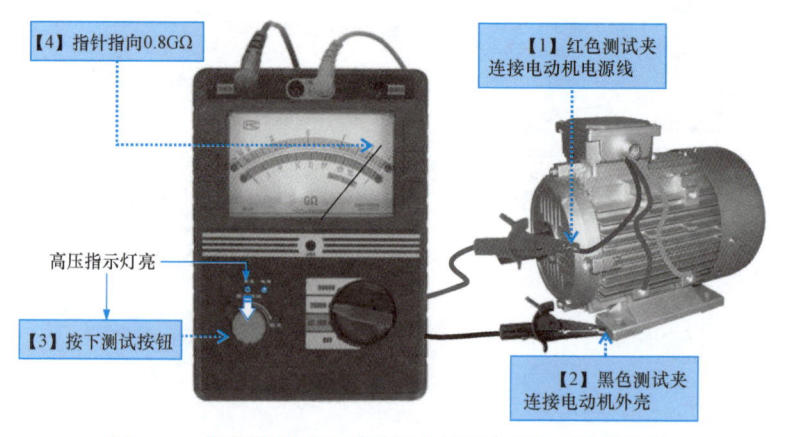

【3】按下测试按钮

【1】红色测试夹连接电动机电源线

【2】黑色测试夹连接电动机外壳

图 6-27 使用指针式绝缘电阻表检测电动机的绝缘阻值

【提示】

在使用指针绝缘电阻表检测电动机等大型带电设备时，应当断开待测的电动机与供电线路的一切连接，特别是要切断供电源。然后将电动机引线端短接并接地放电 1min 左右，若电容量较大的设备应当短接接地放电 2min 左右。禁止在雷电时或高压设备附近测量绝缘电阻，只能在设备不带电，也没有感应电的情况下测量，这样可以保证指针绝缘电阻表和维修人员的安全。

第 7 章 练习钳形表使用操作

7.1 认识钳形表

7.1.1 了解钳形表的种类特点

钳形表主要是用于检测电气设备或线缆的交流电流,也可检测电压、电阻等项目。在使用钳形表检测交流电流时不需要断开电路,可直接通过导线的电磁感应电流进行测量,是一种使用较为方便的测量仪表。

钳形表是电工操作人员常常会使用到的检测工具,比较常见的钳形表可以分为模拟式钳形电流表、通用型数字钳形表、高压钳形表、漏电电流数字钳形表等。

1. 模拟式钳形表

模拟式钳形表又称指针式钳形表,主要用于检测交流电流,可以通过调整不同的量程,测量不同范围的电流,图 7-1 所示为模拟式钳形表的实物外形。在对家用电器设备交流电流进行检测时,多采用指针式钳形表。

图 7-1 模拟式钳形表的实物外形

2. 通用型数字钳形表

通用型数字钳形表是将钳形表与万用表进行结合,使该类钳形

117

表除了可以用于检测交流电流外，还增加了检测电压、电阻等功能。图 7-2 所示为通用型数字钳形表的实物外形。

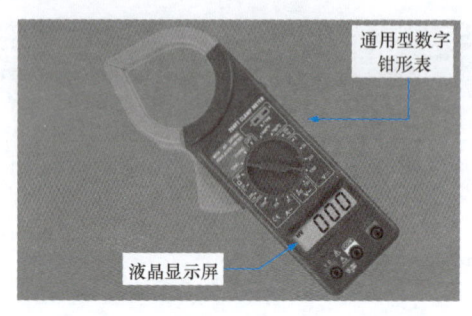

图 7-2 通用型数字钳形表的实物外形

3. 高压钳形表

高压钳形表主要在检测高压交流电流时使用，图 7-3 所示为高压钳形表的实物外形。在对三相高压线缆的电流进行检测时，可以使用高压钳形表。

4. 漏电电流数字钳形表

漏电电流数字钳形表主要用于检测交流设备的漏电电流，图 7-4 所示为漏电电流数字钳形表的实物外形。当需要确认电气设备中的漏电部位时，可以使用漏电电流数字钳形表对电路进行检测。

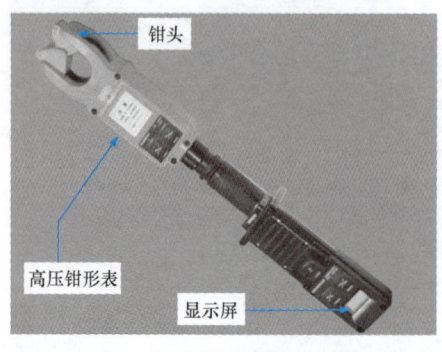

图 7-3 高压钳形表的实物外形

图 7-4 漏电电流数字钳形表的实物外形

7.1.2 了解钳形表的结构组成

通用型数字钳形表的应用较为广泛，并且功能多样，可以满足不同用户的需求，本小节以典型的通用型数字钳形表为例，讲解钳形表的结构和键钮分布。

图 7-5 所示为通用型数字钳形表的实物外形。通用型数字钳形表主要是由钳头、钳头扳机、锁定开关、功能旋钮、显示屏、表笔接口和红、黑表笔等构成。

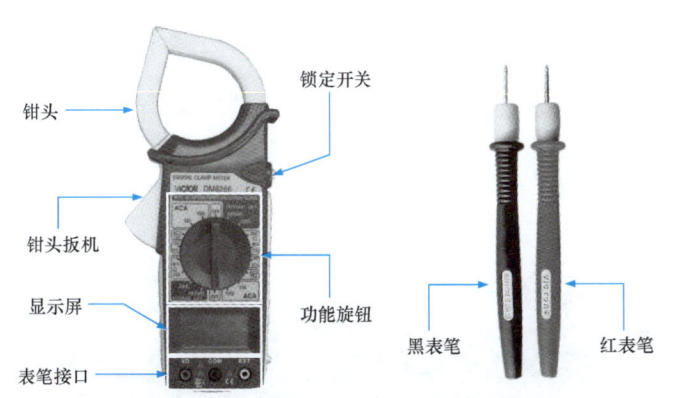

图 7-5 通用型数字钳形表的实物外形

1. 钳头扳机和钳头

钳形表的钳头扳机是用于控制钳头部分开启和闭合的工具，钳头是表内检流器线圈的活动铁心，被测导线能穿入钳口，用于对导线交流电流的检测。

如图 7-6 所示，当按压钳头扳机时，钳头即会打开，在钳头的接口处可以看到铁心；当松开钳形表的钳头扳机后，钳头即会闭合。

2. 锁定开关

锁定开关主可以用于锁定显示屏上显示的数据，方便在空间较小或黑暗的地方锁定检测数值，便于识读；若需要继续进行检测去除

119

保存的数据时,再次按下锁定开关即可。

按压钳头扳机,钳头被打开

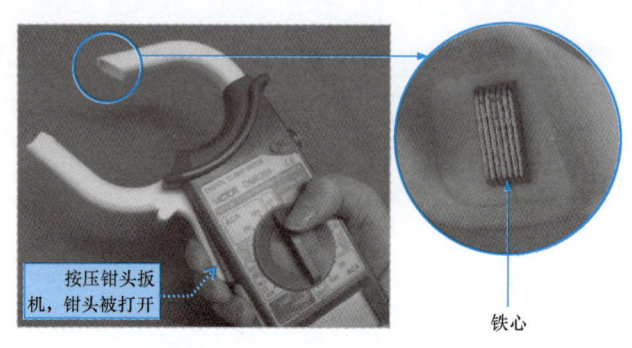

铁心

图7-6 钳形表的钳头扳机和钳头

如图7-7所示,锁定开关通常位于钳形表的一侧,以"HOLD"表示,将其按下即可锁定(保持)所检测的数值,再次按下时,即可清除锁定的数据,继续进行检测。

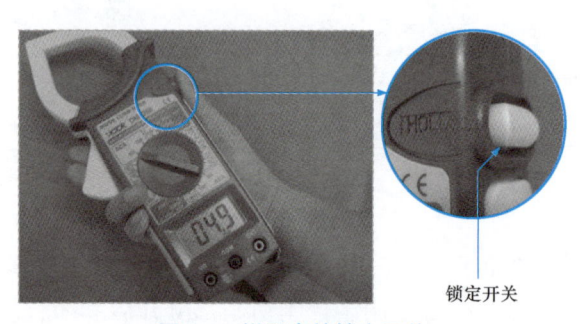

锁定开关

图7-7 钳形表的锁定开关

3. 功能旋钮

钳形表的功能旋钮用于控制钳形表的开关以及测量档位的切换,当需要检测的项目不同时,只需要将功能旋钮旋转至对应的档位即可。

如图7-8所示,在功能旋钮的周围标识了钳形表的各种测量档位:电源开关、交流电流检测档、交流电压检测档、直流电压检测档、通断检测档、电阻检测档、绝缘电阻检测档等。

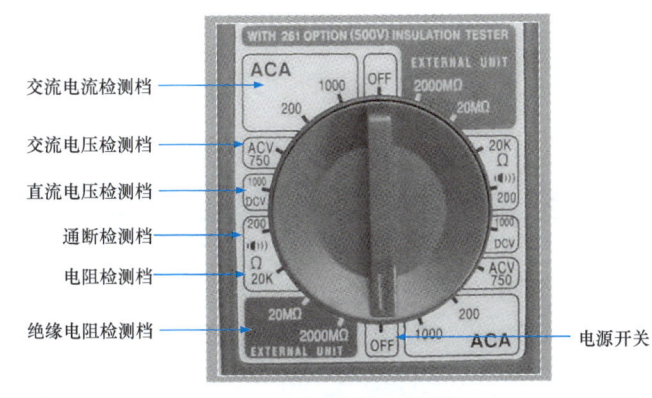

图 7-8 钳形表的功能旋钮

1）交流电流检测档：该档是通过钳口对各线路或电器的交流电流进行检测。包括 200A/1000A 两个量程，当检测的交流电流小于 200A 时旋钮应置于 AC 200A 档；当检测电流大于 200A 小于 1000A 时应选择 AC 1000A 档。其他电量的检查是通过表笔进行的。

2）交流电压检测档：用来对低压交流电气线路、家用电器等交流供电部分进行检测，最高输入电压为 750V。

3）直流电压检测档：用来对直流电气线路、家用电器等直流供电部分进行检测，最高被测电压为 1000V。

4）电阻检测档：用来对电子电路或电器线路中器件的阻值进行检测，包括两个量程 200Ω/20kΩ，200Ω 档可以用于检测 200Ω 以下电阻器的阻值以及用于判断电路的通断，当回路阻值低于 70±20Ω 时，蜂鸣器发出警示音；20kΩ 档用于检测大于 200Ω 小于 20kΩ 的电阻器阻值。

5）绝缘电阻检测档：用来检测各种低压电器的绝缘阻值，通过测量结果判断低压电器的绝缘性能是否良好。包括 20MΩ/2000MΩ 两个量程，绝缘电阻小于 20MΩ 时旋钮置于 20MΩ 档，绝缘电阻大

于 20MΩ 小于 2000MΩ 时选择 2000MΩ 档。检测绝缘电阻时，需配以 500V 测试附件。正常情况下，未连接 500V 测试附件调至该档位时，液晶屏显示值处于游离状态。

钳形表各功能量程准确度和精确值见表 7-1。

表 7-1　钳形表各功能量程准确度和精确值

功能	量程	准确度	精确值
交流电流	200A	±(3.0%×读数+5)	0.1A（100mA）
	1000A		1A
交流电压	750V	±(0.8%×读数+2)	1V
直流电压	1000V	±(1.2%×读数+4)	1V
电阻	200Ω	±(1.0%×读数+3)	0.1Ω
	20kΩ	±(1.0%×读数+1)	0.01kΩ（10Ω）
绝缘电阻值	20MΩ	±(2.0%×读数+2)	0.01MΩ（10kΩ）
	2000MΩ	≤500MΩ ±(4.0%×读数+2) >500MΩ ±(5.0%×读数+2)	1MΩ

4. 显示屏

钳形表的显示屏主要用于显示检测时的量程、单位、检测数值的极性以及检测到的数值等。

如图 7-9 所示，钳形表检测到的数值位于显示屏的中间，当检测电压时，单位位于检测数值的右侧；当检测电流或电阻时，不显示单位；当检测到的电压和电流为负值时，数值左侧会显示负极的标识。

5. 表笔接口

钳形表的表笔接口用于连接红黑表笔和绝缘测试附件时使用，便于使用钳形表检测电压、电阻以及绝缘阻值。

如图 7-10 所示，钳形表共有三个表笔接口：电压电阻输入接口（红表笔接口）、接地/公共接口（黑表笔接口）、绝缘测试附件接口（EXT）。在测量交流电压、直流电压、电阻时需要用到电压电阻输入接口（红表笔接口）、接地/公共接口（黑表笔接口）；测量绝缘电阻时，需要将 500V 测试附件与绝缘测试附件接口（EXT）连接。

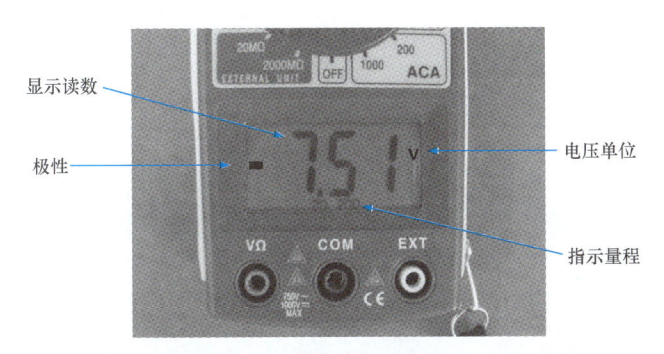

图 7-9 钳形表的显示屏

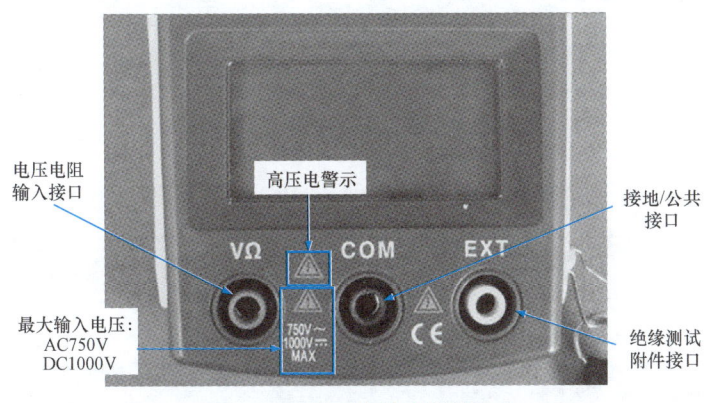

图 7-10 钳形表的表笔接口

7.2 掌握钳形表使用方法

7.2.1 掌握钳形表检测电流的方法

使用钳形表检测电流时，首先应当先查看钳形表的绝缘外壳是否发生破损。同时，在测量前，还要对待测线缆的额定电流进行核

123

查,以确定是否符合测量范围。

例如,对电能表的供电线缆进行测量时,先检查电能表上的额定电流,如图 7-11 所示,额定电流为 40A。由于供电线缆的电流需流经电能表,故可以得知,被测线缆最大电流不会超过 40A。

【1】检查钳形表的绝缘外壳是否破损

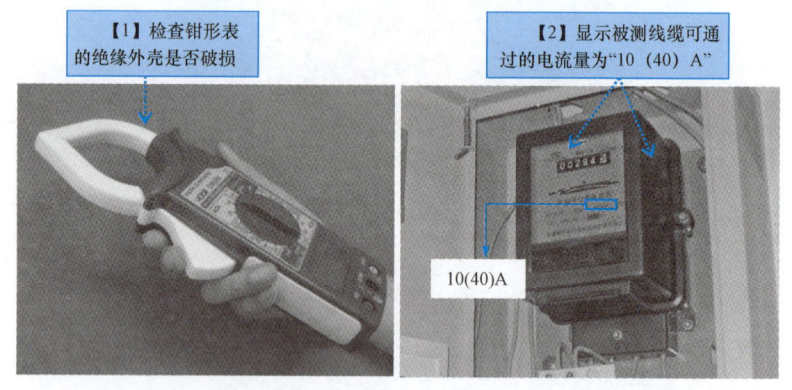

【2】显示被测线缆可通过的电流量为"10(40)A"

10(40)A

图 7-11 检查钳形表的绝缘性能和待测线缆的额定电流

根据需要检测线缆通过的额定电流量,需选择钳形表的档位应比通过的额定电流量大。所以应当将钳形表的档位调至"AC 200A"档,如图 7-12 所示。

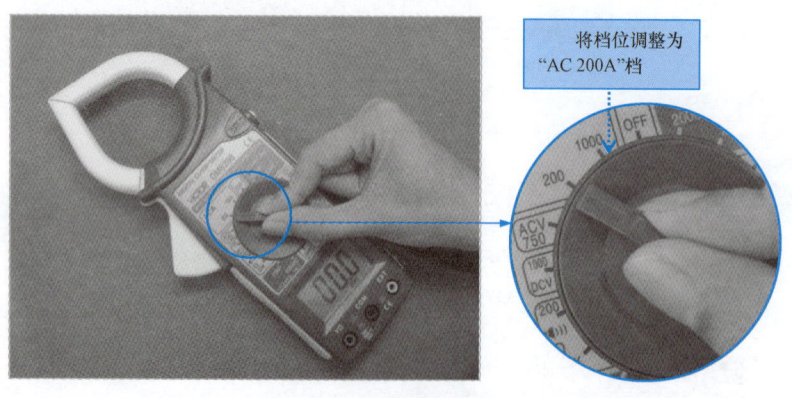

将档位调整为"AC 200A"档

图 7-12 调整钳形表档位

【提示】

在使用钳形表检测电流时,应先观察待测设备的额定电流,不可随意选取一个档位,在带电的情况下不可转换钳形表的档位。带电转换钳形表的档位会导致钳形表内部电路损坏,从而无法使用。

当调整好钳形表的档位后,先确定"HOLD"键锁定开关打开,然后按压钳头扳机,使钳口张开,将待测线缆中的相线放入钳口中,松开钳口扳机,使钳口紧闭,此时即可观察钳形表显示的数值。若钳形表无法直接观察到检测数值时,可以按下"HOLD"键,在将钳形表取出后,即可对钳形表上显示的数值进行读取,如图 7-13 所示。

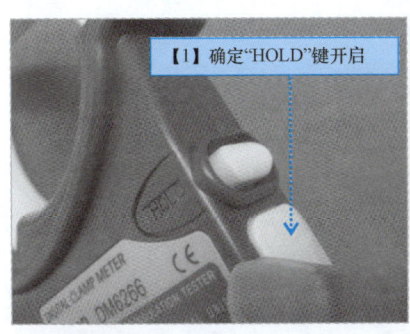

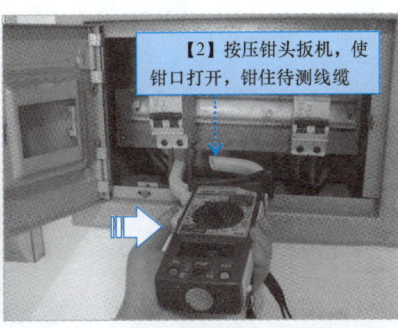

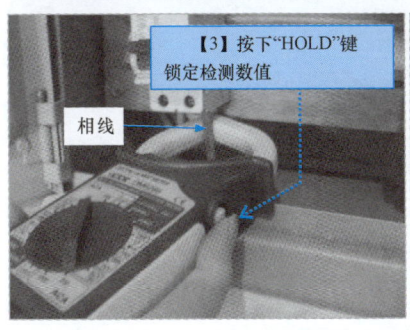

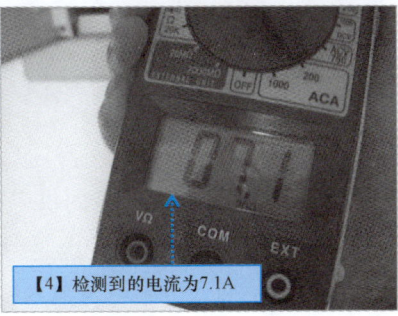

图 7-13　钳形表检测电流

钳形表在检测电流时，不可以用钳头直接钳住裸导线进行检测。此外，在钳住线缆后，应当保证钳口密封，不可分离，若钳口分离会影响到检测数值的准确性。

> 【提示】
>
> 有一些线缆的相线和零线被包裹在一个绝缘皮中，从外观上看，感觉是一根电线。如果此时使用钳形表进行检测，实际上是钳住了两根导线，这样操作无法测量出真实的电流量，如图 7-14 所示。

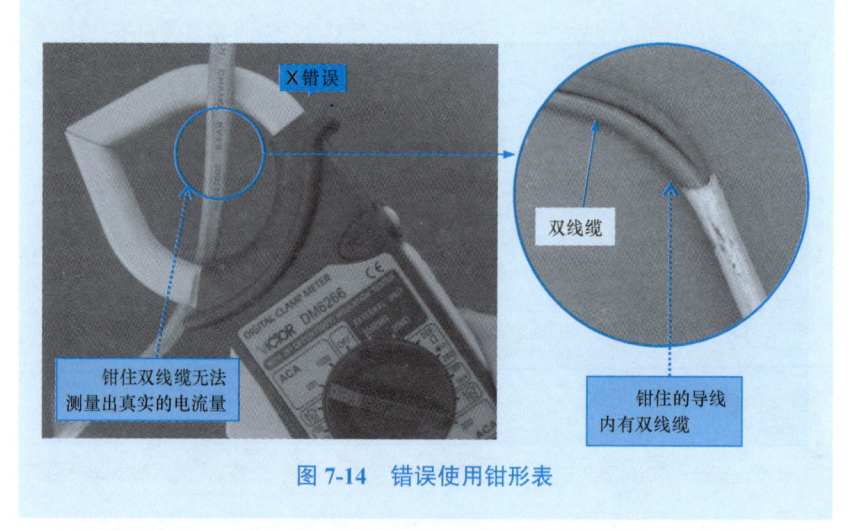

图 7-14　错误使用钳形表

7.2.2　掌握钳形表检测电压的方法

使用钳形表检测电压时，应当先查看需要检测设备的额定电压值，图 7-15 所示电源插座的供电电压应当为"交流 220V"，应当将钳形表量程调整为"AC 750V"档。

将红表笔插入电阻电压输入接口"VΩ"孔中，将黑表笔插入公共/接地接口"COM"孔中，如图 7-16 所示。

第 7 章 练习钳形表使用操作

待测的电源插座
供电电压为交流220V

将档位调整为
"AC 750V"档

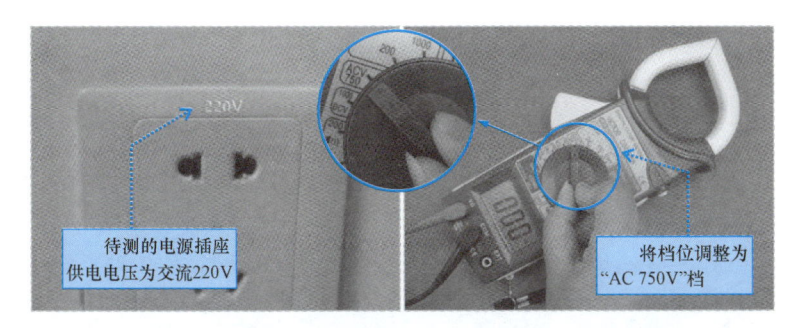

图 7-15 查看待测设备的额定电压并调整钳形表量程

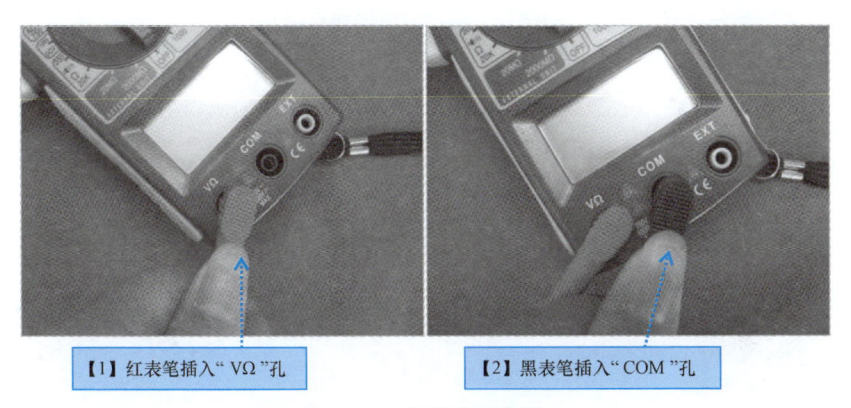

【1】红表笔插入"VΩ"孔

【2】黑表笔插入"COM"孔

图 7-16 连接检测表笔

将钳形表上的黑表笔插入电源插座的零线孔中，再将红表笔插入电源插座的相线孔中，如图 7-17 所示，在钳形表的显示屏上即可显示检测到的"AC 220V"电压。

> 【提示】
>
> 在使用钳形表测量电压时，若测量的为交流电压，可以不用区分正负极；而当测量的电压为直流电压时，必须先将黑表笔连接负极，再将红表笔连接正极。

电工上岗实操 查·学·用

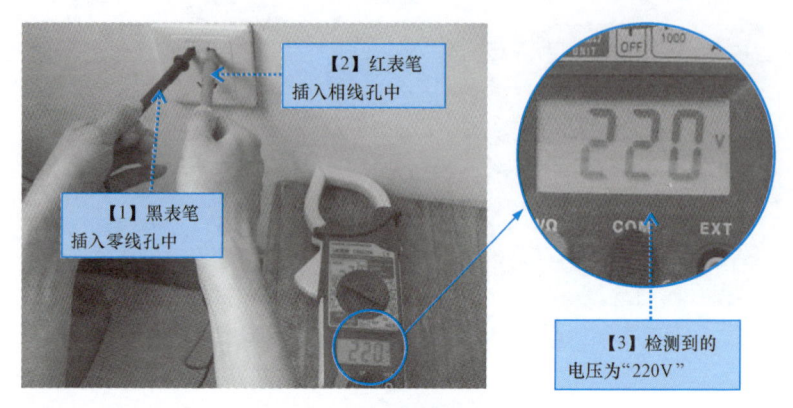

【2】红表笔插入相线孔中

【1】黑表笔插入零线孔中

【3】检测到的电压为"220V"

图 7-17 检测电源插座电压

128

第 8 章 练习电气部件的检测操作

8.1 开关的检测

8.1.1 常开开关的检测

在电路中,常开开关通常用于控制电路的通断电。若怀疑该开关损坏,应对其触点的闭合和断开阻值进行检测。将万用表调至 "R×1" 欧姆档,对触点的阻值进行检测。如图 8-1 所示,将红、黑表笔分别搭在触点接线柱上,正常情况下,测得阻值应为无穷大;按下开关后,阻值应变为 0。若测得阻值偏差很大,说明常开开关已损坏。

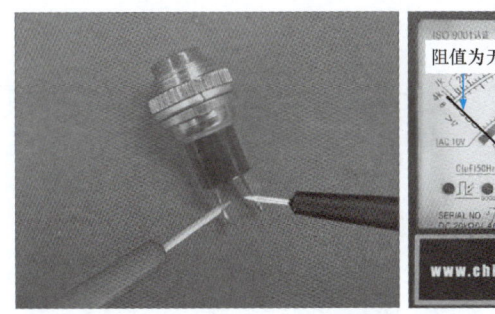

图 8-1 常开开关的检测

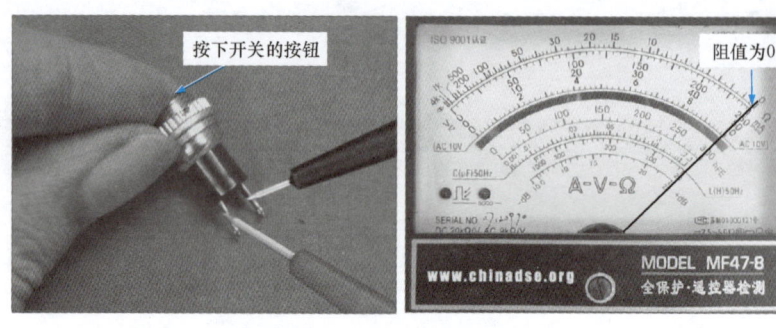

图 8-1 常开开关的检测（续）

8.1.2 复合开关的检测

检测复合开关是否正常时，为了使检修结果准确，可将复合开关从控制电路中拆下，将万用表调至"R×1"欧姆档，对复合开关的两组触点进行检测。如图 8-2 所示，将红、黑表笔分别搭在常开触点和常闭触点上，正常情况下，常开触点的阻值应为无穷大，常闭触点的阻值应为 0。

然后按下按钮，此时再对复合开关的两组触点进行检测，如图 8-3 所示。将红、黑表笔分别搭在两组触点上，由于常开触点闭合，其阻值变为 0，而常闭触点断开，其阻值变为无穷大。

图 8-2 检测正常状态下复合开关常开触点和常闭触点的阻值

130

第 8 章 练习电气部件的检测操作

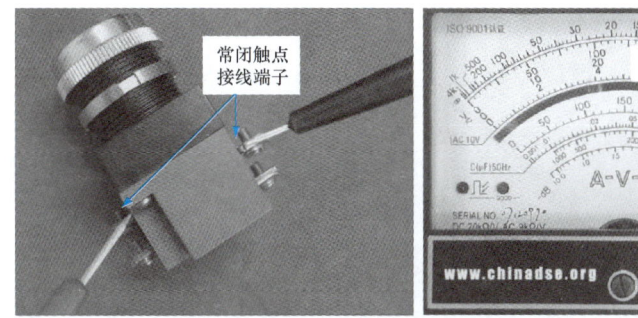

图 8-2 检测正常状态下复合开关常开触点和常闭触点的阻值（续）

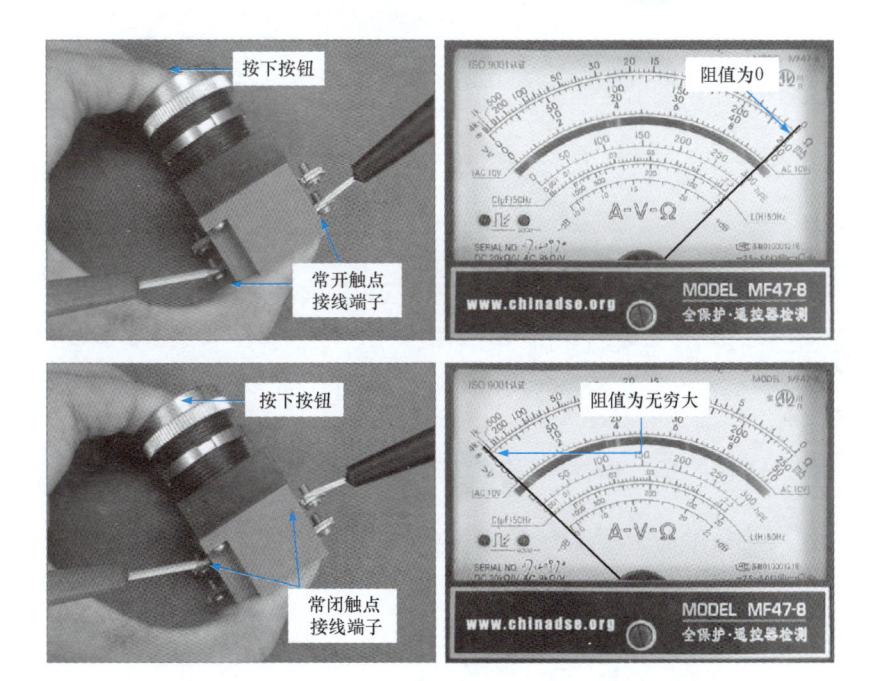

图 8-3 检测按下按钮后常开触点和常闭触点的阻值

> 【提示】
>
> 若检测结果不正常,说明该复合开关已损坏,可将复合开关拆开,检查内部部件是否有损坏,若部件有维修的可能,将损坏的部件更换即可;若损坏比较严重,则需要将复合开关直接更换。图8-4所示为复合开关的内部部件。

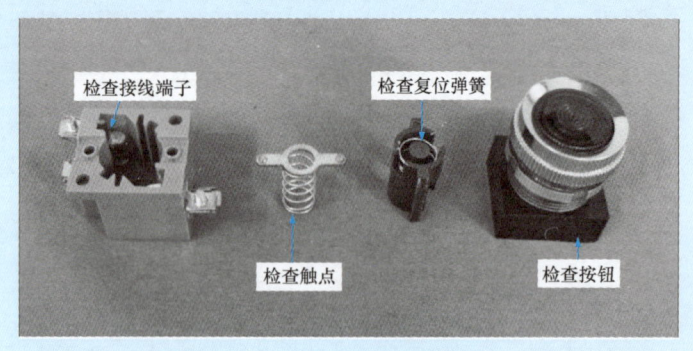

图8-4 复合开关的内部部件

8.2 接触器的检测

8.2.1 交流接触器的检测

交流接触器是用于交流电源环境的通断开关,在各种控制电路中应用较为广泛,具有欠电压、零电压释放保护、工作可靠、性能稳定、操作频率高、维护方便等特点。

在电动机控制系统中,交流接触器用来接通或断开用电设备的供电电路。其主触点连接用电设备,线圈连接控制开关。若接触器出现故障,应对其触点和线圈的阻值进行检测。

在检测之前，先根据接触器外壳上的标识，对接触器的接线端子进行识别，如图 8-5 所示。根据标识可知，接线端子 1、2 为相线 L1 的接线端，接线端子 3、4 为相线 L2 的接线端，接线端子 5、6 为相线 L3 的接线端，接线端子 13、14 为辅助触点的接线端，A1、A2 为线圈的接线端。

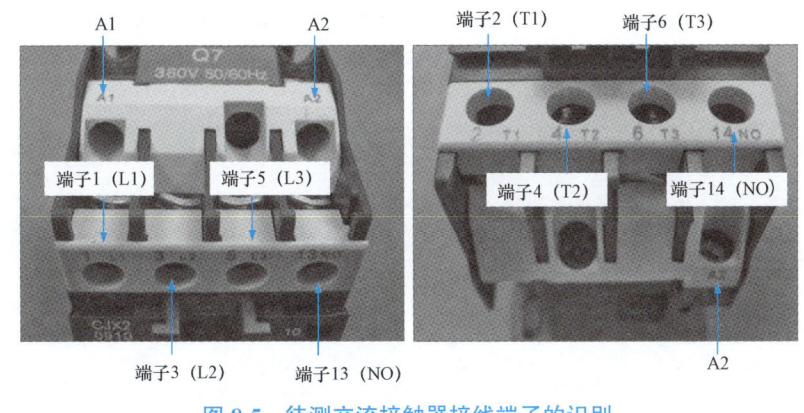

图 8-5　待测交流接触器接线端子的识别

1. 检测线圈阻值

为了使检修结果准确，可将交流接触器从控制电路中拆下，然后根据标识判断好接线端子的分组后，将万用表调至"R×100"欧姆档，对接触器线圈的阻值进行检测，如图 8-6 所示。将红、黑表笔搭在与线圈连接的接线端子上，正常情况下，测得阻值为 1400Ω。若测得阻值为无穷大或测得阻值为 0，说明该接触器已损坏。

2. 检测触点通断

根据接触器标识可知，该接触器的主触点和辅助触点都为常开触点，将红、黑表笔搭在任意触点的接线端子上，测得的阻值均应为无穷大，如图 8-7 所示。当用手按下测试杆时，触点便闭合，测量阻值变为 0。

若检测结果正常，但接触器依然存在故障，则应对交流接触器的连接线缆进行检查，对不良的线缆进行更换。

133

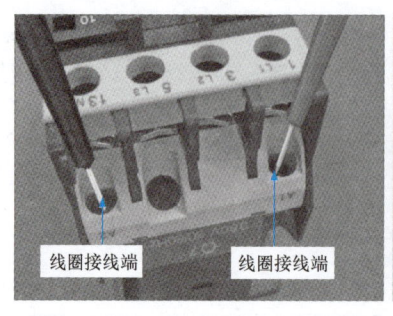

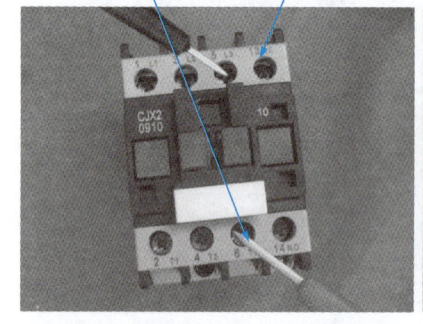

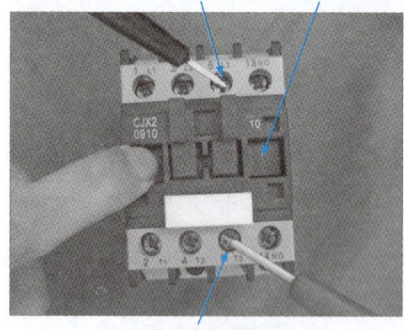

图 8-6 检测接触器线圈的阻值

图 8-7 检测接触器触点通断

8.2.2 直流接触器的检测

直流接触器是一种应用于直流电源环境的通断开关,受直流电的控制。它的检测方法与交流接触器相同，也是对线圈和触点的阻值进行检测，如图 8-8 所示。正常情况下，其触点间的阻值应为无穷大；触点闭合时，阻值为 0，断开时，阻值为无穷大。

图 8-8 检测直流接触器的触点

8.3 继电器的检测

8.3.1 电磁继电器的检测

检测电磁继电器是否正常时，通常先对其引脚进行识别，然后再检测其线圈间的阻值是否正常，最后再对其触点部分进行检测。

安装于电路板上的电磁继电器需要先对引脚进行识别，然后再进行检测，如图 8-9 所示。有的印制电路板上标识有电路符号，线圈的符号为"⌒⌒⌒"，触点的符号为"＿／＿"。

1. 检测线圈阻值

将万用表调至"R×10"欧姆档，对线圈的阻值进行检测。如图 8-10 所示，将红、黑表笔搭在线圈的引脚上，测得阻值为 130Ω。若测得阻值为 0 或无穷大，说明电磁继电器已损坏。

135

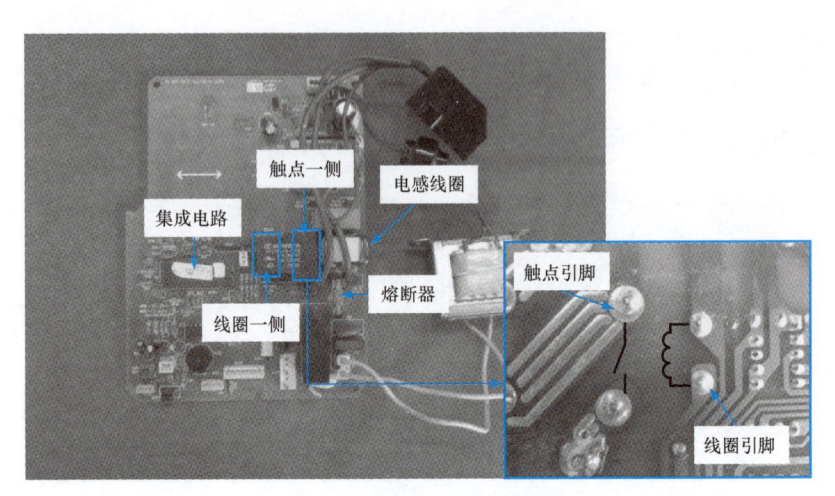

图 8-9 电磁继电器的引脚识别

图 8-10 检测电磁继电器线圈的阻值

2. 检测触点阻值

接下来对电磁继电器的触点进行检测,将万用表调至"R×1"欧姆档,对触点的阻值进行检测。如图 8-11 所示,将红、黑表笔搭在触点的引脚上,在断开状态下,阻值应为无穷大。当为线圈提供电流后,触点闭合,测得的阻值应为 0。

对于外壳透明的电磁继电器,检测线圈正常后,可直接观察内部的触点等部件是否损坏,根据情况进行维修或更换。而对于密闭形式的电磁继电器,则需要检测线圈和触点的阻值,若发现继电器损坏需要进行整体更换。图 8-12 所示为外壳透明的电磁继电器的检测。

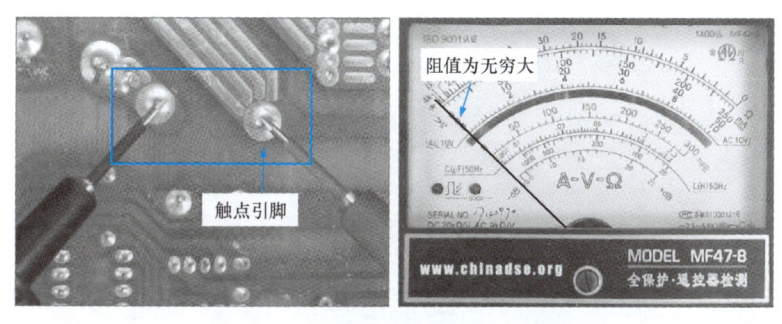

图 8-11 检测电磁继电器触点的阻值

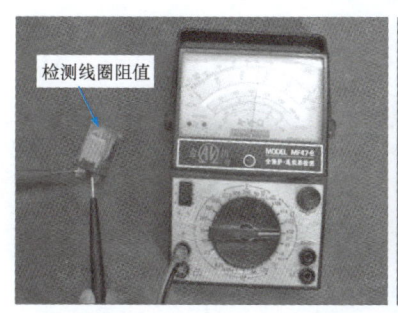

图 8-12 外壳透明的电磁继电器的检测

【提示】

除了通过检测判断电磁继电器好坏外，还可使用直流电源为其供电，直接观察其触点是否动作来判断继电器是否损坏。图 8-13 所示为通电检测电磁继电器的方法。继电器线圈的工作电压都标在铭牌上（例如 12V、24V 等），为继电器线圈加电压检测时，必须符合线圈的额定值。

137

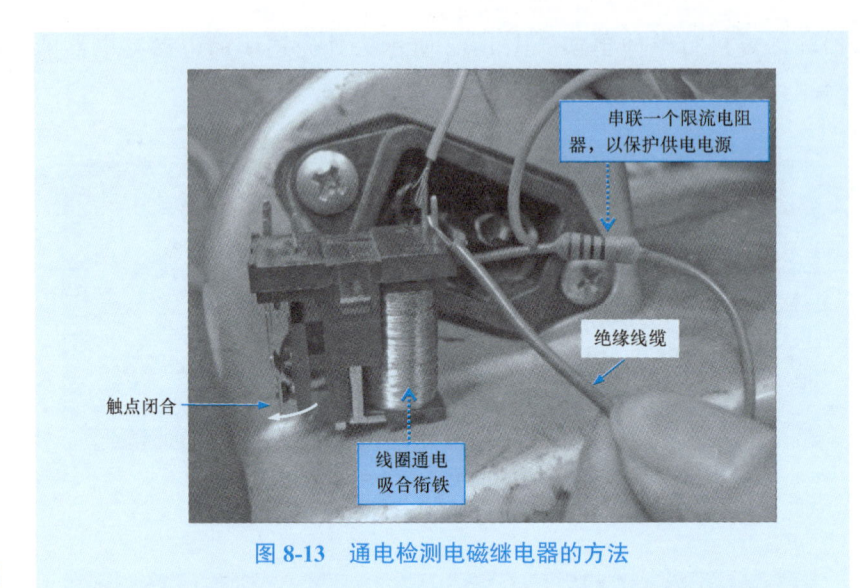

图 8-13　通电检测电磁继电器的方法

8.3.2　时间继电器的检测

检测时间继电器是否正常时，通常先对其引脚进行识别，然后再检测时间继电器各引脚间的阻值是否正常，通过对各触点的检测判断时间继电器的性能是否良好。

时间继电器通常有多个引脚，图 8-14 所示为时间继电器外壳上的引脚连接图。从图中可以看出，在未工作状态下，①脚和④脚、⑤脚和⑧脚为接通状态。此外，②脚和⑦脚为控制电压的输入端，②脚为负极，⑦脚为正极。

将万用表调至"R×1"欧姆档，进行零欧姆校正后，将红、黑表笔任意搭在时间继电器的①脚和④脚上。万用表测得两引脚间阻值为 0，然后将红、黑表笔任意搭在⑤脚和⑧脚上，测得两引脚间阻值也为 0，如图 8-15 所示。

在未通电状态下，①脚和④脚、⑤脚和⑧脚是闭合状态，而在通电动作后,延迟一定的时间,①脚和③脚、⑥脚和⑧脚是闭合状态。闭合引脚间阻值应为零,而未接通引脚间阻值应为无穷大。

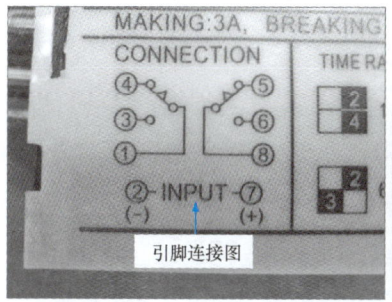

图 8-14 时间继电器外壳上的引脚连接图

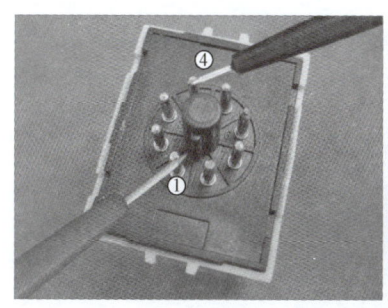

图 8-15 检测引脚间阻值

【提示】

若确定时间继电器损坏,可将其拆开后,分别对内部的控制电路和机械部分进行检查,若控制电路中有元器件损坏,将损坏元器件更换即可;若机械部分损坏,可更换内部损坏的部件或直接将机械部分更换。图 8-16 所示为检查时间继电器的内部。

139

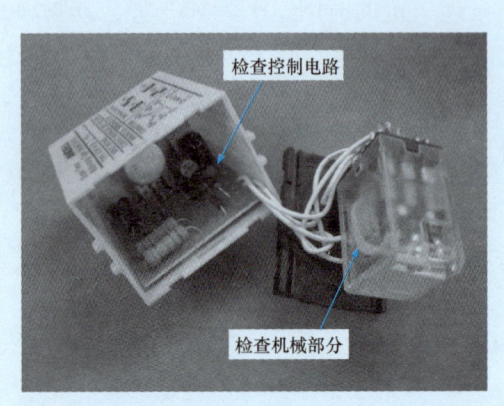

图 8-16　检查时间继电器的内部

8.3.3　热继电器的检测

检测热继电器是否正常时，通常先对其引脚进行识别，然后再检测热继电器各引脚间的阻值是否正常，通过对各触点的检测判断热继电器的性能是否良好。

如图 8-17 所示，热继电器上有三组相线接线端子，即 L1 和 T1、

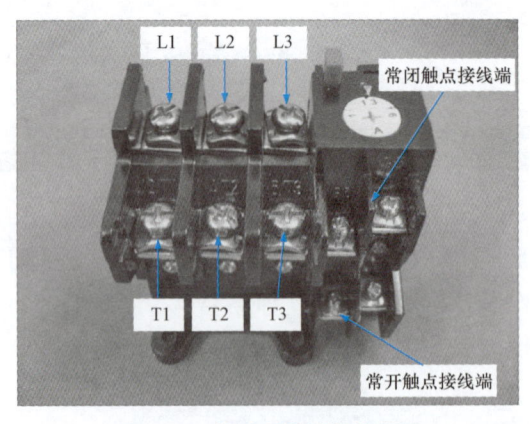

图 8-17　热继电器的接线端子

L2 和 T2、L3 和 T3，其中 L 侧为输入端，T 侧为输出端。接线端子 95、96 为常闭触点接线端，97、98 为常开触点接线端。

将万用表调至"R×1"欧姆档，进行零欧姆校正后，将红、黑表笔搭在热继电器的 95、96 端子上，测得常闭触点的阻值为 0Ω，然后将红、黑表笔搭在 97、98 端子上，测得常开触点的阻值为无穷大，如图 8-18 所示。

图 8-18 检测热继电器触点的阻值

用手拨动测试杆，模拟过载环境，将红、黑表笔搭在热继电器的 95、96 端子上，此时测得的阻值应为无穷大，然后将红、黑表笔搭在 97、98 端子上，测得的阻值应为 0，如图 8-19 所示。

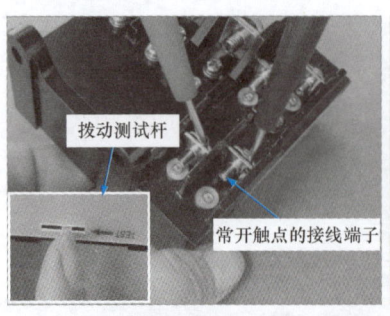

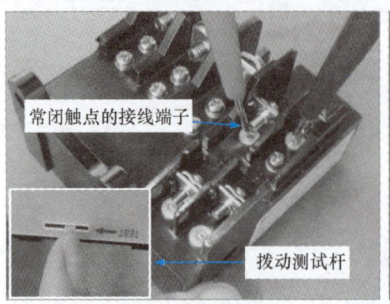

图 8-19 模拟过载状态下的检测

【提示】

若确定热继电器损坏,可先将继电器拆开,对其内部的触点以及热元件等进行检查,发现损坏部件后,可更换该部件或直接更换继电器。图 8-20 所示为检查热继电器的内部。

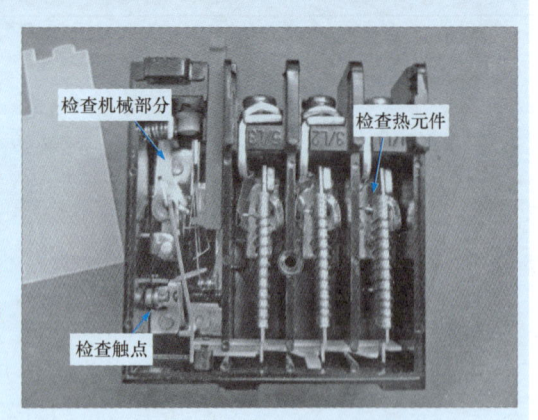

图 8-20 检查热继电器的内部

8.4 变压器的检测

8.4.1 变压器绕组阻值的检测

提升或降低交流电压是变压器在电路中的主要功能,如图 8-21 所示。当交流 220V 电压流过变压器一次侧绕组时,在一次侧绕组上形成感应电动势。在绕制的线圈中产生交变磁场,使铁心磁化。变压器二次侧绕组也产生与一次侧绕组变化相同的交变磁场,根据电磁感应原理,二次侧绕组便会产生交流电压。

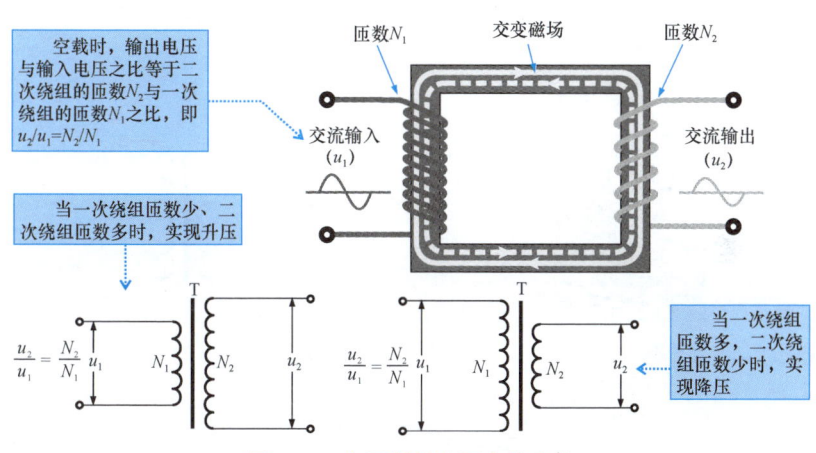

空载时,输出电压与输入电压之比等于二次绕组的匝数N_2与一次绕组的匝数N_1之比,即 $u_2/u_1=N_2/N_1$

当一次绕组匝数少、二次绕组匝数多时,实现升压

$$\frac{u_2}{u_1} = \frac{N_2}{N_1}$$

当一次绕组匝数多,二次绕组匝数少时,实现降压

图 8-21 变压器的电压变换功能

检测变压器绕组阻值主要包括对一次、二次绕组自身阻值的检测,绕组与绕组之间绝缘电阻的检测,绕组与铁心或外壳之间绝缘电阻的检测三个方面。在检测变压器绕组阻值之前,应首先区分待测变压器的绕组引脚,如图 8-22 所示。

图 8-23 所示为检测变压器绕组自身阻值。将万用表的量程旋钮调至欧姆档,红、黑表笔分别搭在待测变压器的一次绕组两引脚上或

二次绕组两引脚上,观察万用表显示屏,在正常情况下应有一固定值。若实测阻值为无穷大,则说明所测绕组存在断路现象。

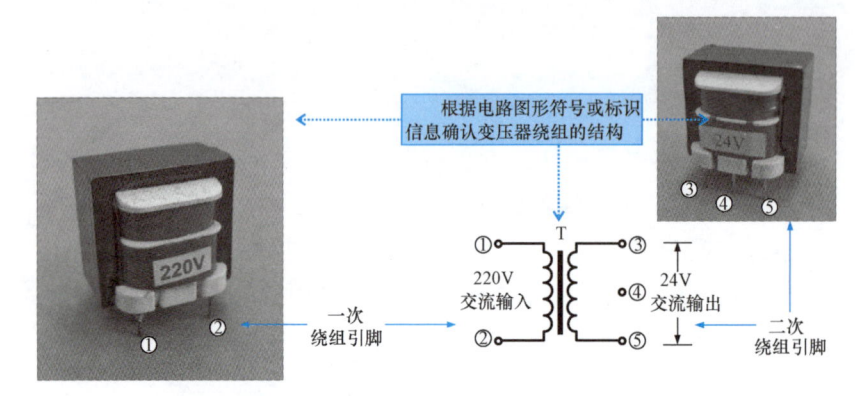

图 8-22 区分待测变压器的绕组引脚

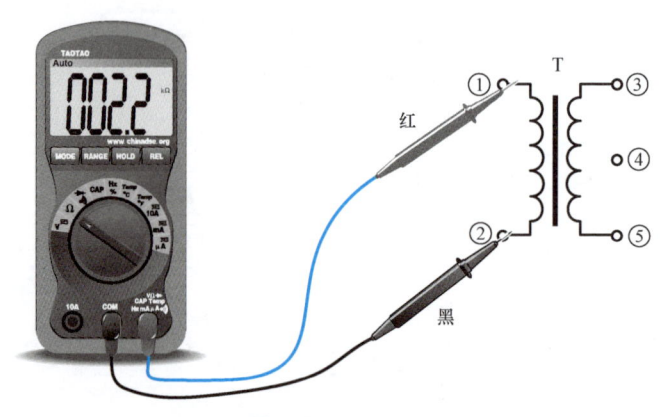

图 8-23 检测变压器绕组自身阻值

图 8-24 所示为检测变压器绕组与绕组之间的阻值。将万用表的量程旋钮调至欧姆档,红、黑表笔分别搭在待测变压器的一次、二次绕组任意两引脚上,观察万用表显示屏,在正常情况下应为无穷大。若绕组之间有一定的阻值或阻值很小,则说明所测变压器绕组之间存在短路现象。

图 8-25 所示为检测变压器绕组与铁心之间的阻值。将万用表的量程旋钮调至欧姆档,红、黑表笔分别搭在待测变压器的一次绕组引

脚和铁心上,观察万用表显示屏,在正常情况下应为无穷大。若绕组与铁心之间有一定的阻值或阻值很小,则说明所测变压器绕组与铁心之间存在短路现象。

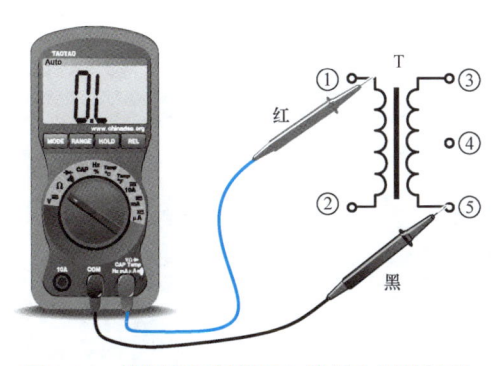

图 8-24 检测变压器绕组与绕组之间的阻值

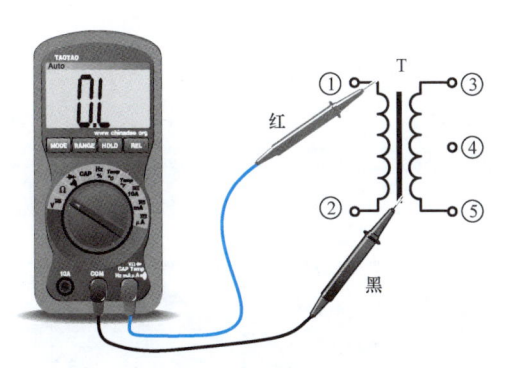

图 8-25 检测变压器绕组与铁心之间的阻值

图 8-26 所示为变压器绕组自身阻值的检测案例。将万用表的量程旋钮调至欧姆档,红、黑表笔分别搭在待测变压器的一次绕组两引脚上。正常情况下,实测阻值为 2.2kΩ。

然后,再将万用表的红、黑表笔分别搭在待测变压器二次绕组两引脚上。实测阻值为 30Ω。

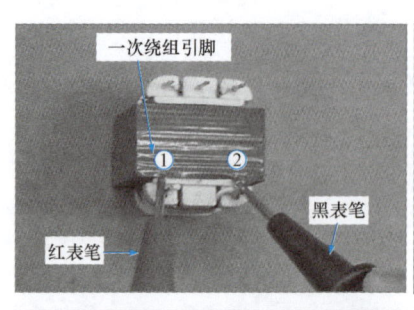

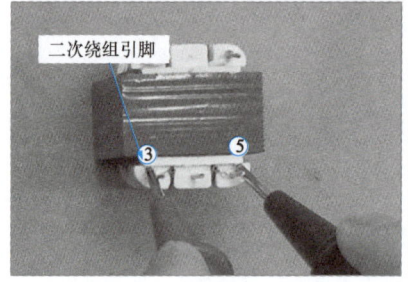

图 8-26 变压器绕组自身阻值的检测案例

图 8-27 所示为变压器绕组与绕组之间阻值的检测。将万用表的量程旋钮调至欧姆档，红、黑表笔分别搭在待测变压器一次绕组和二次绕组的任意两引脚上，测得阻值为无穷大。若变压器有多个二次绕组，则应依次检测每个二次绕组与一次绕组之间的阻值。

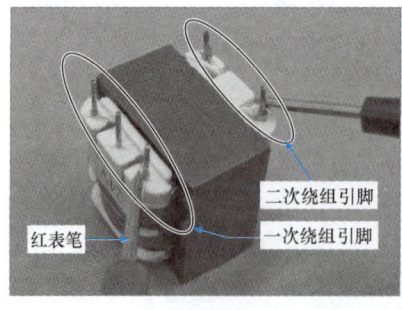

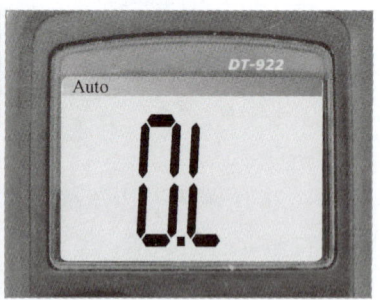

图 8-27 变压器绕组与绕组之间阻值的检测

图 8-28 所示为变压器绕组与铁心之间阻值的检测。将万用表的

量程旋钮调至欧姆档，红、黑表笔分别搭在待测变压器任意绕组引脚和铁心上，测得阻值为无穷大。

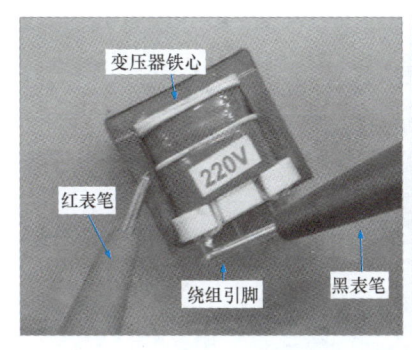

图 8-28 变压器绕组与铁心之间阻值的检测

8.4.2 变压器输入、输出电压的检测

变压器的主要功能就是电压变换，因此在正常情况下，若输入电压正常，则应输出变换后的电压。使用万用表检测时，可通过检测输入、输出电压来判断变压器是否损坏。

如图 8-29 所示，在检测之前，需要区分待测变压器的输入、输出引脚，了解输入、输出电压值，为变压器的检测提供参照标准。

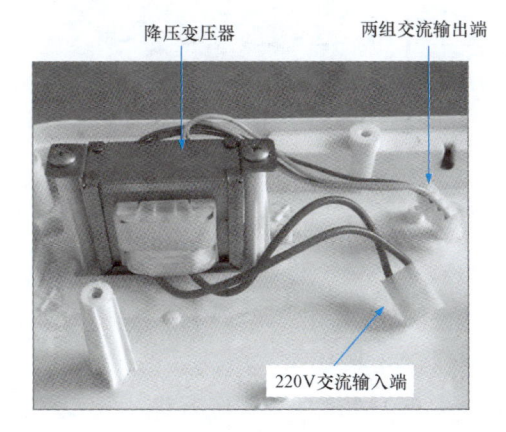

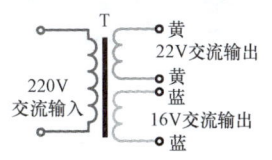

图 8-29 变压器的输入、输出端与标识识读

识读变压器上的铭牌标识：输入为交流 220V；输出有两组（蓝色线为 16V 交流输出，黄色线为 22V 交流输出）。

> 【提示】
>
> 将万用表的量程旋钮调至交流电压档，将红、黑表笔分别搭在待测变压器的交流输入端或交流输出端，观察万用表显示屏。若输入电压正常，而无电压输出，则说明变压器损坏。

图 8-30 所示为变压器输入电压的检测方法。将变压器置于实际工作环境或搭建测试电路模拟实际工作环境；将万用表的量程旋钮调至交流电压档，红、黑表笔分别搭在待测变压器的输入端，实测输入电压为交流 220.3V。

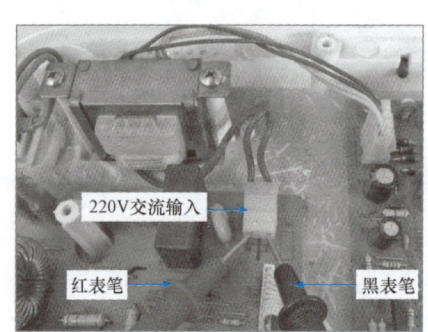

图 8-30　变压器输入电压的检测方法

根据标识，该变压器有两组输出。其中，一路蓝色线为 16V 交流输出，另一路黄色线为 22V 交流输出。图 8-31 所示为变压器输出电压的检测方法。将万用表的红、黑表笔分别搭在待测变压器的蓝色输出端，正常情况下，实测输出电压为交流 16.1V。另一路检测时，将万用表的红、黑表笔分别搭在待测变压器的黄色输出端。正常情况下，实测输出电压为交流 22.4V。

第8章 练习电气部件的检测操作

图 8-31 变压器输出电压的检测方法

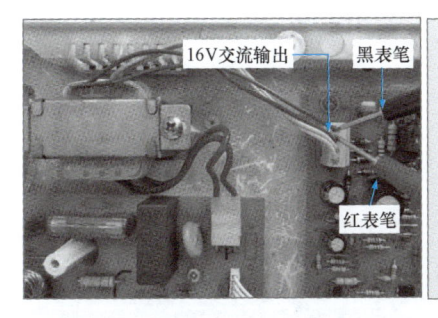

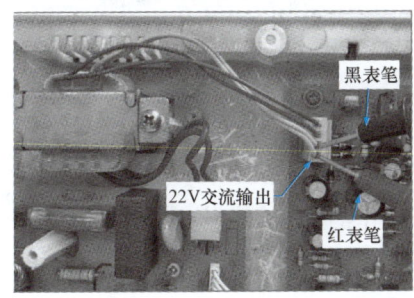

8.5 电动机的检测

8.5.1 直流电动机的检测

判断直流电动机是否损坏,应使用万用表和绝缘电阻表对其线圈绕组和绝缘阻值进行检测。该方法可粗略检测出直流电动机内各绕组的阻值,根据检测结果可大致判断直流电动机绕组有无短路或断路的故障。

图 8-32 所示为万用表检测直流电动机绕组阻值的方法。将万用表的功能旋钮调至"R×10"欧姆档,红、黑表笔分别搭在直流电动机的两引脚端,检测直流电动机内部绕组的电阻。万用表实测电阻约为 100Ω。

149

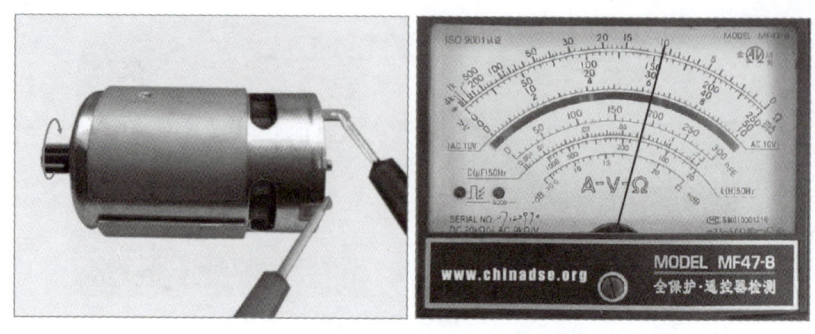

图 8-32 万用表检测直流电动机绕组阻值的方法

8.5.2 单相交流电动机的检测

使用万用表检测单相交流电动机的绕组阻值时，可分别检测任意两个接线端子之间的阻值，然后对测量值进行比对，即可完成单相交流电动机绕组阻值的检测，如图 8-33 所示。

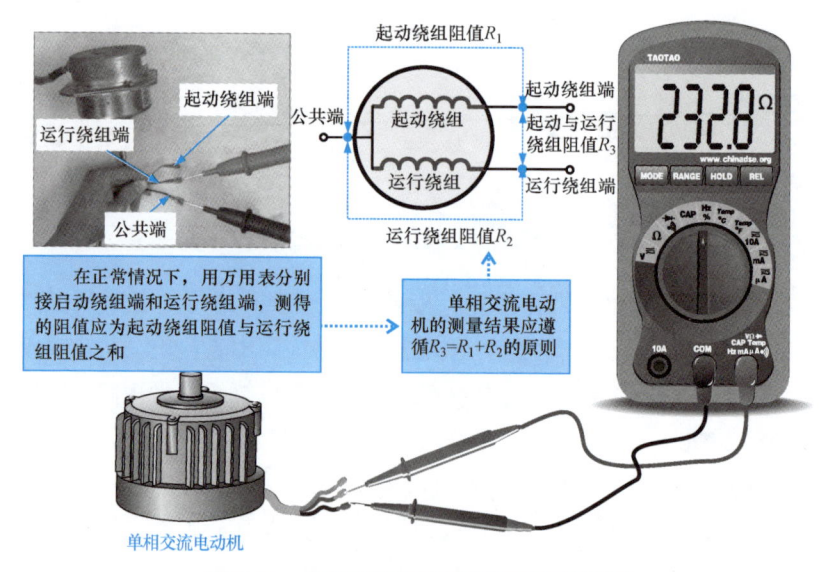

在正常情况下，用万用表分别接启动绕组端和运行绕组端，测得的阻值应为起动绕组阻值与运行绕组阻值之和

单相交流电动机的测量结果应遵循 $R_3=R_1+R_2$ 的原则

图 8-33 单相交流电动机绕组阻值的检测

第 8 章 练习电气部件的检测操作

图 8-34 所示为单相交流电动机绕组阻值的检测方法。将万用表的红、黑表笔分别搭在单相交流电动机两组绕组的引出线上（①、②）。从万用表的显示屏上读取实测第一组绕组的阻值 R_1=232.8Ω。

保持黑表笔不动，将红表笔搭在另一组绕组的引出线上（①、③）。从万用表的显示屏上读取实测第二组绕组的阻值 R_2=256.3Ω。

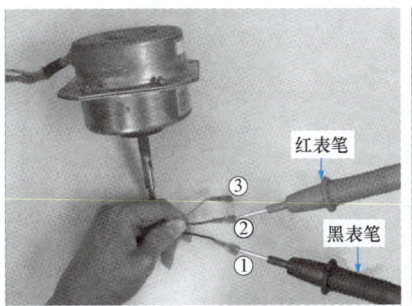

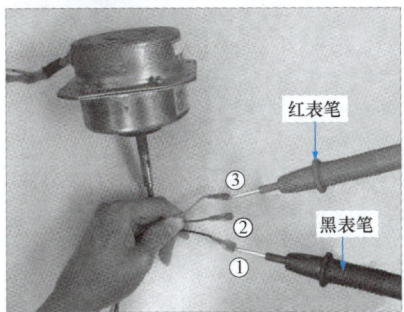

图 8-34 单相交流电动机绕组阻值的检测方法

【提示】

如图 8-35 所示，若所测电动机为单相交流电动机，则检测两两绕组之间的电阻所得到的三个数值 R_1、R_2、R_3，应满足其中两个数值之和等于第三个数值（$R_1+R_2=R_3$）。若 R_1、R_2、R_3 中的任意一个数值为无穷大，则说明绕组内部存在断路故障。

若所测电动机为三相交流电动机,则检测两两绕组之间的电阻所得到的三个数值 R_1、R_2、R_3,应满足三个数值相等($R_1=R_2=R_3$)。若 R_1、R_2、R_3 中的任意一个数值为无穷大,则说明绕组内部存在断路故障。

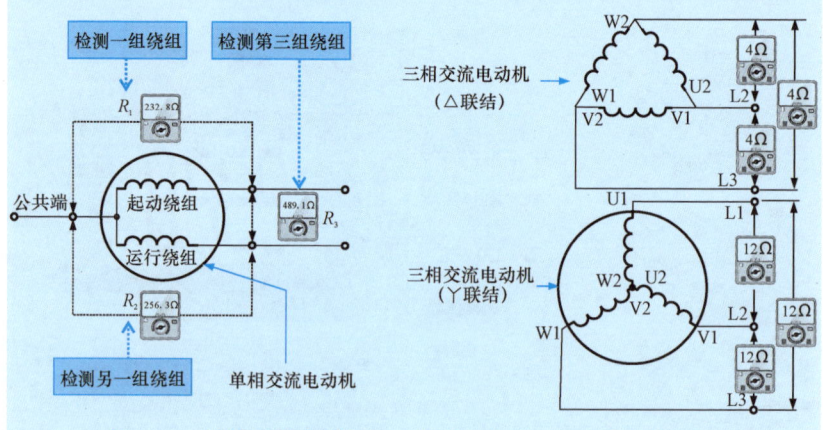

图 8-35 单相交流电动机与三相交流电动机绕组电阻的关系

8.5.3 三相交流电动机的检测

图 8-36 所示为使用万用电桥精确检测三相交流电动机绕组阻值的方法。检测时,将连接金属片拆下,使交流电动机的三组绕组互相分离(断开),以保证测量结果的准确性。

将万用电桥测试线的鳄鱼夹分别检测三组绕组阻值。当前第一绕组的两端引出线上实测数值为 $0.433×10Ω=4.33Ω$。继续检测电动机另一组绕组的两端引出线上,实测数值为 $0.433×10Ω=4.33Ω$。再检测第三组绕组,实测数值为 $0.433×10Ω=4.33Ω$,三组数值相同,属于正常范围。

第 8 章 练习电气部件的检测操作

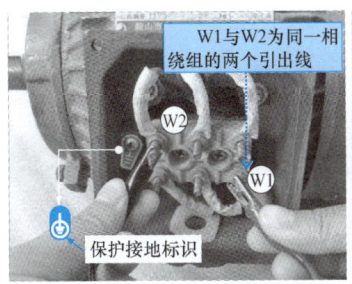

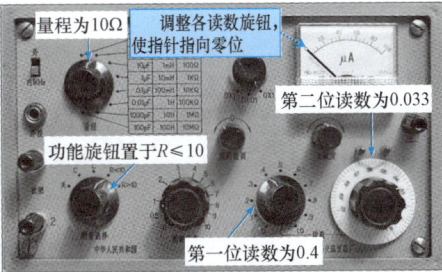

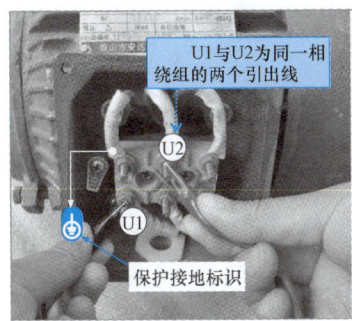

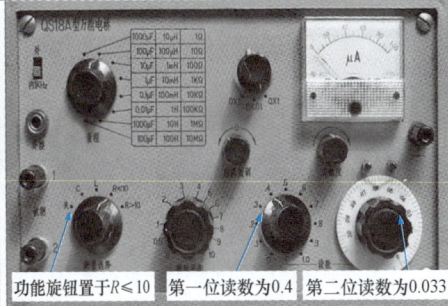

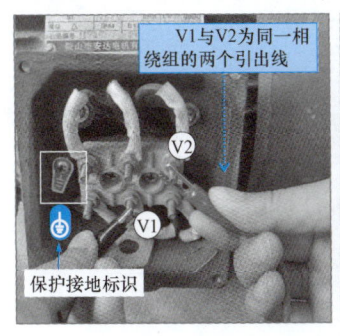

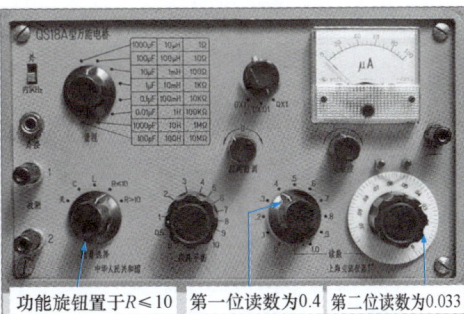

图 8-36 使用万用电桥精确检测三相交流电动机绕组阻值的方法

153

第9章 练习电气线缆的加工连接

9.1 掌握电气线缆绝缘层的剥削

9.1.1 塑料硬导线绝缘层的剥削

截面积为 4mm² 及以下的塑料硬导线的绝缘层，一般用剥线钳、钢丝钳或斜口钳进行剥削；线芯截面积为 4mm² 及以上的塑料硬线，通常用电工刀或剥线钳对其绝缘层进行剥削。在剥削导线的绝缘层时，一定不能损伤线芯，并且根据实际的应用，决定剥削导线线头的长度。

使用钢丝钳剥削导线绝缘层时，先用手捏住导线，再将钢丝钳刀口绕导线旋转一周轻轻切破绝缘层，然后右手握住钢丝钳，用钳头钳住要去掉的绝缘层，最后向外用力即可剥去塑料绝缘层。图 9-1 所示为用钢丝钳钳口剥削塑料硬线绝缘层的方法。

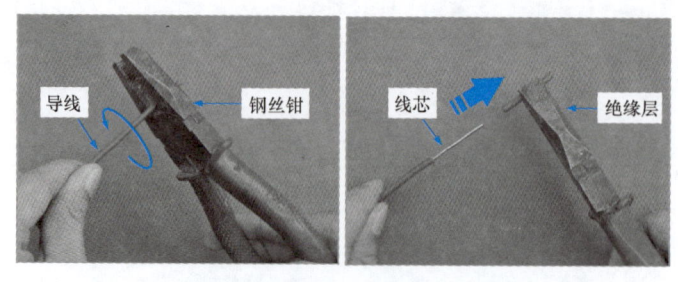

图 9-1 用钢丝钳钳口剥削塑料硬线绝缘层的方法

第 9 章 练习电气线缆的加工连接

【提示】

在剥去绝缘层时,不可在钢丝钳刀口处施加剪切力,否则会切伤线芯。剥削出的线芯应保持完整无损,如有损伤,应重新剥削,如图 9-2 所示。

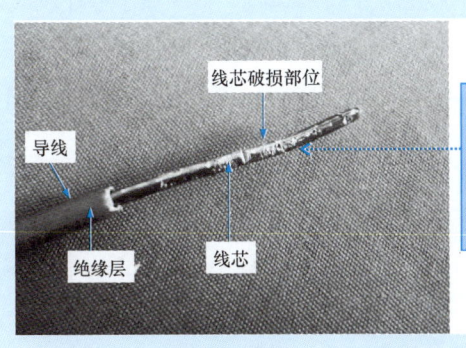

图 9-2 剥离绝缘层时划伤塑料硬导线的线芯

使用电工刀剥削导线绝缘层时,先在剥削处用电工刀以 45° 倾斜切入绝缘层,注意刀口不能划伤线芯,切下上面一层绝缘层后,再将剩余的线头绝缘层向后扳翻,用电工刀切下剩余的绝缘层。

图 9-3 所示为用电工刀剥削塑料硬线绝缘层的方法。

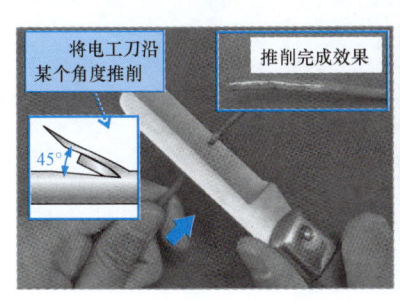

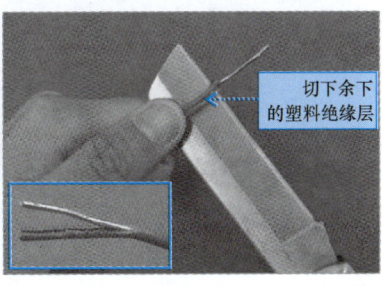

图 9-3 用电工刀剥削塑料硬线绝缘层的方法

155

9.1.2 塑料软导线绝缘层的剥削

塑料软导线的线芯多是由多股铜(铝)丝组成,不适宜用电工刀剥削绝缘层,实际操作中多使用剥线钳和斜口钳进行剥削操作。

使用剥线钳剥削导线绝缘层时,先将导线需剖削处置于剥线钳合适的刀口中,一只手握住并稳定导线,另一只手握住剥线钳的手柄,然后轻轻用力,切断导线需剖削处的绝缘层(见图9-4)。之后继续用力按下剥线钳,此时剥线钳钳口间距加大,直至剥线钳钳口将多股软线缆的绝缘层剥离,如图9-5所示。

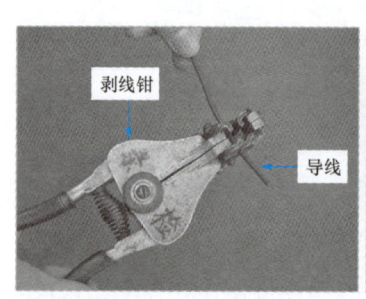

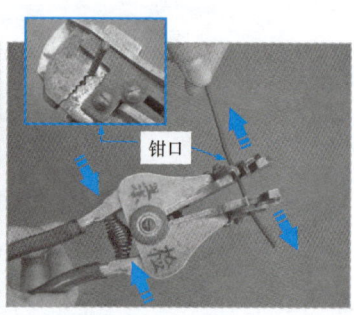

图 9-4 使用剥线钳切断多股软线缆的绝缘层

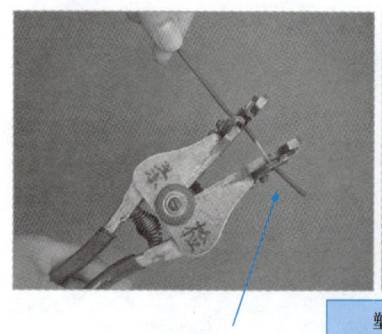

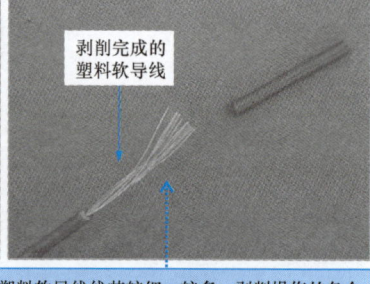

塑料软导线线芯较细、较多,剥削操作的各个步骤都要小心谨慎,一定不能损伤或弄断线芯,否则就要重新剥削,以免在连接时影响连接质量

图 9-5 使用剥线钳将多股软线缆绝缘层剥离

【提示】

在使用剥线钳剥离多股软线缆的绝缘层时，应当注意选择剥线钳的切口。在使用剥线钳剥落线芯较粗的多股软线缆时，如果选择的剥线钳切口过小，会导致多股软线缆的多根线芯与绝缘层一同被剥落，导致该线缆无法使用，如图9-6所示。

不适合待剥削的塑料软导线的切口

× 错误

塑料软导线的线芯受损

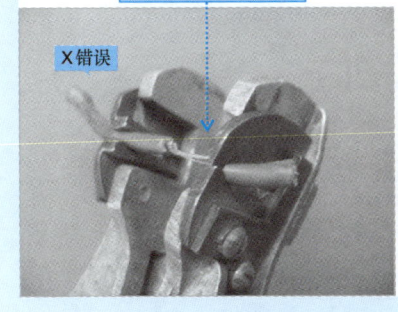

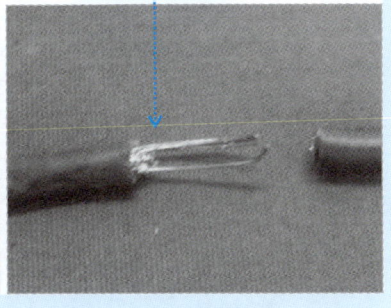

图 9-6 错误使用剥线钳剥离多股软线缆绝缘层

9.1.3 塑料护套线绝缘层的剥削

塑料护套线是将两根带有绝缘层的导线用护套层包裹在一起，因此，在进行绝缘层剥削时要先剥削护套层，然后再分别对两根导线的绝缘层进行剥削。

确定需要剥离护套层的长度后，使用电工刀尖对准线芯缝隙处，划开护套层（见图9-7），然后将剩余的护套层向后翻开，使用电工刀沿护套层的根部切割整齐皆可，切勿将护套层切割出锯齿状。图9-8所示为使用电工刀割断塑料护套线缆的护套层。

扫一扫看视频

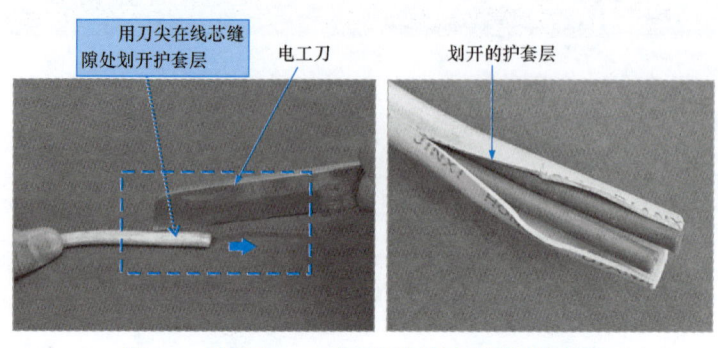

图 9-7 使用电工刀剥开塑料护套线缆的护套层

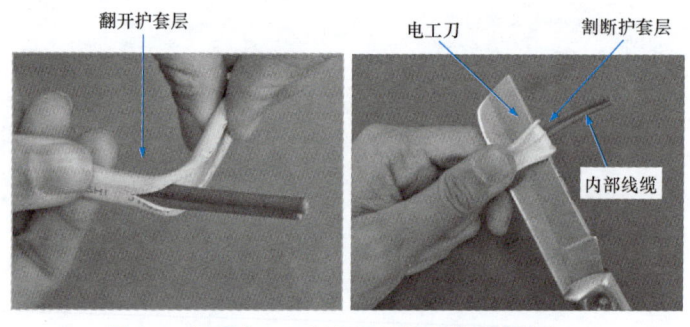

图 9-8 使用电工刀割断塑料护套线缆的护套层

9.1.4 漆包线绝缘层的剥削

漆包线的绝缘层是将绝缘漆喷涂在线缆上。由于漆包线的直径有所不同，所以对漆包线进行加工时，应当根据线缆的直径选择合适的加工工具。直径在 0.6mm 以上的漆包线可以使用电工刀去除绝缘漆；直径在 0.15~0.6mm 的漆包线可以使用砂纸去除绝缘漆；直径在 0.15mm 以下的漆包线应当使用电烙铁去除绝缘漆。

使用电工刀去除漆包线的绝缘漆时，应先确定去除绝缘漆的位置，然后使用电工刀轻轻刮去漆包线上的绝缘漆，确保漆包线一周的漆层剥落干净即可，如图 9-9 所示。

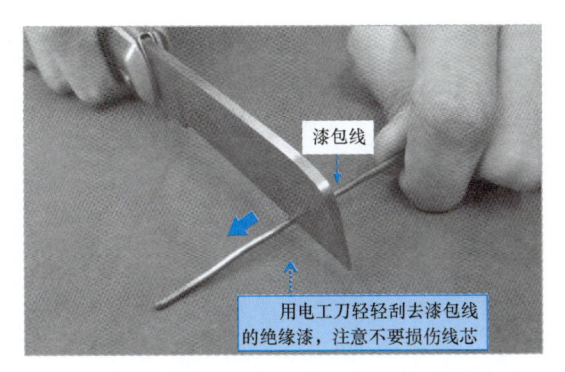

图 9-9 使用电工刀剥落漆包线的绝缘漆

使用砂纸去除漆包线的绝缘漆时，也要先确定去除绝缘漆的位置，左手握住漆包线，右手用细砂纸夹住漆包线，然后左手进行旋转，直到需要去除绝缘漆的位置干净即可，如图 9-10 所示。

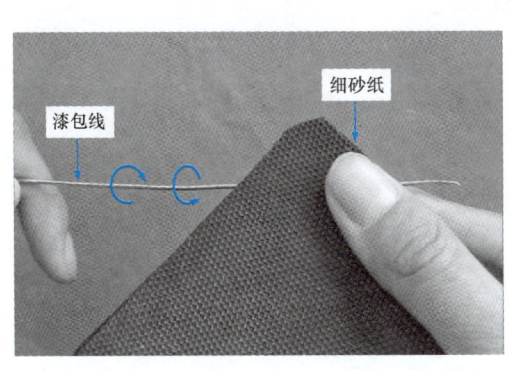

图 9-10 使用砂纸去除漆包线的绝缘漆

由于漆包线线芯过细，使用电工刀和砂纸极易造成线芯损伤，可选用 25W 以下的电烙铁，将电烙铁加热后，放在漆包线上来回摩擦即可去掉漆皮。图 9-11 所示为使用电烙铁去掉漆包线的绝缘漆。

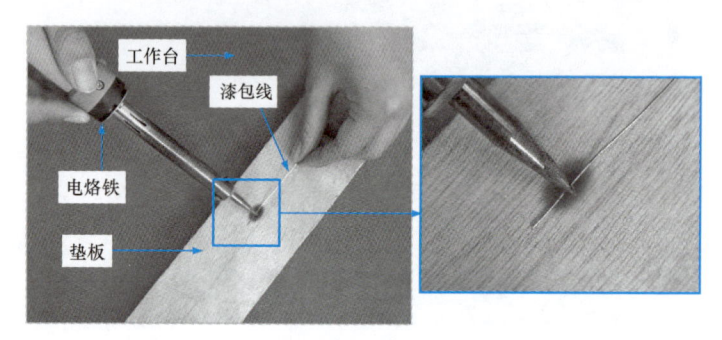

图 9-11　使用电烙铁去掉漆包线的绝缘漆

9.2　掌握电气线缆的连接

9.2.1　单股硬导线的绞接（X 形连接）

当两根截面积较小的铜线芯单股硬线缆需要进行连接时，可以采用绞接（X 形连接），即将两根单股硬线缆以 X 形摆放，利用线芯本身进行绞绕。

两根单股硬线缆需要进行连接时，将两根线芯以中心点搭接，摆放成 X 形，在分别使用钳子钳住，并将线芯向相反的方向旋转 2~3 圈。图 9-12 所示为两根单股硬线缆摆成 X 形进行旋转。然后将两根单股硬线缆的线头扳直，再将一根线芯紧贴另一根线芯并顺时针旋转绕紧，之后再使用同样的方法对另一根线芯进行同样的处理。图 9-13 所示为将两根单股硬线缆线头扳直进行缠绕。

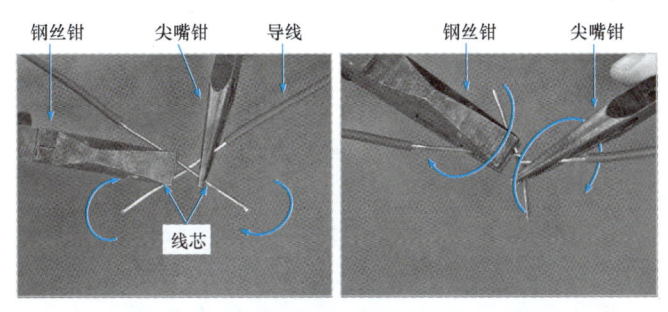

图 9-12 两根单股硬线缆摆成 X 形进行旋转

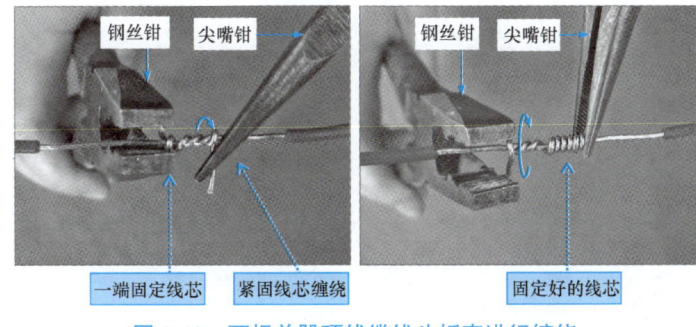

图 9-13 两根单股硬线缆线头扳直进行缠绕

9.2.2 单股硬导线的缠绕式对接

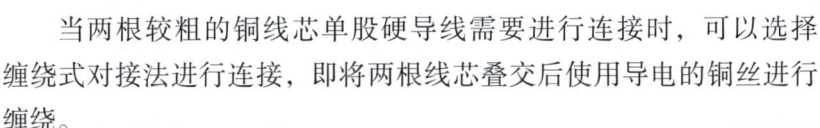

当两根较粗的铜线芯单股硬导线需要进行连接时，可以选择缠绕式对接法进行连接，即将两根线芯叠交后使用导电的铜丝进行缠绕。

将两根单股硬线缆的线芯相对叠交，然后选择一根剥去绝缘层的细裸铜丝，将其中心与叠交线芯的中心进行重合，并使用细裸铜丝从一端开始进行缠绕（见图9-14）。当细裸铜丝缠绕至两根单股硬线缆线芯对接的末尾处时，应当继续向外端缠绕 8~9mm 的距离，这样可以保证线缆连接后接触良好；再将另一端的细裸铜丝进行同样的缠绕即可。图 9-15 所示为缠绕单股线缆线芯叠交的尾端。

扫一扫看视频

161

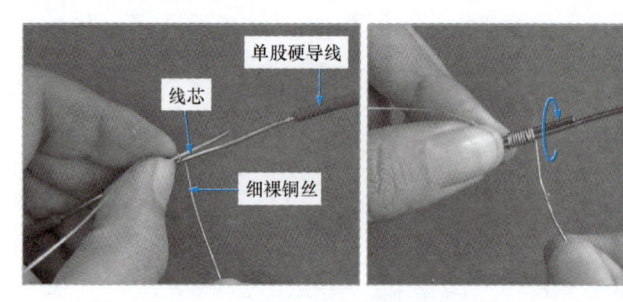

图 9-14 细裸铜丝缠绕单股硬线缆的叠交端

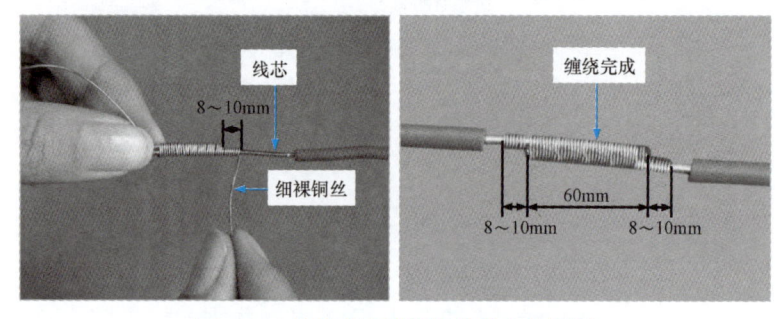

图 9-15 缠绕单股线缆线芯叠交的尾端

【提示】

当两根单股硬线缆采用缠绕式连接时，线缆线芯的直径不同，缠绕的长度也有所不同，直径在 5mm 及以下的线缆，需要铜丝进行缠绕的长度为 60mm，直径大于 5mm 的线缆，需要缠绕的长度为 90mm。

9.2.3　单股硬线缆的 T 形连接

当一根支路单股硬线缆与一根主路单股硬线缆连接时，可以采用 T 形连接法。

将去除绝缘层的支路线芯与主路单股硬线缆去除绝缘层的位置中心进行十字相交，支路线芯的根部应当保留 3~5mm 的裸线，再按照顺时针的方向缠绕支路线芯（见图 9-16）。然后将支路线芯沿顺时针方向紧贴主路单股硬线缆的线芯进行缠绕，缠绕 6~8 圈即可，之后使用钢丝钳将剩余的线芯剪断，并使用钢丝钳将线芯末端接口钳平。图 9-17 所示为缠绕支路线芯并进行接口处理。

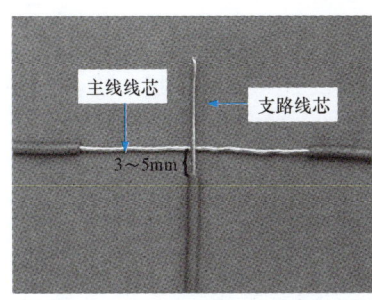

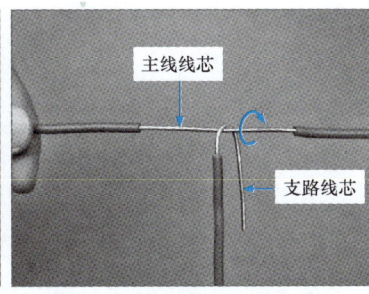

图 9-16　将支路线芯与主路线缆进行连接

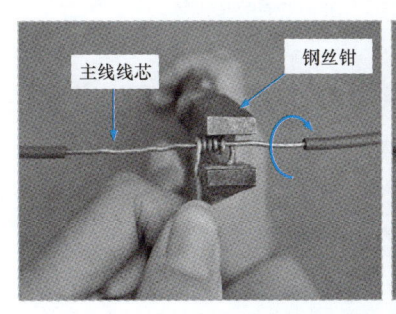

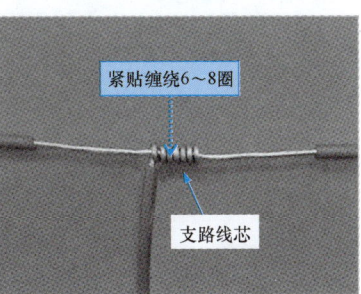

图 9-17　缠绕支路线芯并进行接口处理

9.2.4　多股软导线的缠绕式对接

当两根多股软导线需要进行连接时，可以采用简单的缠绕对接法进行连接。

先将两根多股软导线的线芯散开拉直，并将靠近绝缘层 1/3 的线芯绞紧，然后再将剩余 2/3 的线芯分散为伞状（见图 9-18）。然后将两根加工后的多股软导线的线芯成隔根式对插，然手将两端对插的线芯捏平（见图 9-19）。之后将一端的线芯近似平均分成三组，将第一组的线芯扳起，垂直于线头，按顺时针方向缠绕线芯，当缠绕 2 圈后将剩余的线芯与其他线芯平行贴紧（见图 9-20）。接着将第二组线芯扳起，按顺时针方向紧压着线芯平行方向缠绕 2 圈，再将剩余线芯与其他线芯平行紧贴（见图 9-21）。然后再将第三组线芯扳起，使其与其他线芯垂直，按照顺时针的方向紧压着线芯平行方向缠绕 3 圈，切除多余的线圈即可，另一根线缆的线芯也采用相同的方法即可（见图 9-22）。

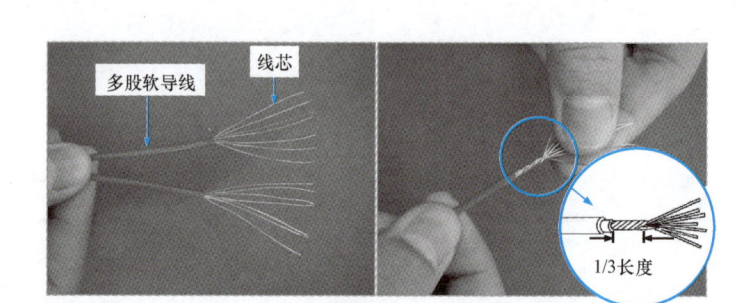

图 9-18 对多股软导线的线芯进行处理

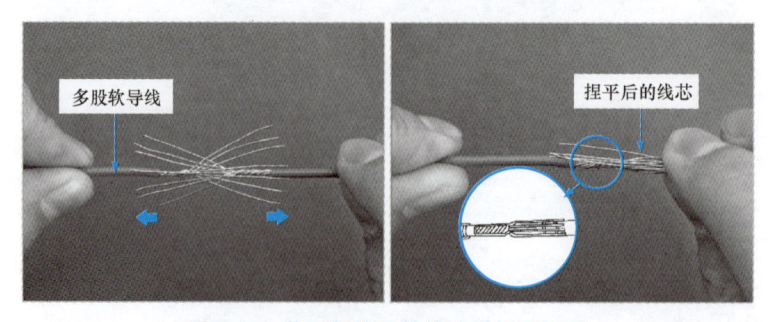

图 9-19 将两根线芯的线头对插后捏平

第9章 练习电气线缆的加工连接

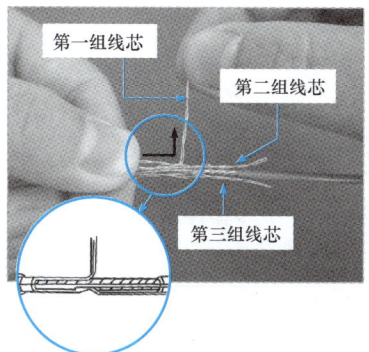

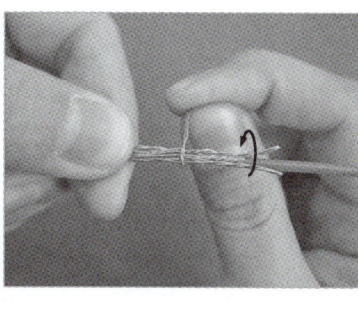

图 9-20 第一组线芯的缠绕

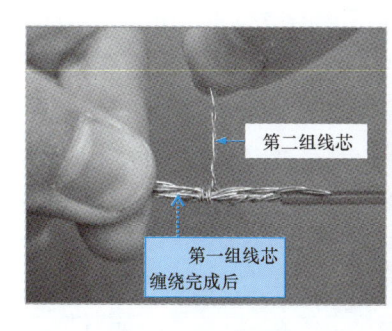

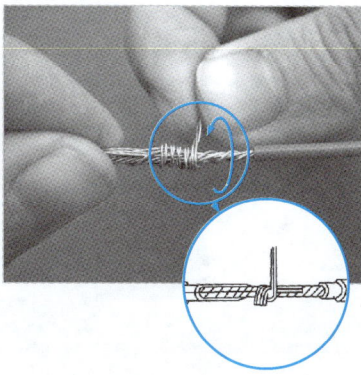

图 9-21 第二组线芯的缠绕

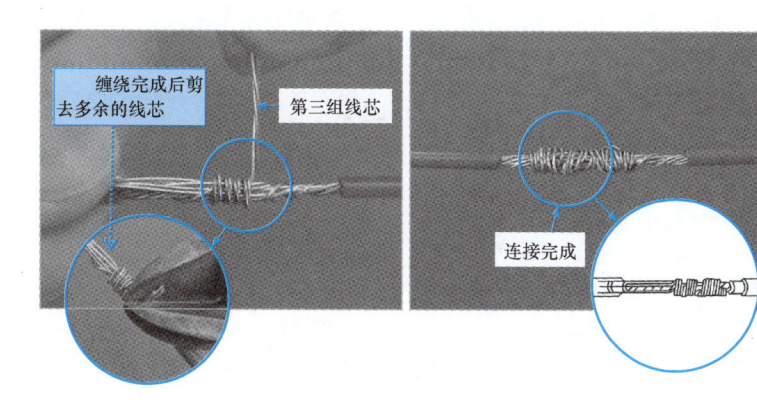

图 9-22 第三组线芯的缠绕

165

9.2.5 多股软线缆的 T 形连接

当一根支路多股软线缆与一根主路多股软线缆进行连接时，可以采用 T 形连接法。

将去除绝缘层的支路多股软线缆线芯散开拉直，并在距绝缘层 1/8 处的线芯绞紧，然后剩余的线芯分为两组排列（见图 9-23）。然后将一字螺丝刀插入主路多股软线缆去除绝缘层的中心部位，并将该部分线芯分为两组，再将支路线芯中的一组插入，另一支路线芯可以放置于主路多股软线缆的前面（见图 9-24）。之后再将其中一组支路线芯沿主路线芯顺时针缠绕 3~4 圈，并将多余的线芯取出，另一端采用相同的方法处理线芯。至此两根多股软线缆 T 形连接完成，如图 9-25 所示。

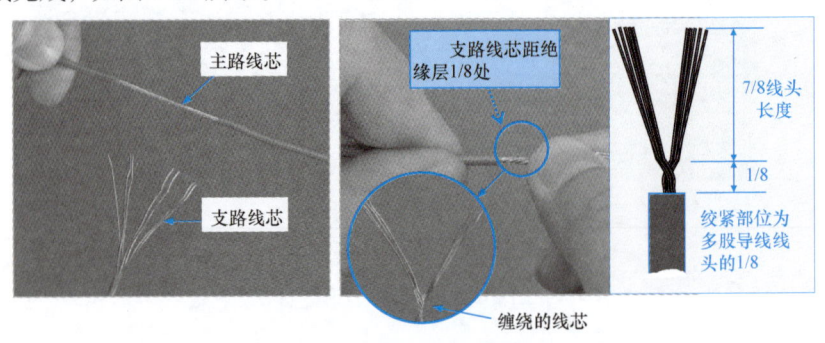

图 9-23 支路多股软线缆线芯的处理

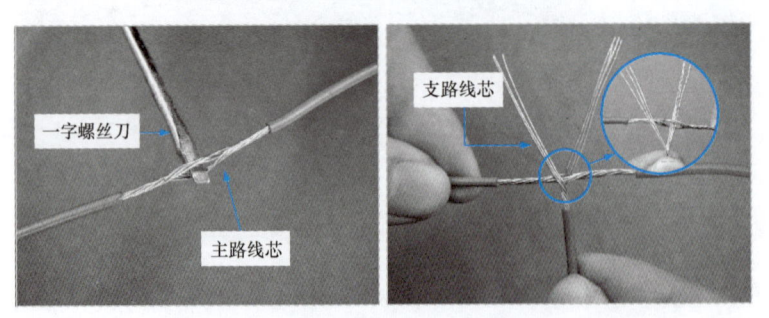

图 9-24 支路线芯与主路线芯的连接方法

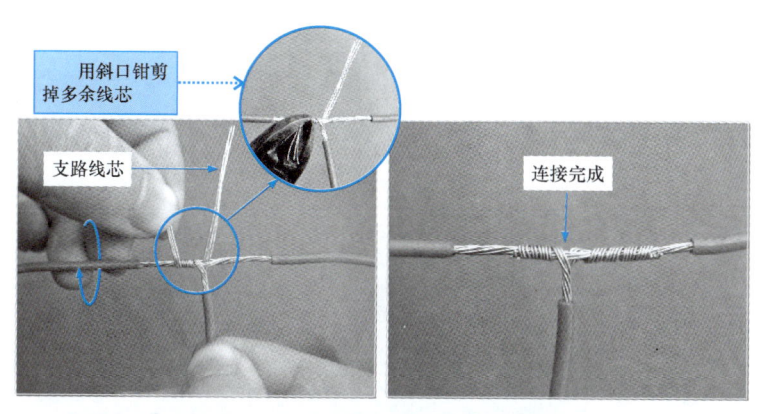

图 9-25 两根多股软线缆 T 形连接完成

9.2.6 三根多股软线缆的缠绕法连接

当三根多股软线缆需要进行连接时，可以采用缠绕的方式，利用其中的一根线缆去缠绕另外两根线缆即可。

在剥离三根多股软线缆绝缘层时，将需要进行缠绕的线缆绝缘层剥离长度设置为另外两根线缆绝缘层剥离长度的三倍，再将三根多股软线缆的线芯绞绕紧，然后将三根多股软线缆平放，用一只手按住三根多股软线缆的绝缘层根部将其固定，再将需要进行缠绕的线芯向上弯曲 60°，使其压制在另外两根多股软线缆的线芯上，如图 9-26

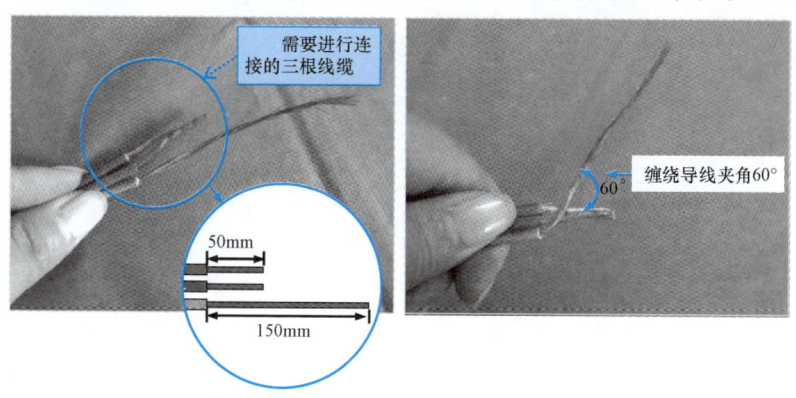

图 9-26 三根多股软线缆缠绕的准备

167

所示。之后再将线芯沿顺时针紧绕另外两根线芯，直至缠绕完成，最后将多余的线芯使用钢丝钳切断。图 9-27 所示为线缆进行缠绕并修剪多余的线芯。

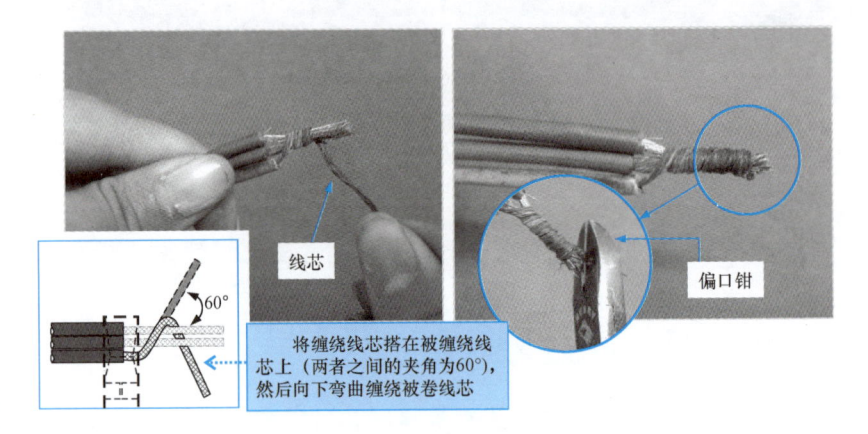

图 9-27　线缆进行缠绕并修剪多余的线芯

第10章 练习电气布线

10.1 练习线缆明敷

10.1.1 瓷夹配线的明敷操作

瓷夹配线也称为夹板配线,是指用瓷夹板来支持导线,使导线固定并与建筑物绝缘的一种配线方式,一般适用于正常干燥的室内场所和房屋挑檐下的室外场所,通常情况下,使用瓷夹配线时,其线路的截面积一般不要超过 10mm^2。

1. 瓷夹的固定

瓷夹在固定时可以将其埋设在固件上,或是使用胀管螺钉进行固定。使用胀管螺钉进行固定时,应先在需要固定的位置上进行钻孔,孔的大小应与胀管粗细相同,其深度略长于胀管螺钉的长度,然后将胀管螺钉放入瓷夹底座的固定孔内,接着将导线固定在瓷夹的线槽内,最后使用螺钉固定好瓷夹的上盖即可,如图 10-1 所示。

2. 瓷夹配线的明敷操作

进行瓷夹配线时,通常会遇到一些障碍,例如水管、热水管或转角等,对于该类情况进行操作时,应配有相应的保护。例如在与导线进行交叉敷设时,应使用塑料线管或绝缘管对导线进行保护,并且在塑料线管或绝缘管的两端导线上须用瓷夹夹牢,防止塑料线管移动;在跨越热水管时,应使用瓷管对导线进行保护,瓷管与热水管保温层外应保持 20mm 的距离，如图 10-2 所示，若是使用瓷夹在转角或分支配线时，应在距离墙面 40~60mm 处安装一个瓷夹，用来固定线路。

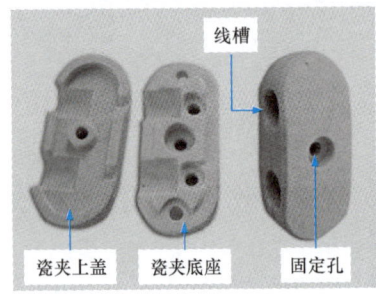

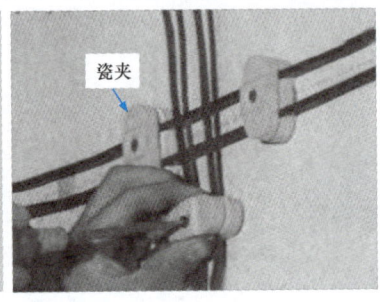

图 10-1 瓷夹的固定

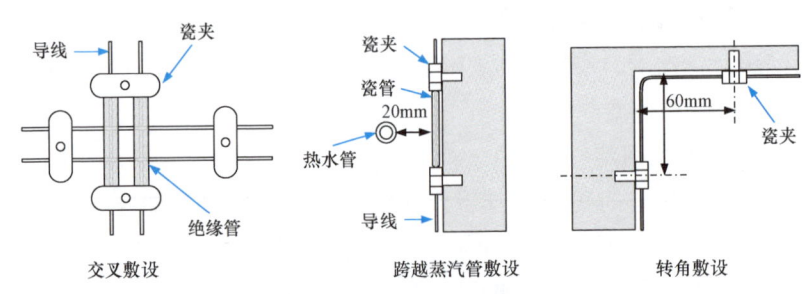

图 10-2 瓷夹配线的明敷操作

【提示】

在使用瓷夹配线时，若是需要连接导线，应将其连接头尽量安装在两瓷夹的中间，避免将导线的接头压在瓷夹内。使用瓷夹在室内配线时，绝缘导线与建筑物表面的最小距离不应小于 5mm；使用瓷夹在室外配线时，不能应用在雨雪能够落到导线上的地方进行敷设。

瓷夹配线明敷过程中，通常会遇到穿墙或是穿楼板的情况，这时要严格按照规范进行操作，如图 10-3 所示。线路穿墙进户时，一根瓷管内只能穿一根导线，并应有一定的倾斜度，若在穿过楼板时，应使用保护钢管，并且楼上距离地面的钢管高度应为 1.8m。

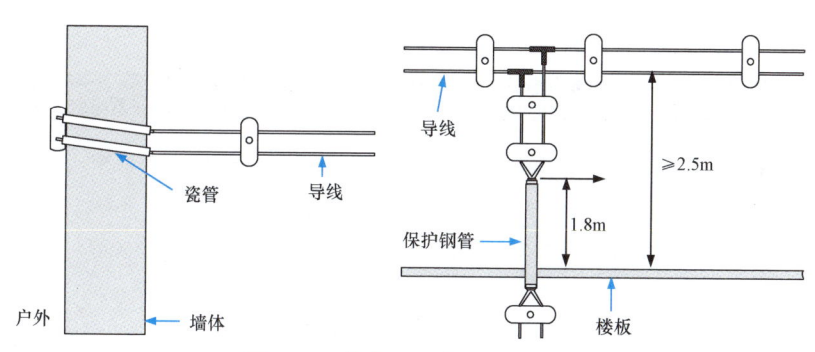

图 10-3 瓷夹配线穿墙或穿楼板

10.1.2 瓷瓶配线的明敷操作

瓷瓶配线也称为绝缘子配线，是利用瓷瓶支撑并固定导线的一种配线方法，常用于线路的明敷。瓷瓶配线绝缘效果好，机械强度大，主要适用于用电量较大且较潮湿的场合。此外，当导线截面积在 25mm² 以上时，可以使用瓷瓶进行配线。

1. 瓷瓶与导线的绑扎

使用瓷瓶配线时，需要将导线与瓷瓶进行绑扎，在绑扎时通常会采用双绑、单绑以及绑回头三种方法，如图 10-4 所示。双绑法通常用于受力瓷瓶的绑扎，或导线的截面积在 10mm² 以上的绑扎；单绑法通常用于不受力瓷瓶或导线截面积在 6mm² 及以下的绑扎；绑回头的方法通常是用于终端导线与瓷瓶的绑扎。

a) 单绑法　　　　　b) 双绑法　　　　　c) 绑回头

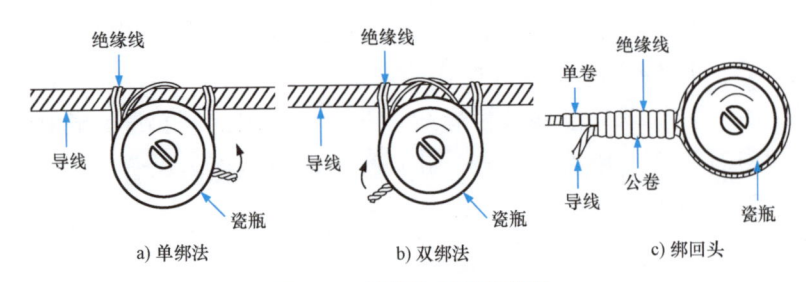

图 10-4　瓷瓶与导线的绑扎

【提示】

在使用瓷瓶配线时，应先将导线校直，将导线的其中一端绑扎在瓷瓶的颈部，然后在导线的另一端将导线收紧并绑扎固定，最后绑扎并固定导线的中间部位。

2. 瓷瓶配线的明敷操作

在瓷瓶配线的过程中，难免会遇到导线之间的分支、交叉或是拐角等操作，对于该类情况应按照相关的规范进行操作。例如导线在分支操作时，需要在分支点处设置瓷瓶，以支撑导线，不使导线受到其他张力，如图 10-5 所示。导线相互交叉时，应在距建筑物较近的导线上套绝缘保护管；导线在同一平面内进行敷设时，若遇到有弯曲的情况，瓷瓶需要装设在导线曲折角的内侧。

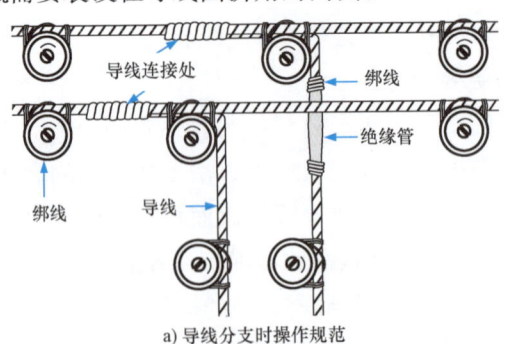

a) 导线分支时操作规范

图 10-5　瓷瓶与导线的敷设

第 10 章 练习电气布线

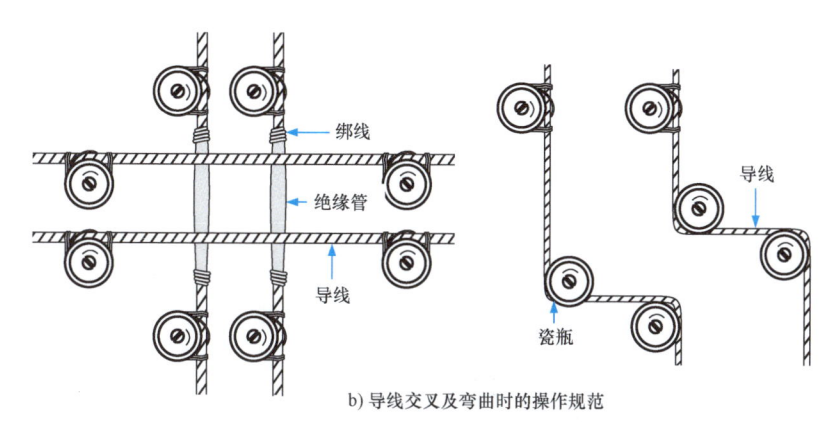

b)导线交叉及弯曲时的操作规范

图 10-5 瓷瓶与导线的敷设(续)

【提示】

当使用瓷瓶配线时,若是两根导线平行敷设,应将导线敷设在两个绝缘子的同一侧或者在两个绝缘子的外侧,如图 10-6 所示。在建筑物的侧面或斜面配线时,必须将导线绑在绝缘子的上方,严禁将两根导线置于两绝缘子的内侧。无论是瓷夹配线还是瓷瓶配线,在对导线进行敷设时,都应该使导线处于平直、无松弛的状态,并且保证导线在转弯处避免有急弯的情况出现。

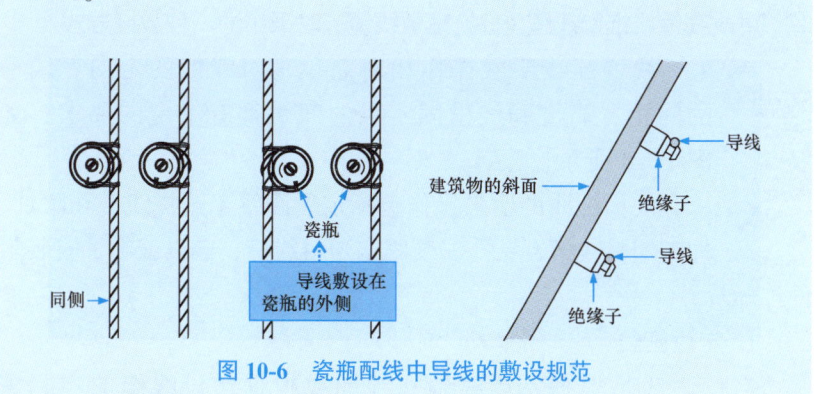

图 10-6 瓷瓶配线中导线的敷设规范

173

使用瓷瓶配线时，对瓷瓶位置的固定是非常重要的，在进行该操作时应按相关的规范进行，例如在室外，瓷瓶在墙面上固定时，固定点之间的距离不应超过200mm，并且不可以固定在雨、雪等能落到导线的地方；固定瓷瓶时，应使导线与建筑物表面的最小距离大于等于10mm，如图10-7所示，瓷瓶在配线时不可以将瓷瓶倒装。

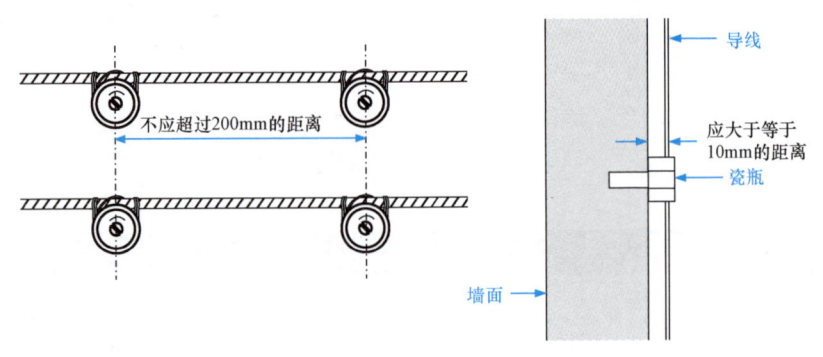

图10-7 瓷瓶固定时的规范

10.1.3 线槽配线的明敷操作

线槽配线明敷是将穿好线缆的线槽按照敷设标准安装在室内墙体表面。这种敷设操作一般是在土建抹灰后或房子装修完成后，需要增设线缆、更改线缆或维修线缆（替换暗敷线缆）时采用的一种敷设方式。

线槽配线明敷操作相对简单，对线缆的走向、线槽的间距、高度和线槽固定点的间距都有一定的要求，如图10-8所示。

线槽配线的明敷操作包括定位画线、选择线槽和附件、加工塑料线槽、钻孔安装固定塑料线槽、敷设线缆、安装附件等环节。

1. 定位画线

定位画线是根据室内线缆布线图或根据增设线缆的实际需

求规划好布线的位置,并借助笔和尺子画出线缆走线的路径及开关、灯具、插座的固定点,固定点用 × 标识,如图 10-9 所示。

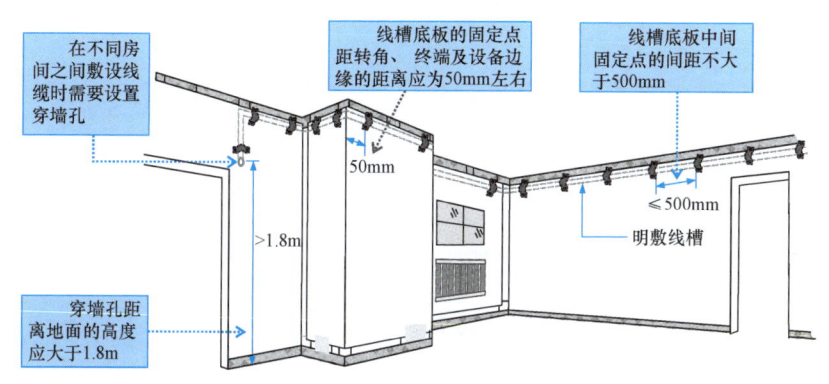

图 10-8　线槽配线明敷的操作要求

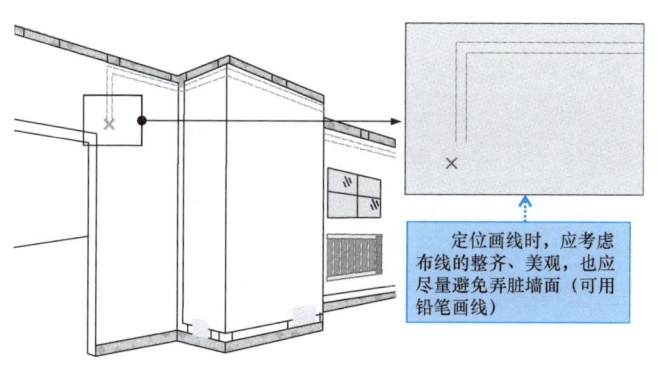

图 10-9　定位画线示意图

2. 选择线槽和附件

图 10-10 所示为明敷线槽和附件。当室内线缆采用明敷时,应借助线槽和附件实现走线,起固定、防护的作用,保证整体布线美观。

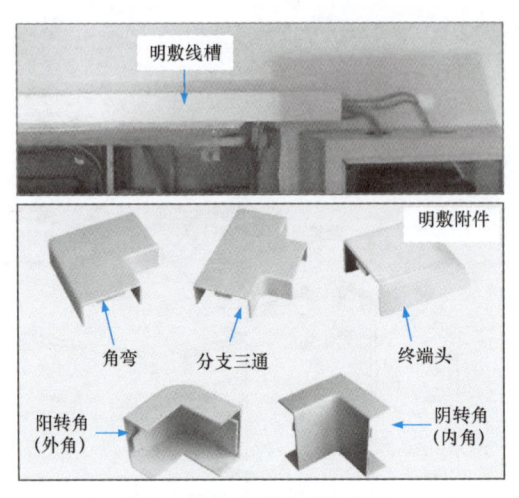

图 10-10　明敷线槽和附件

【拓展】

目前，家装明敷采用的线槽多为 PVC 塑料线槽。选配时，应根据规划线缆的路径选择相应长度、宽度的线槽，并选配相关的附件，例如角弯、分支三通、阳转角、阴转角和终端头等。附件的类型和数量应根据实际敷设时的需求选用。

3. 加工塑料线槽

塑料线槽选择好后，需要根据定位画线的位置进行裁切，并对连接处、转角、分路等部分进行加工。图 10-11 所示为塑料线槽的加工处理。

4. 钻孔安装固定塑料线槽

塑料线槽加工完成后，将其放到画线的位置，借助电钻在固定位置钻孔，并在钻孔处安装固定螺钉，如图 10-12 所示。

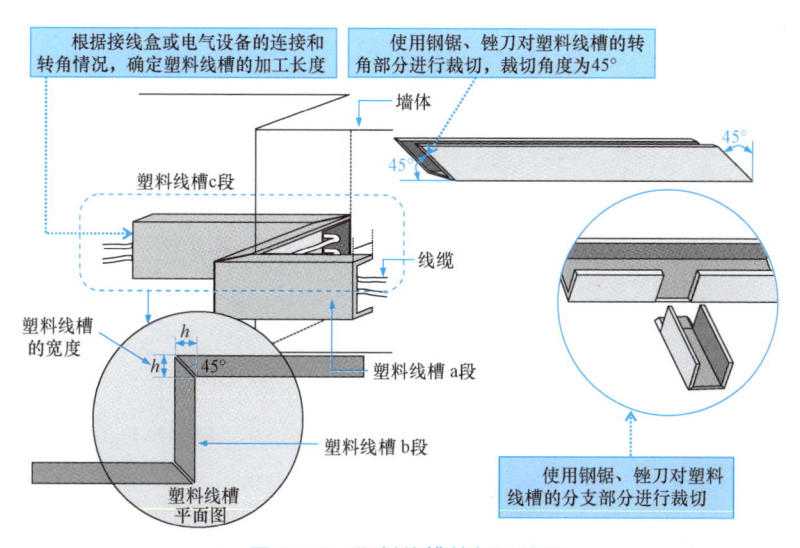

图 10-11 塑料线槽的加工处理

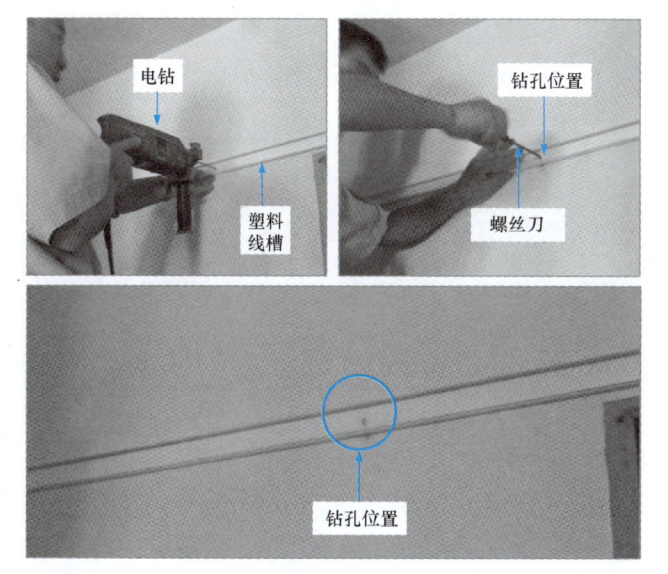

图 10-12 钻孔安装固定塑料线槽

根据规划路径，沿定位画线将塑料线槽逐段固定在墙壁上，如图 10-13 所示。

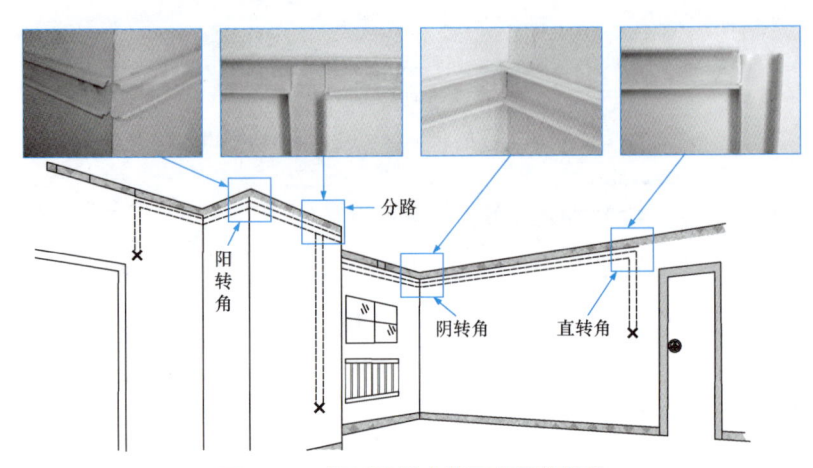

图 10-13 塑料线槽安装固定后的效果

5. 敷设线缆

塑料线槽固定完成后,将线缆沿塑料线槽内壁逐段敷设,在敷设完成的位置扣好盖板。图 10-14 所示为敷设线缆的操作演示。

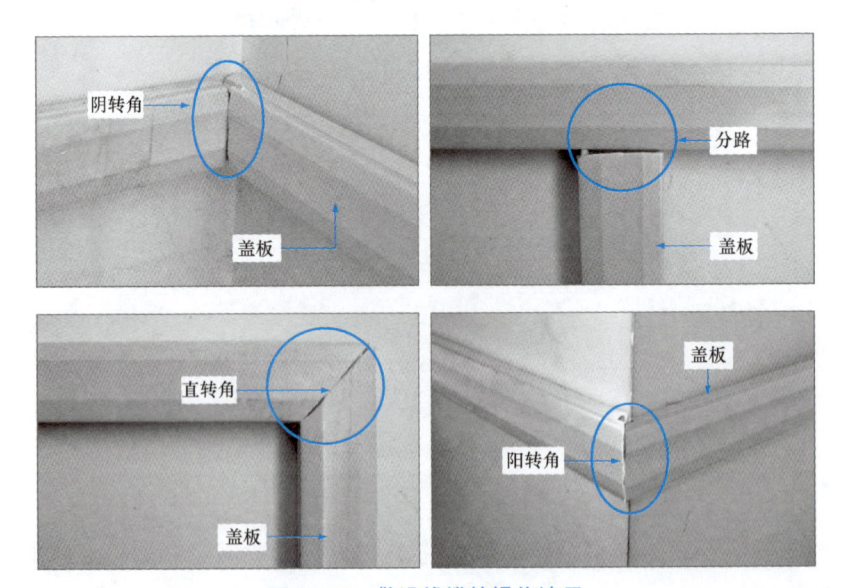

图 10-14 敷设线缆的操作演示

6. 安装附件

线缆敷设完成并扣好盖板后,安装线槽转角和分支部分的配套附件,确保安装牢固可靠。图 10-15 所示为线缆明敷中配套附件的安装。

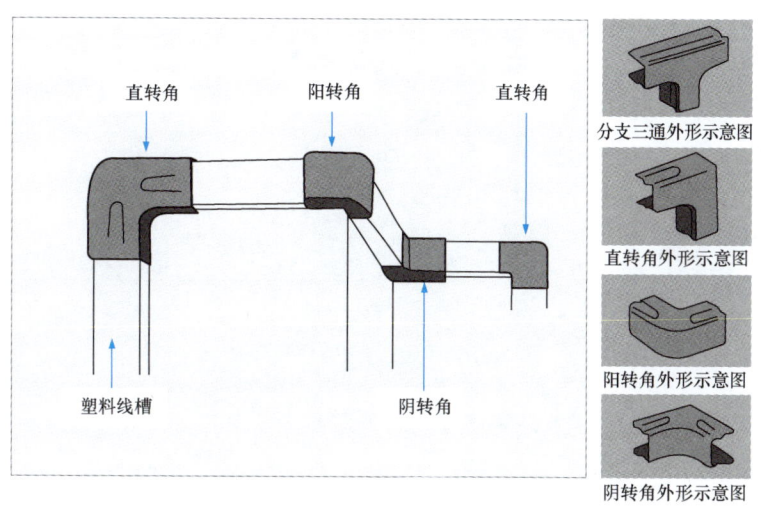

图 10-15　线缆明敷中配套附件的安装

10.2　练习线缆暗敷

10.2.1　线缆暗敷的施工要求

线缆的暗敷是将室内线缆埋设在墙内、顶棚内或地板下的敷设方式,也是目前普遍采用的一种敷设方式。线缆暗敷通常在土建抹灰之前操作。

在暗敷前,需要先了解暗敷的基本操作规范和要求,例如暗敷线槽的距离要求,强、弱电线槽的距离要求,各种插座的安装高度要求等,如图 10-16 所示。

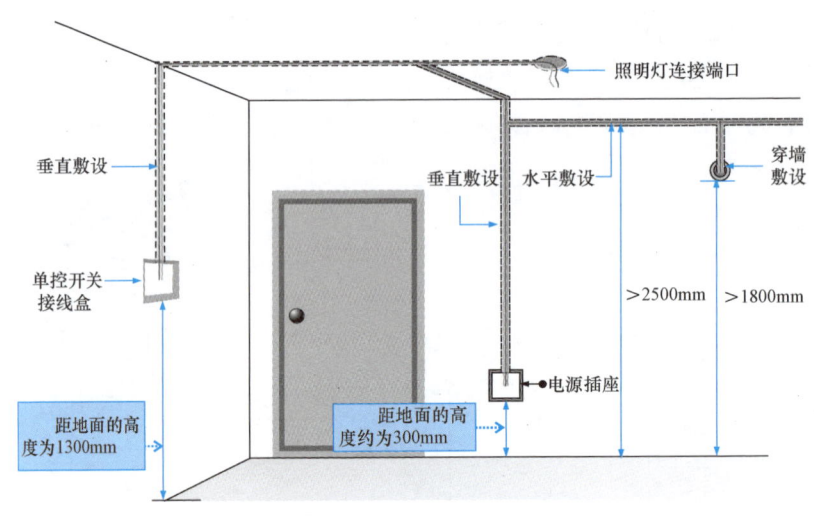

图 10-16 暗敷线槽的距离要求

在阳台或平台上、穿越楼板时的暗敷要求如图 10-17 所示。

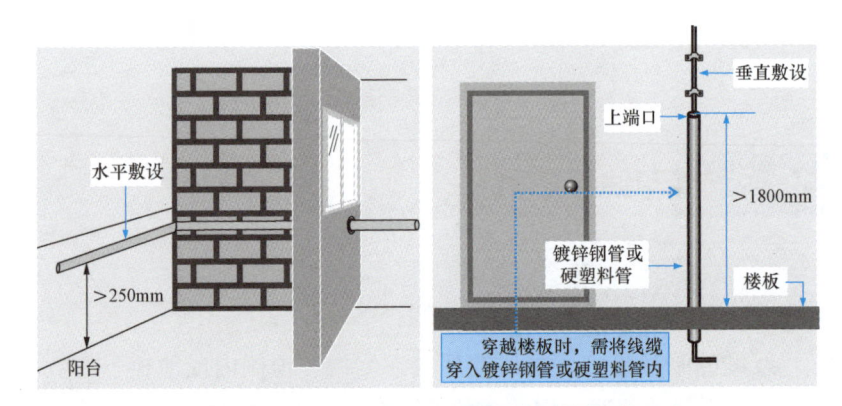

图 10-17 在阳台或平台上、穿越楼板时的暗敷要求

【提示】

　　当线缆敷设在热水管下面时，净距不宜小于 500mm；当线缆敷设在热水管上面时，净距不宜小于 1000mm；当交叉敷设

时，净距不宜小于 300mm。

当不能符合上述要求时，应对热水管采取隔热措施。对有保温措施的热水管，上下净距均可缩短 200mm。线缆与其他管道（不包括可燃气体及易燃、可燃液体管道）的平行净距不应小于 100mm，交叉净距应小于 50mm。

图 10-18 所示为弱电线路暗敷时的距离要求。由于弱电线路的信号电压低，与电源线并行布线易受 220V 电源线的电压干扰，因此敷设时应避开电源线。电源线与弱电线路之间的距离应大于 200mm。它们的插座之间也应相距 200mm 以上。插座距地面约为 300mm。

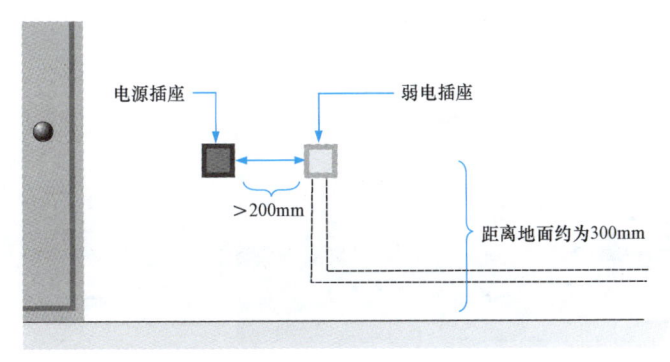

图 10-18　弱电线路暗敷时的距离要求

在暗敷时，开凿线槽是一个关键环节。按照规范要求，线槽的深度应能够容纳线管或线盒，一般为将线管埋入线槽后，抹灰层的厚度为 15mm，如图 10-19 所示。

10.2.2　线缆暗敷的施工操作

线缆暗敷操作包括定位画线、选择线管和附件、开槽、加工线管、线管和接线盒的安装固定、穿线等环节。

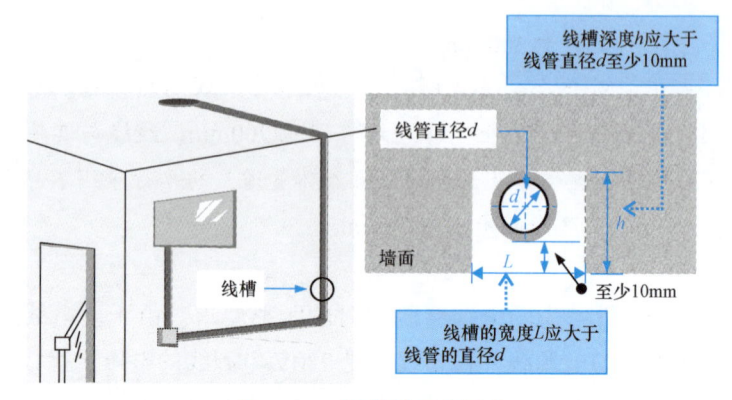

图 10-19 线槽的尺寸要求

1. 定位画线

暗敷时定位画线的操作如图 10-20 所示。

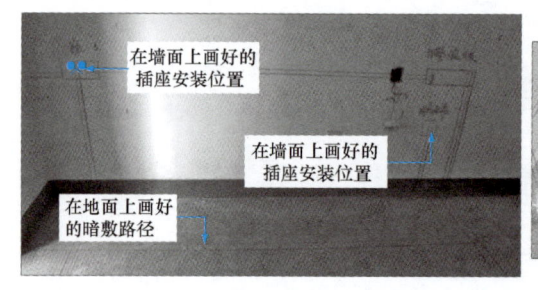

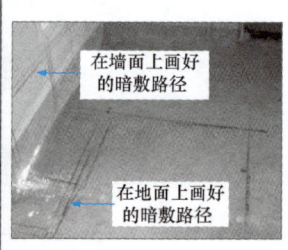

图 10-20 暗敷时定位画线的操作

2. 选择线管和附件

图 10-21 所示为暗敷采用的线管及附件。暗敷时，应借助线管及附件实现走线，起固定、防护作用。目前，家装暗敷采用的线管多为阻燃 PVC 线管。选配时，应根据施工图要求，确定线管的长度、所需配套附件的类型和数量等。

3. 开槽

开槽是室内暗敷的重要环节，一般可借助切割机、凿子或冲击钻在画好的敷设路径上开槽。图 10-22 所示为暗敷的开槽方法。

第 10 章 练习电气布线

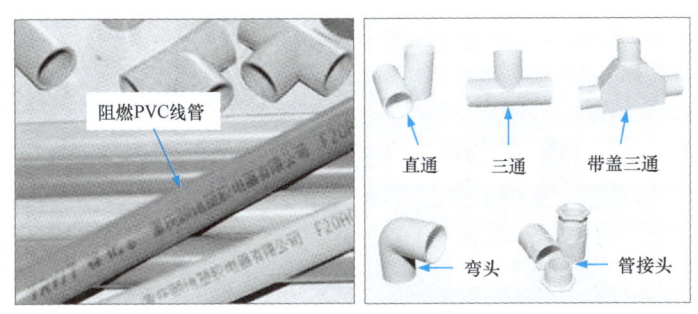

图 10-21 暗敷采用的线管及附件

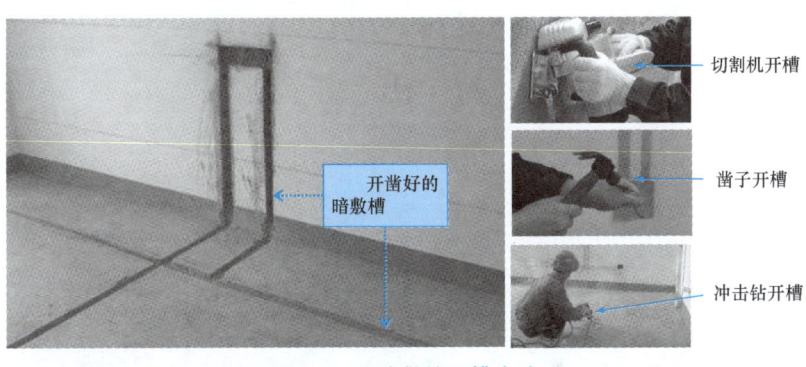

图 10-22 暗敷的开槽方法

【拓展】

线管应根据管径、质量、长度、使用环境等参数进行选择，应符合室内暗敷要求。不同规格导线与线管可穿入导线的根数见表 10-1。

表 10-1 不同规格导线与线管可穿入导线的根数

导线横截面积 /mm²	镀锌钢管穿入导线根数（根）				电线管穿入导线根数（根）				硬塑料管穿入导线根数（根）		
	2	3	4	5	2	3	4	5	2	3	4
	线管直径 /mm										
1.5	15	15	15	20	20	20	20	20	15	15	15
2.5	15	15	20	20	20	20	25	20	15	15	20

183

（续）

导线横截面积 /mm²	镀锌钢管穿入导线根数（根）				电线管穿入导线根数（根）				硬塑料管穿入导线根数（根）		
	2	3	4	5	2	3	4	5	2	3	4
	线管直径 /mm										
4	15	20	20	20	20	20	25	20	15	20	25
6	20	20	20	25	20	20	25	25	20	20	25
10	20	25	25	32	25	32	32	32	20	25	32
16	25	25	32	32	32	32	40	40	25	32	32
25	32	32	40	40	32	40	—	—	32	40	40

4. 加工线管

开槽完成后，根据开槽的位置、长度等加工线管，线管的加工操作主要包括线管的清洁、裁切及弯曲等，如图 10-23 所示。

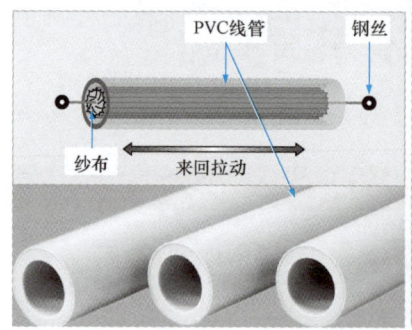

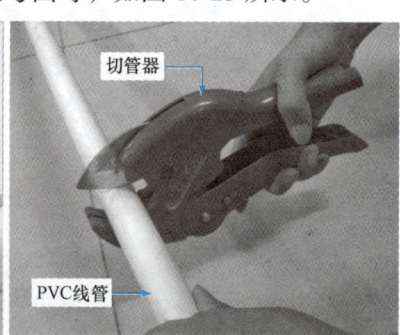

图 10-23　线管的加工

【提示】

线管和接线盒的敷设、固定和安装操作应遵循基本的操作规范，线管应规则排列，圆弧过渡应符合穿线要求。图 10-24 所示为线管与接线盒的敷设效果。

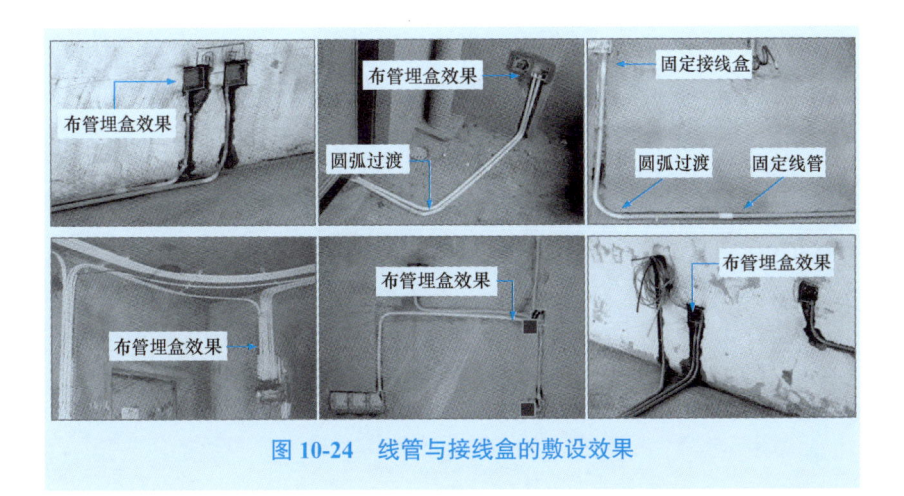

第 10 章 练习电气布线

图 10-24 线管与接线盒的敷设效果

5. 穿线

穿线是暗敷最关键的步骤之一，必须在暗敷线管完成后进行。实施穿线操作可借助穿管弹簧、钢丝等，将线缆从线管的一端引至接线盒中，如图 10-25 所示。

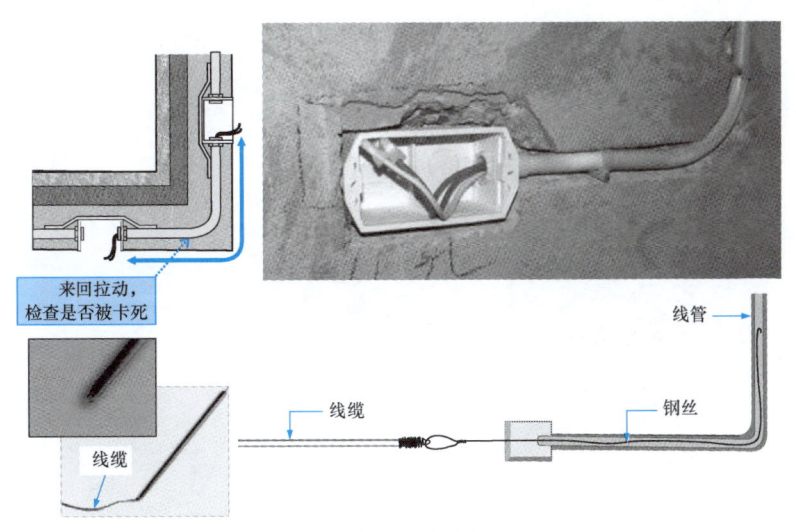

图 10-25 暗敷时的穿线操作

185

穿线到线管的另一端后引入接线盒，此时要预留足够长度的线缆，应满足下一个阶段与插座、开关、灯具等部件的接线，如图 10-26 所示。

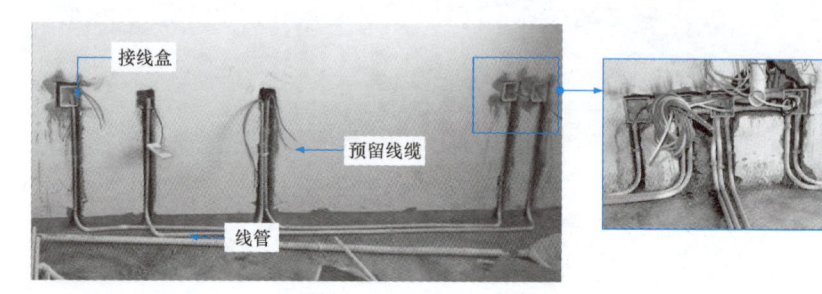

图 10-26　接线盒中预留线缆

【拓展】

PVC 线管根据直径的不同可以分为六分和四分两种规格。其中，四分 PVC 线管最多可穿 3 根横截面积为 1.5mm² 的导线；六分 PVC 线管最多可穿 3 根横截面积为 2.5mm² 的导线。

目前，照明线路多使用横截面积为 2.5mm² 的导线，因此在家装中应选用六分 PVC 线管，如图 10-27 所示。

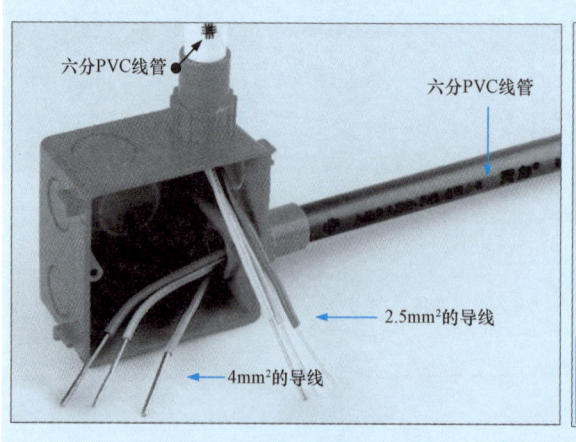

图 10-27　六分 PVC 线管

第 10 章　练习电气布线

　　线管穿线完成后，暗敷基本完成，在验证线管布置无误、线缆可自由拉动后，将凿墙孔和开槽抹灰恢复，如图 10-28 所示。至此，室内线缆的暗敷完成。

图 10-28　将凿墙孔和开槽抹灰恢复

第11章 练习电气安装

11.1 电源插座的安装接线

11.1.1 三孔电源插座的安装接线

三孔电源插座是指插座面板上仅设有相线孔、零线孔和接地孔三个插孔的电源插座。在实际安装操作前，需要首先了解三孔电源插座的特点和接线关系，如图11-1所示。

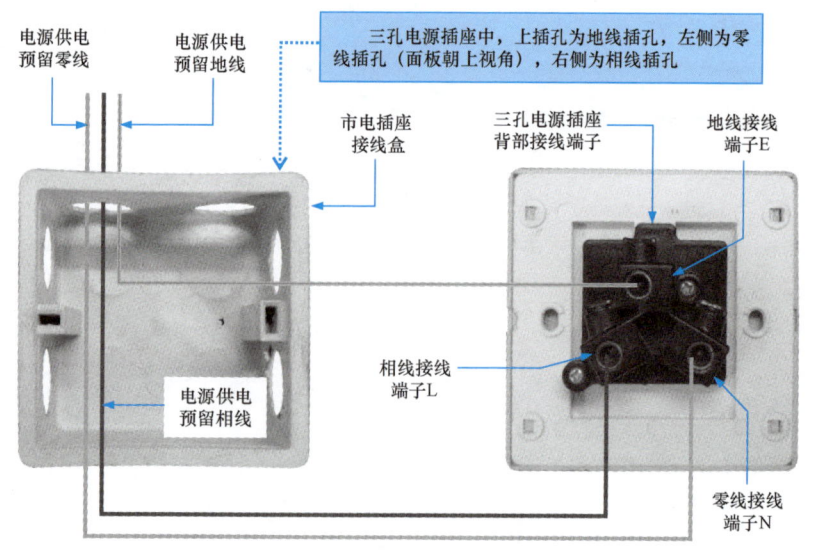

三孔电源插座中，上插孔为地线插孔，左侧为零线插孔（面板朝上视角），右侧为相线插孔

图11-1 三孔电源插座的特点和接线关系

安装三孔电源插座时,可以分为接线、固定与护板的安装两个环节。
1. 接线
接线是将三孔电源插座与电源供电预留导线连接。接线前,需要先将三孔电源插座护板取下,为接线和安装固定做好准备,如图 11-2 所示。

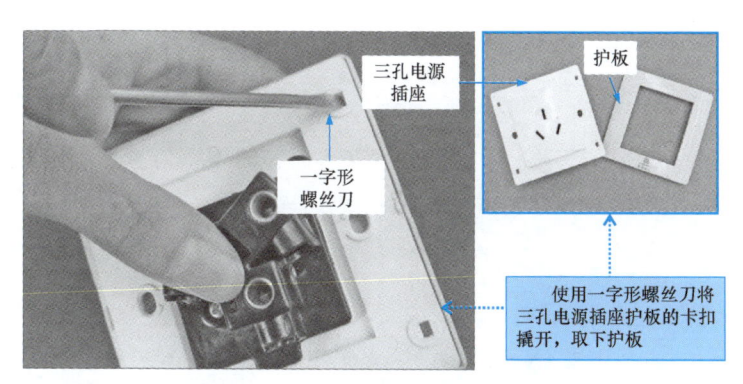

图 11-2　三孔电源插座接线前的准备

接下来,先将预留插座接线盒中的三根电源线进行处理,剥除线端一定长度(约 3cm,即完全插入插座即可)的绝缘层,露出线芯部分,准备接线,如图 11-3 所示。

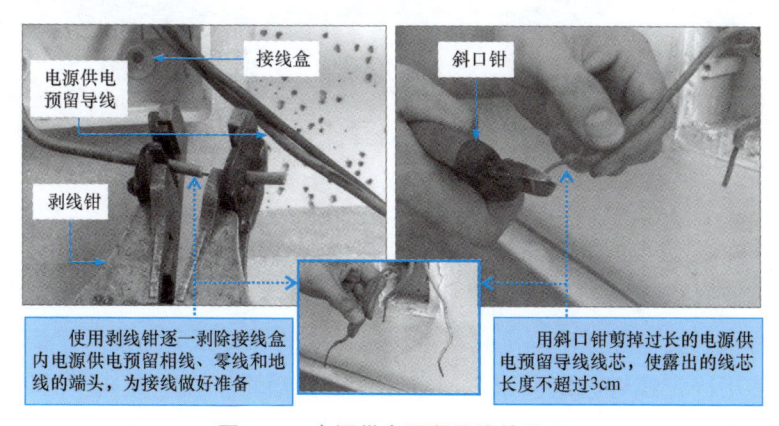

图 11-3　电源供电预留导线的处理

接着,将三孔电源插座背部接线端子的固定螺钉拧松,并将预留插座接线盒中的三根电源线线芯对应插入三孔电源插座的接线端子内,即相线插入相线接线端子内,零线插入零线接线端子内,保护地线插入地线接线端子内,然后逐一拧紧固定螺钉,完成三孔电源插座的接线,如图11-4所示。

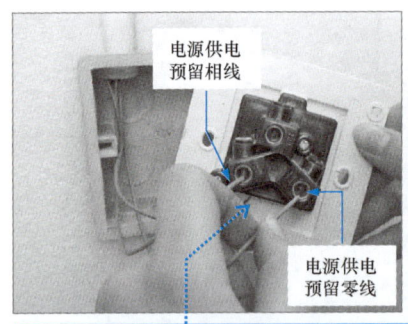

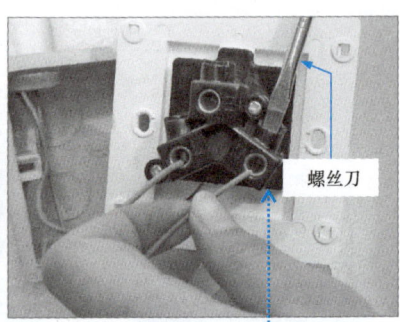

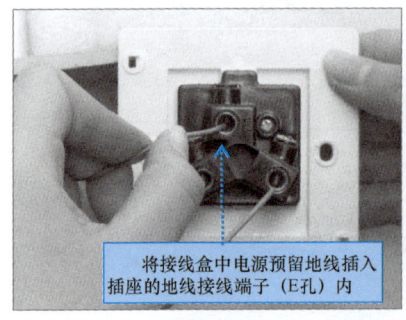

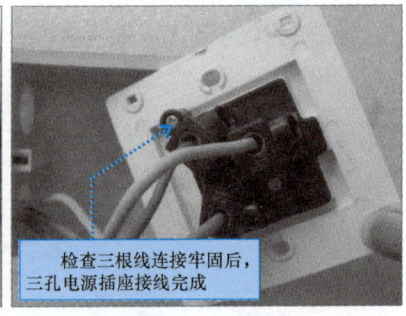

图11-4 三孔电源插座的接线操作

2. 固定与护板的安装

三孔电源插座接线完成后,将连接导线合理盘绕在接线盒中,然后将三孔电源插座固定孔对准接线盒中的螺钉固定孔推入、按紧,并使用固定螺钉固定,如图11-5所示。最后将三孔电源插座的护板扣合到面板上,确认卡紧到位后,三孔电源插座安装完成。

第 11 章　练习电气安装

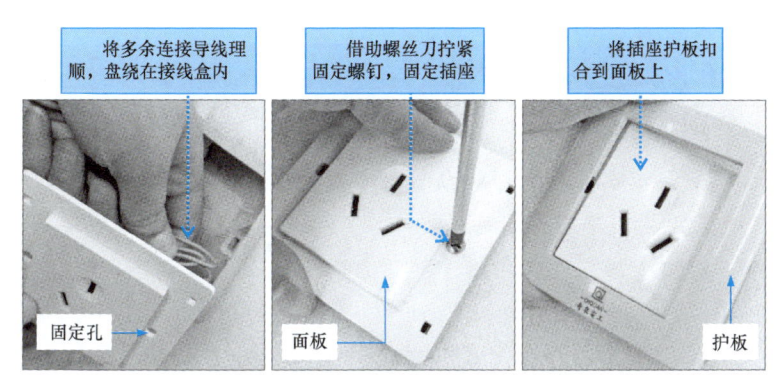

图 11-5　三孔电源插座的固定与护板的安装

11.1.2　五孔电源插座的安装接线

五孔电源插座实际是两孔电源插座和三孔电源插座的组合，面板上面为平行设置的两个孔，用于为采用两孔插头电源线的电气设备供电；下面为一个三孔电源插座，用于为采用三孔插头电源线的电气设备供电。

在动手安装组合插座之前，首先要了解五孔电源插座的特点和接线关系，如图 11-6 所示。

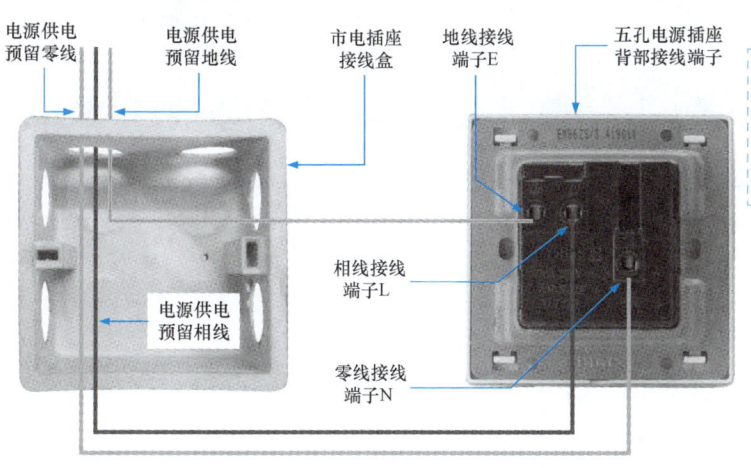

图 11-6　五孔电源插座的特点和接线关系

191

【提示】

目前，五孔电源插座面板侧为五个插孔，但背面接线端子侧多为三个插孔，这是因为大多电源插座生产厂商在生产时已经将五个插座进行相应连接，即两孔的零线与三孔的零线连接，两孔的相线与三孔的相线连接，只引出三个接线端子即可，如图11-7所示。

内部已使用铜片接好

手动连接零相线接线端子

对于未在内部连接的五孔电源插座，实际接线时需要先分别连接后，再与电源供电预留导线连接，注意不能接错

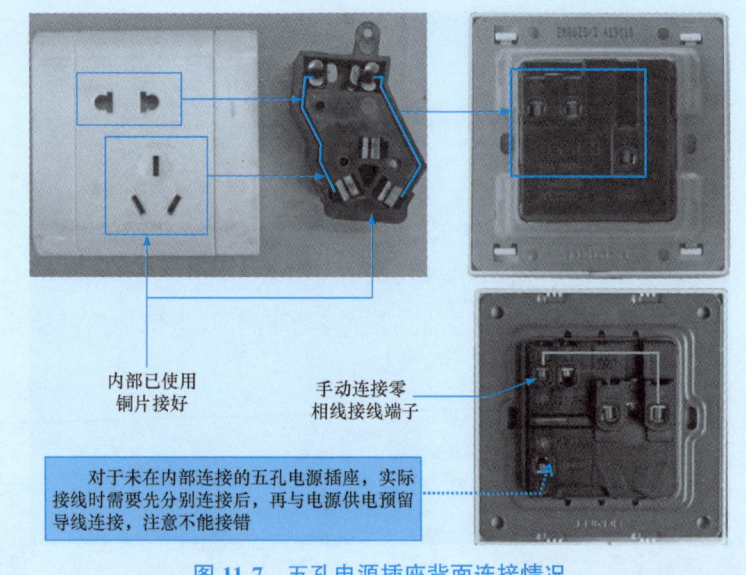

图11-7 五孔电源插座背面连接情况

了解了五孔电源插座的安装方式后，接下来需要对其进行接线和固定操作。

1. 接线

对五孔电源插座接线时，先区分五孔电源插座接线端子的类型，在断电状态下将电源供电预留相线、零线、保护地线连接到五孔电源插座相应标识的接线端子（L、N、E）内，并用螺丝刀拧紧固定螺

第 11 章 练习电气安装

钉，如图 11-8 所示。

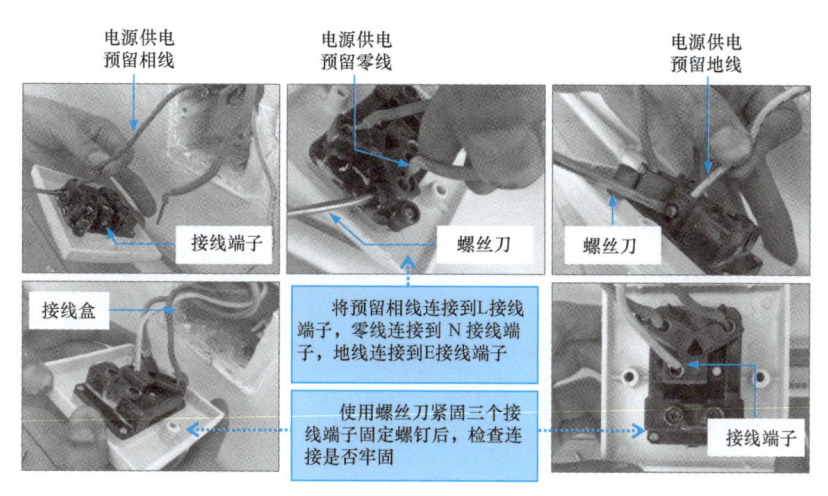

图 11-8 五孔电源插座的接线

2. 固定

将五孔电源插座固定到预留接线盒上。先将接线盒内的导线整理后盘入盒内，然后用固定螺钉紧固电源插座面板，扣好挡片或护板后，安装完成，如图 11-9 所示。

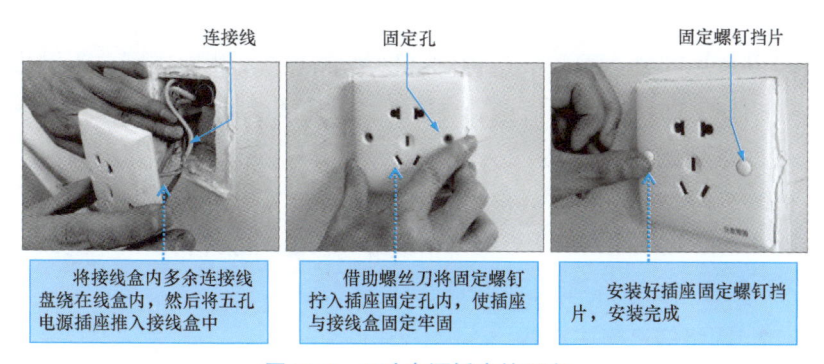

图 11-9 五孔电源插座的固定

11.2 通信插座的安装接线

11.2.1 网络插座的安装接线

网络插座是网络通信系统与用户计算机连接的主要端口，安装前，应先了解室内网络插座的具体连接方式，如图 11-10 所示，然后根据连接方式进行安装操作。

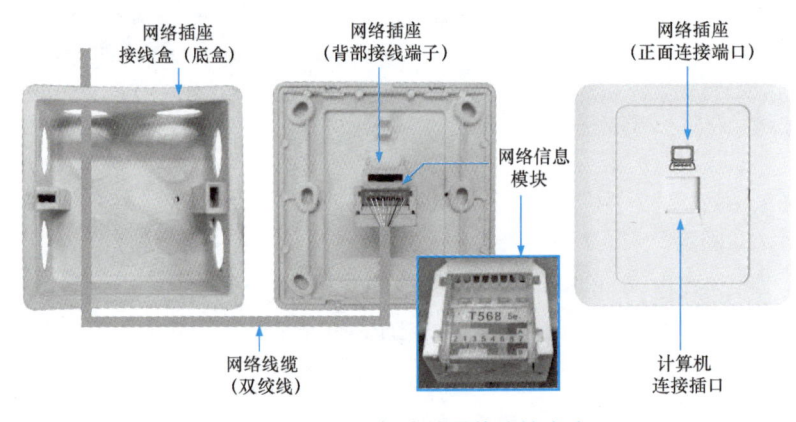

图 11-10 网络插座的具体连接方式

以常见的普通网络插座为例，网络插座的安装操作可分为网络线缆的加工处理、网络信息模块接线、插座安装固定三个环节。

1. 线缆的加工处理

安装网络插座需要将户外引入的网络线缆与插座上的网络信息模块连接。接线前，需要先对网络线缆进行加工处理，以常见的双绞线为例，如图 11-11 所示。

2. 网络信息模块接线

网络线缆加工完成后，将其连接到网络信息模块中。网络信息

第 11 章 练习电气安装

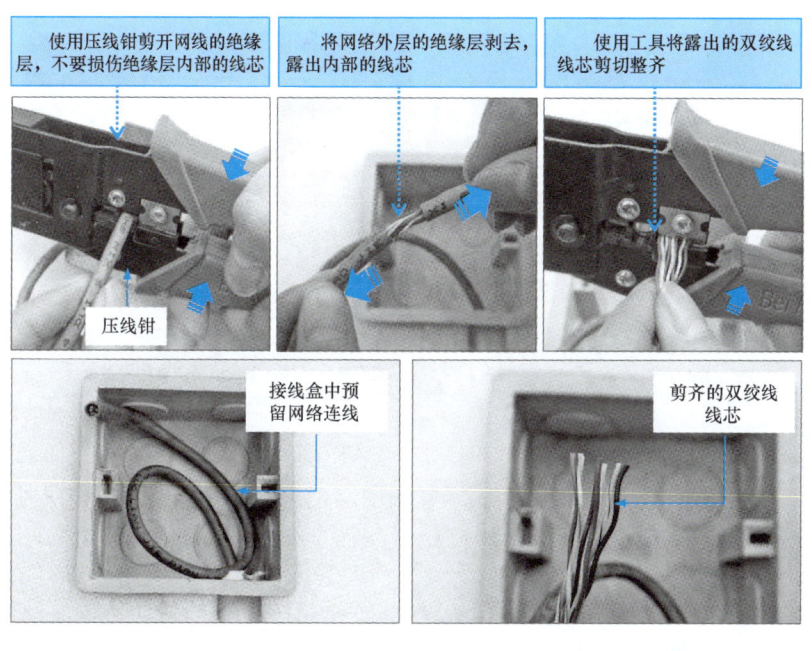

图 11-11 线缆的加工处理

模块中有 T568A 和 T568B 两种线序标准，实际连接时，选择其中一种标准，根据模块上标识的颜色选择相应双绞线的颜色对应插接即可，如图 11-12 所示。

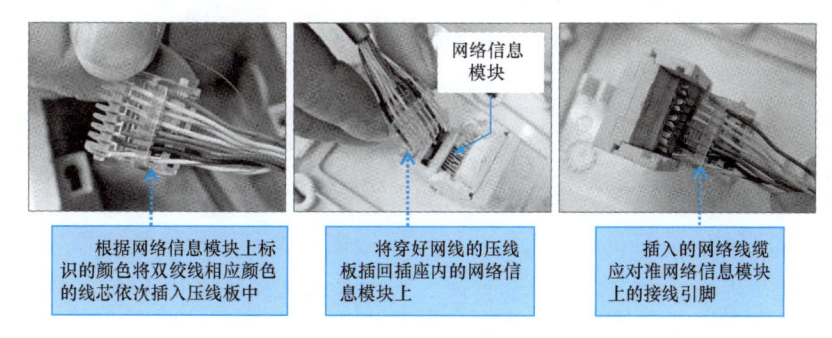

图 11-12 网络线缆与网络信息模块的连接

压线式网络插槽

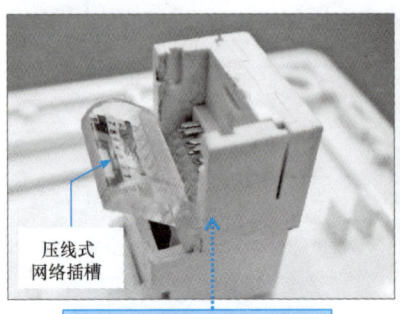

根据插座的样式选择网络插座，采用压线式安装方式

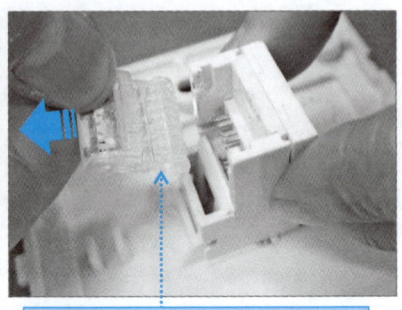

用手轻轻取下压线式网络插座内信息模块的压线板，确定网络插座的压接方式

图 11-12　网络线缆与网络信息模块的连接（续）

接下来，将双绞线压线板压紧到网络信息模块中，如图 11-13 所示，完成网络信息模块的接线操作。

压线板

钢丝钳

用力向下按压压线板

按压压线板时，可借助钢丝钳操作

检查压装好的压线板，确保接线及压接正常

图 11-13　网络信息模块的接线操作

【提示】

目前常见网络传输线（双绞线）的排列顺序主要分为两种，即 T568A、T568B，安装时，可根据这两种网络传输线的排列顺序进行排列。需要注意的是，若网络信息模块选用 T568A 线序标准，则对应网线水晶头制作也应采用 T568A 线序标准，如图 11-14 所示。

T568A线序标准 / T568B线序标准

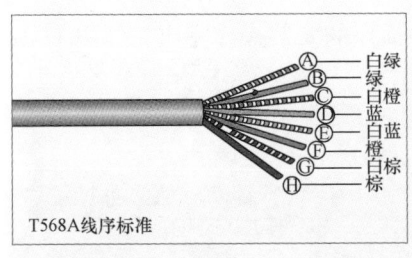

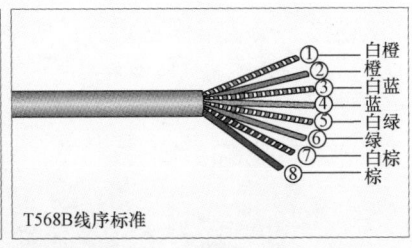

图 11-14　线序标准

需要注意的是，在实际连接网络信息模块时，模块接线处标识的颜色可能与上图 T568A 和 T568B 均不符，主要是因为生产厂商在内部对线序已经做了调整，在实际操作时，按照实际网络信息模块上标识的颜色对应连接即可。当制作网络插座与计算机之间的网线水晶头时，需严格按照上图线序标准排列，如图 11-15 所示。

图 11-15　线序标准排列

3. 插座安装固定

当网络信息模块接线完成后，将网络插座固定到接线盒上，借助螺丝刀拧紧插座的固定螺钉,最后扣好网络插座的护板,检查网络插座连接、安装牢固稳定后,网络插座的安装操作完成,如图11-16所示。

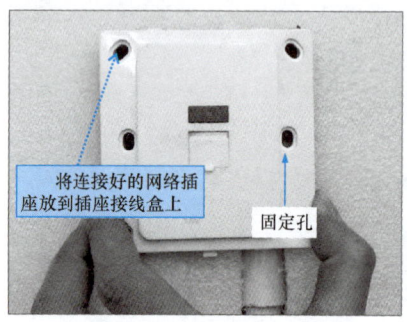

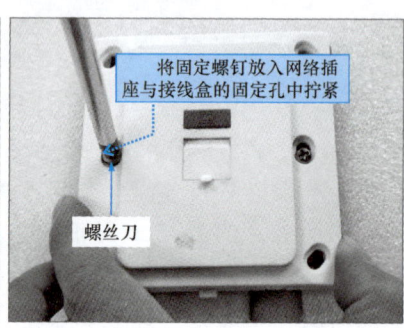

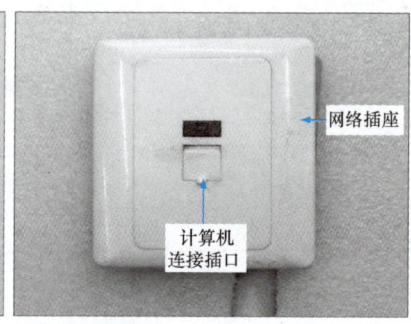

图 11-16 网络插座的安装固定

11.2.2 有线电视插座的安装接线

在家装电工中,有线电视插座(用户终端接线模块)是有线电视系统与用户电视机连接的端口。在动手安装有线电视插座之前,首先要了解有线电视插座的特点和接线关系,如图11-17所示。

了解了有线电视插座的安装位置及接线后,便可以动手安装有线电视插座了。

第 11 章 练习电气安装

图 11-17 有线电视插座的特点和接线关系

1. 同轴电缆的加工处理

安装有线电视插座需要将户外引入的同轴电缆与插座接线端子连接，接线前，需要先对同轴电缆进行加工处理，露出线芯部分，如图 11-18 所示。

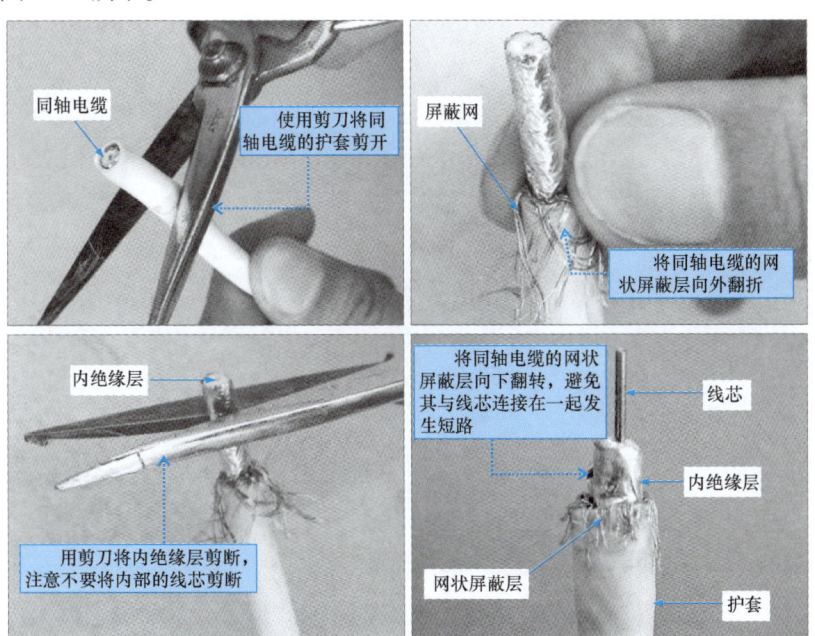

图 11-18 同轴电缆的加工处理

199

2. 有线电视插座接线

在进行有线电视插座接线前,先将有线电视插座的护板取下,拧松接线端子固定螺钉,为接线做好准备,如图 11-19 所示。

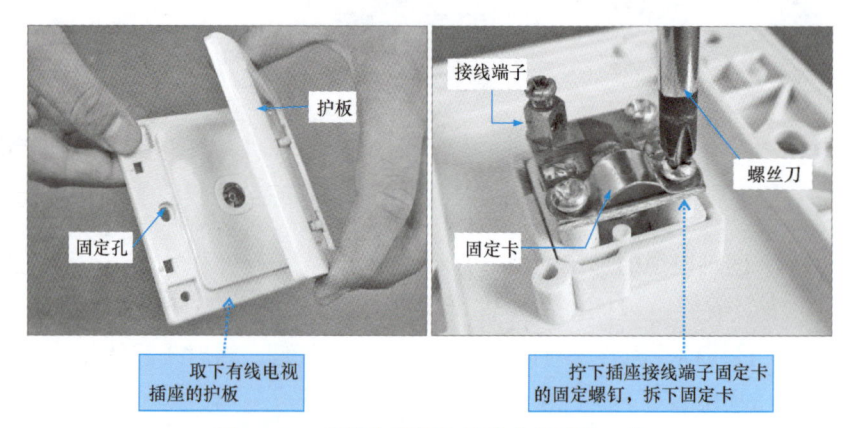

图 11-19 有线电视插座接线前的准备工作

接下来,将加工好的同轴电缆的线芯连接到接线端子上,用固定卡卡紧同轴电缆护套部分,拧紧固定螺钉即可完成有线电视插座的接线,如图 11-20 所示。

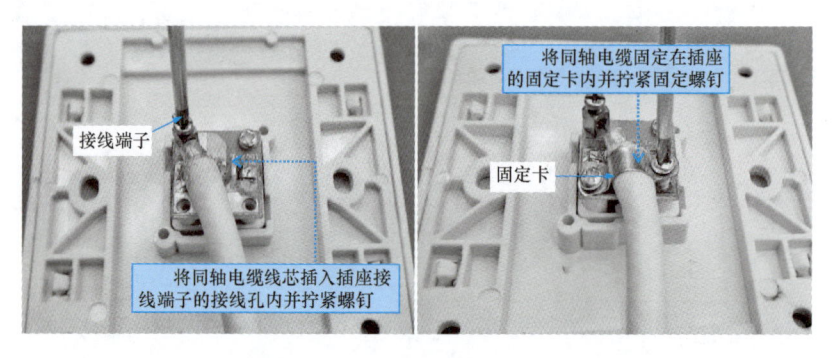

图 11-20 有线电视插座接线操作

在有线电视插座与接线盒的固定孔中拧入固定螺钉

盖上有线电视插座的护板

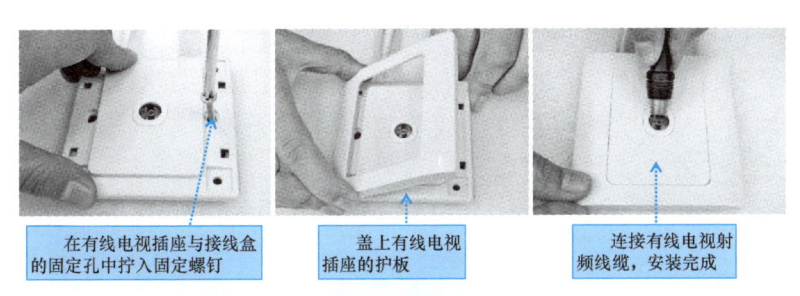

连接有线电视射频缆,安装完成

图 11-20　有线电视插座接线操作(续)

【提示】

有线电视插座及其连接线路属于弱电线路,该插座及线路需与强电(市电供电线路)插座保持一定距离,以避免强电干扰,影响信号质量。

11.2.3　电话插座的安装接线

电话插座是电话通信系统与用户电话机连接的端口。入户线盒及分线盒安装完成后,还需要在用户墙体上预留的接线盒处安装电话插座。在动手安装电话插座之前,首先需要了解电源插座的连接方式,如图 11-21 所示。

电话插座接线盒(底盒)

电话插座(背部接线端子)

固定螺钉

接线端子

电话插座(正面连接端口)

电话机连接端口

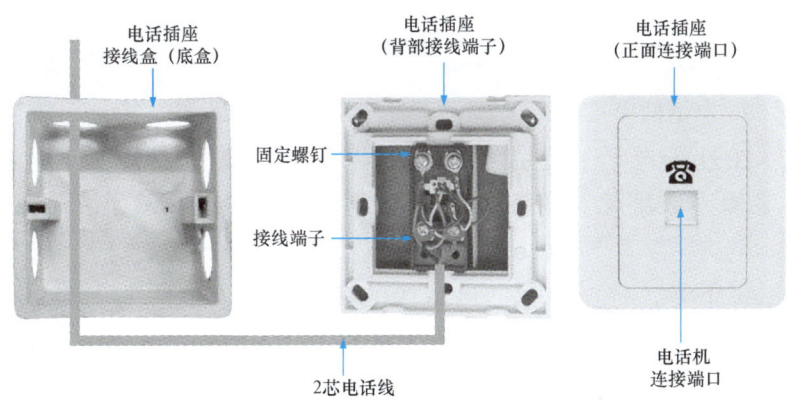

2芯电话线

图 11-21　电话插座的连接方式

201

1. 电话线的加工处理

安装电话插座需要将户外引入的电话线与插座接线端子连接，接线前，需要先将电话线的线端剥除绝缘层，并安装接线耳，如图11-22所示。

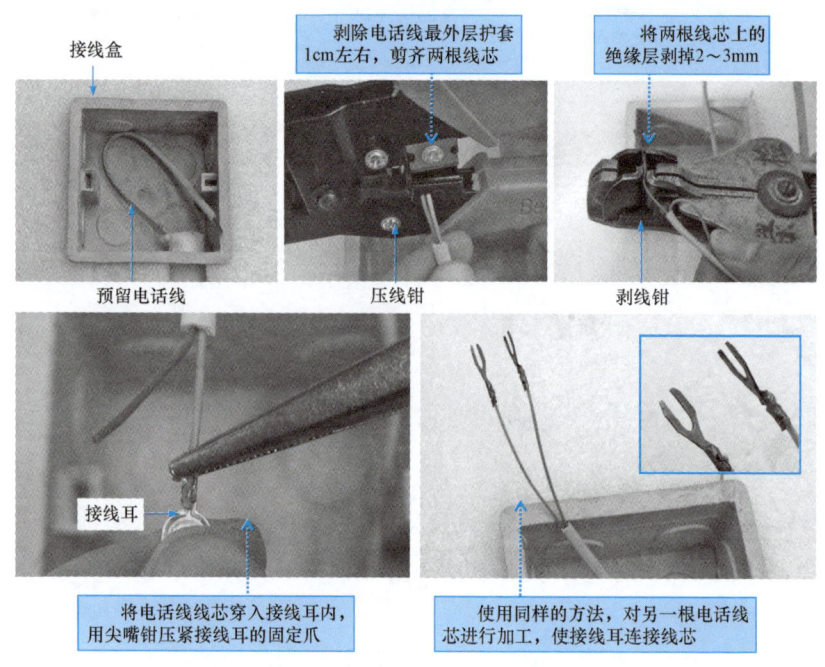

图 11-22　电话线的加工处理

2. 电话插座接线

在进行电话插座接线前，先将电话插座的护板取下，从安装槽中取出配套的固定螺钉，为接线做好准备，如图11-23所示。

接下来，将加工好的电话线的接线耳插入电话插座连接端子垫片下，拧紧固定螺钉即可完成电话插座的接线，如图11-24所示。

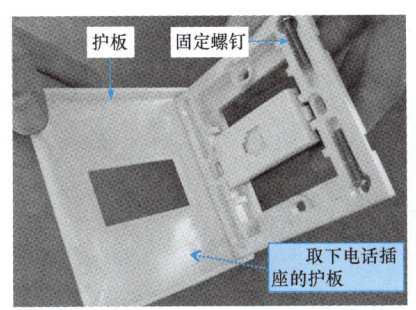

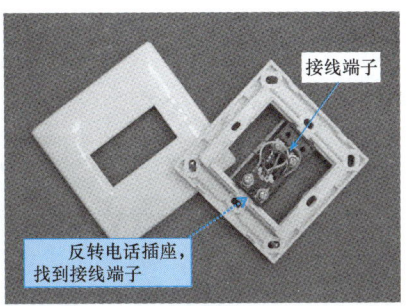

图 11-23 电话插座接线前的准备工作

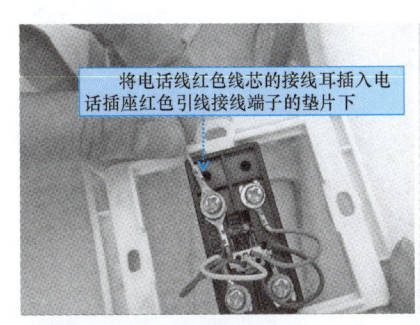

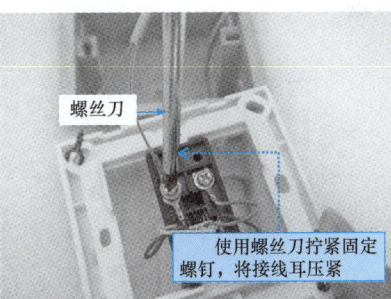

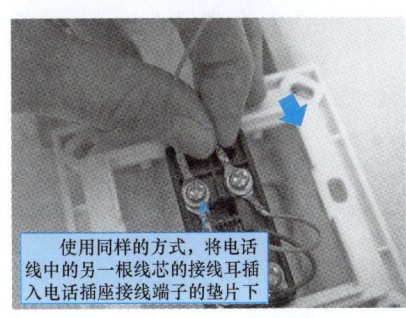

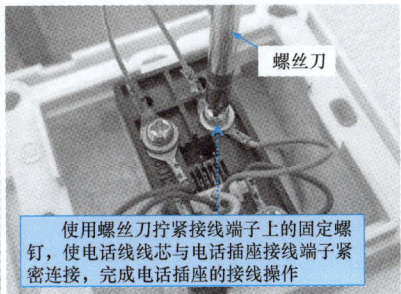

图 11-24 电话插座接线操作

3. 电话插座的固定

接线完成后，将电话插座固定孔对准接线盒固定孔，拧入固定螺钉，如图 11-25 所示，使电话插座面板与接线盒固定，然后扣好护

203

板，接入电话机的电话线，电话插座安装完成。

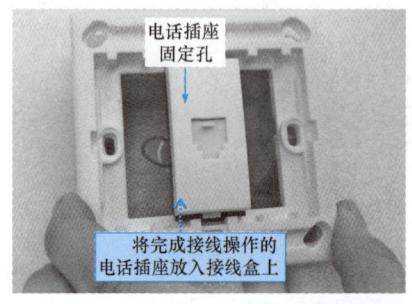

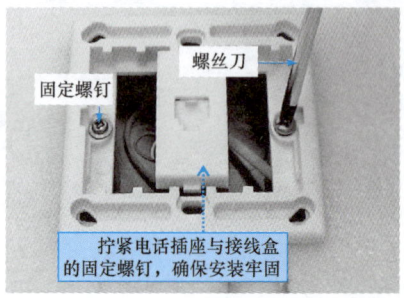

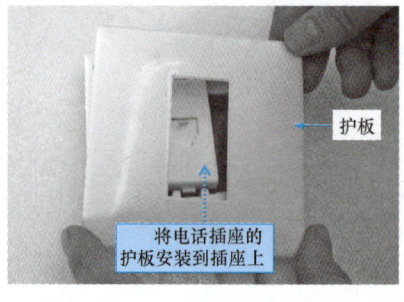

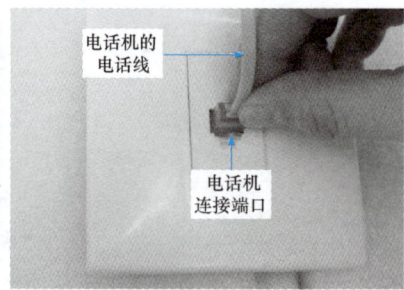

图 11-25　电话插座安装固定操作

11.3　供配电系统的安装接线

11.3.1　配电箱的安装接线

图 11-26 所示为配电箱的结构组成。配电箱是家庭供配电系统的总控制设备。在配电箱中安装有电能表、断路器（空气开关）等基本配件。

图 11-27 所示为配电箱的安装方法。在安装配电箱时，一般可先将总断路器、分支断路器安装到配电箱的指定位置，再根据接线原则布线，预留出电能表的接线端子，装入电能表，并与预留接线端子连接。

第 11 章 练习电气安装

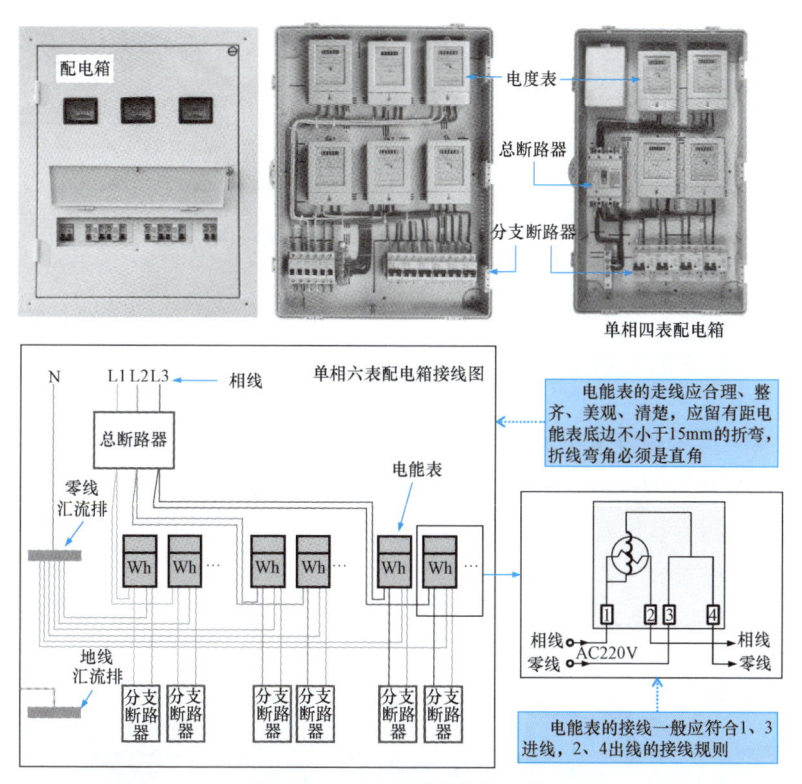

图 11-26 配电箱的结构组成

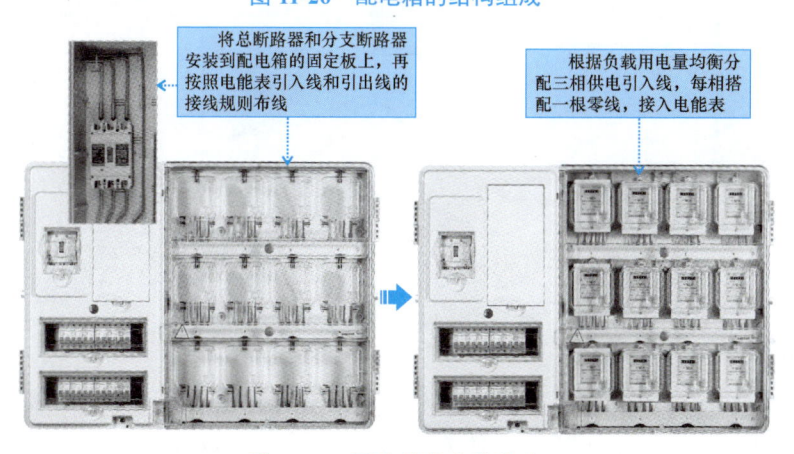

单相四表配电箱

单相六表配电箱接线图

电能表的走线应合理、整齐、美观、清楚，应留有距电能表底边不小于15mm的折弯，折弯弯角必须是直角

电能表的接线一般应符合1、3进线，2、4出线的接线规则

将总断路器和分支断路器安装到配电箱的固定板上，再按照电能表引入线和引出线的接线规则布线

根据负载用电量均衡分配三相供电引入线，每相搭配一根零线，接入电能表

图 11-27 配电箱的安装方法

205

图 11-27　配电箱的安装方法（续）

11.3.2　配电盘的安装接线

1. 配电盘外壳的安装

配电盘用于分配家庭用电支路，在安装配电盘之前，首先确定配电盘的安装位置、高度等，然后根据安装标准，将配电盘外壳安装在指定位置。

图 11-28 所示为配电盘外壳的安装。

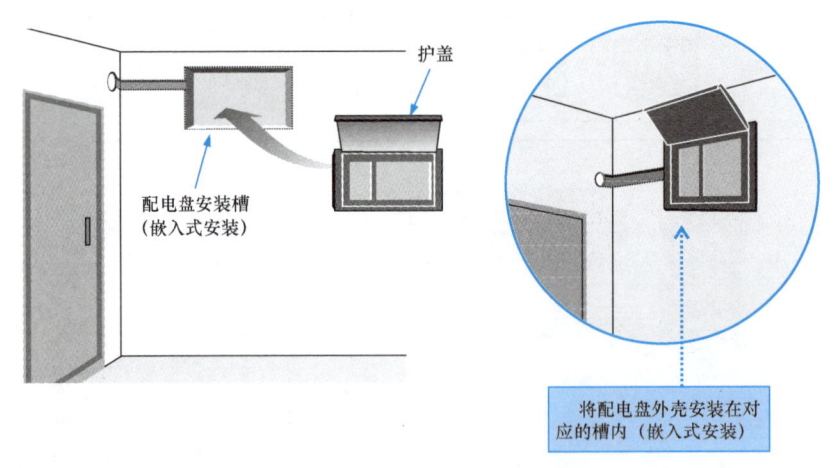

图 11-28　配电盘外壳的安装

2. 分支断路器的安装接线

图 11-29 所示为分支断路器的安装与接线。

第 11 章 练习电气安装

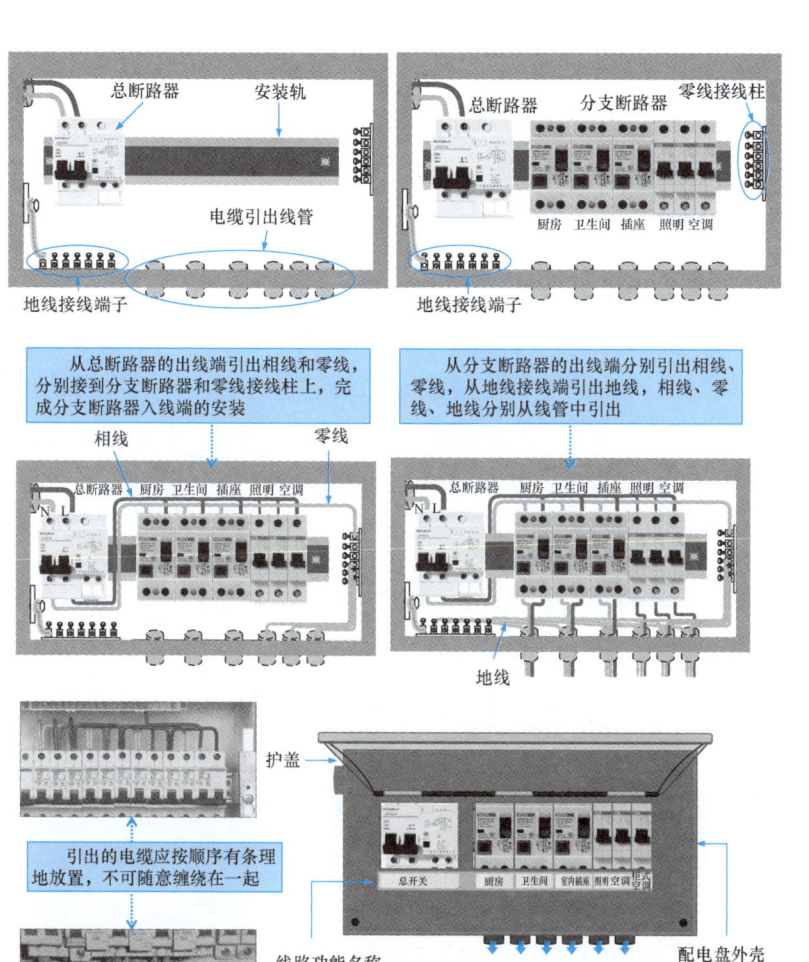

图中标注：
- 总断路器、安装轨、电缆引出线管、地线接线端子
- 总断路器、分支断路器、零线接线柱、厨房、卫生间、插座、照明、空调、地线接线端子
- 从总断路器的出线端引出相线和零线，分别接到分支断路器和零线接线柱上，完成分支断路器入线端的安装
- 相线、零线
- 总断路器 厨房 卫生间 插座 照明 空调
- 从分支断路器的出线端分别引出相线、零线，从地线接线端引出地线，相线、零线、地线分别从线管中引出
- 地线
- 引出的电缆应按顺序有条理地放置，不可随意缠绕在一起
- 护盖
- 总开关 厨房 卫生间 室内插座 照明 空调
- 线路功能名称　　配电盘外壳

图 11-29　分支断路器的安装与接线

【提示】

一般为了便于控制，在配电盘内还安装有一个总断路器（一般可选配带漏电保护功能的断路器），用来实现室内供配电线路的总控制功能。

207

11.4 照明系统的安装接线

11.4.1 灯控开关的安装接线

图 11-30 所示为常见的家庭照明电路。在照明系统中，最常见的一种照明电路是通过一个单联单控开关控制一盏照明灯。厨房、玄关等处多采用这种最基本的控制方式。卧室要求在进门和床头都能控制照明灯，应设计成两地控制照明电路；客厅一般设有两盏或多盏照明灯，应设计成三方控制照明电路，即分别在进门、主卧室门外侧、次卧室门外侧进行控制等。

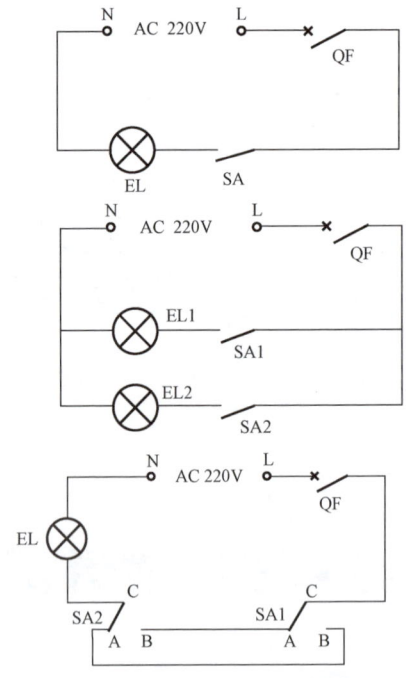

图 11-30 常见的家庭照明电路

图 11-31 所示为灯控（双控）开关的控制和接线。

图 11-31　灯控（双控）开关的控制和接线

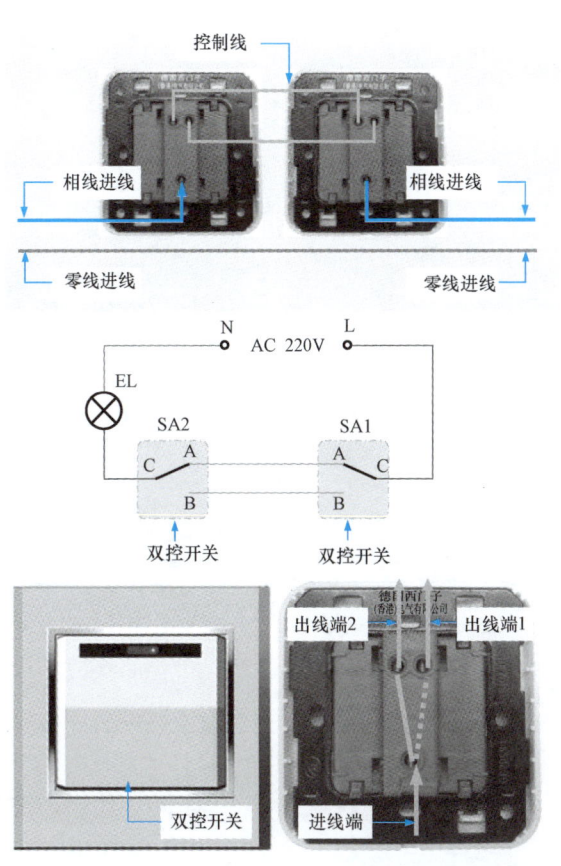

图 11-32 所示为灯控（双控）开关的安装接线。

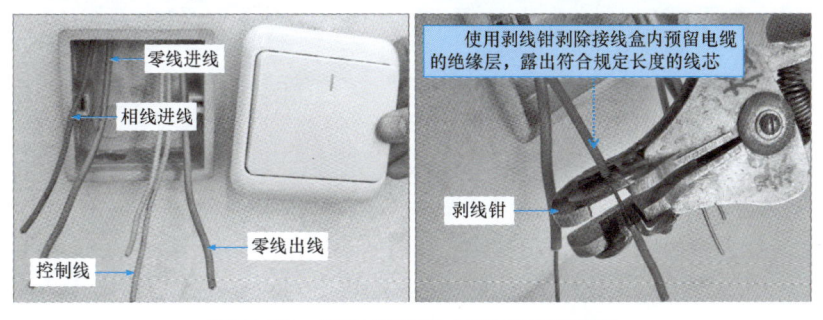

图 11-32　灯控（双控）开关的安装接线

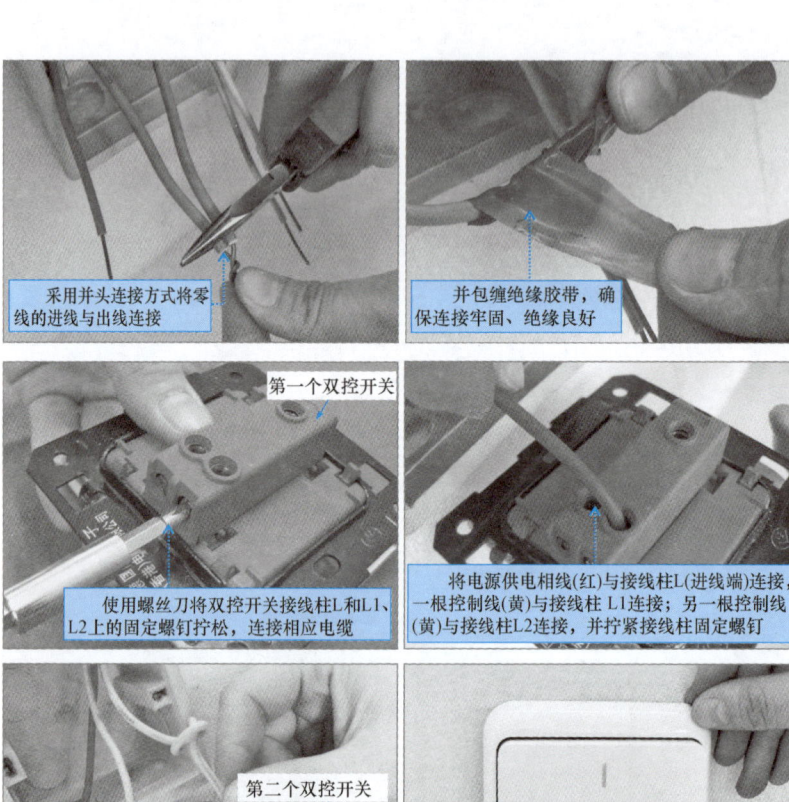

采用并头连接方式将零线的进线与出线连接

并包缠绝缘胶带,确保连接牢固、绝缘良好

第一个双控开关

使用螺丝刀将双控开关接线柱L和L1、L2上的固定螺钉拧松,连接相应电缆

将电源供电相线(红)与接线柱L(进线端)连接,一根控制线(黄)与接线柱 L1连接;另一根控制线(黄)与接线柱L2连接,并拧紧接线柱固定螺钉

第二个双控开关

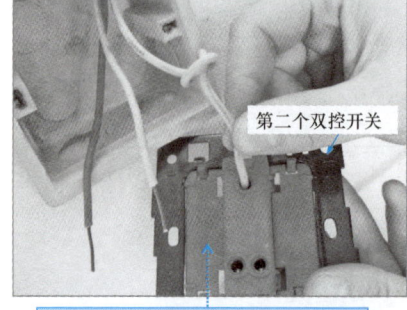

按照第一个双控开关的接线方法,将第二个双控开关的对应电缆连接并固定

安装底座、操作面板、护板后,完成第二个双控开关的安装

图 11-32　灯控(双控)开关的安装接线(续)

11.4.2　照明灯具的安装接线

1. LED 照明灯的安装接线

LED 照明灯是指由 LED(半导体发光二极管)构成的照明灯具。目

前，LED 照明灯是继紧凑型荧光灯（普通节能灯）后的新一代照明光源。

LED 照明灯的安装方式比较简单。以 LED 日光灯为例，一般直接将 LED 日光灯接线端与交流 220V 照明控制线路（经控制开关）预留的相线和零线连接即可，如图 11-33 所示。

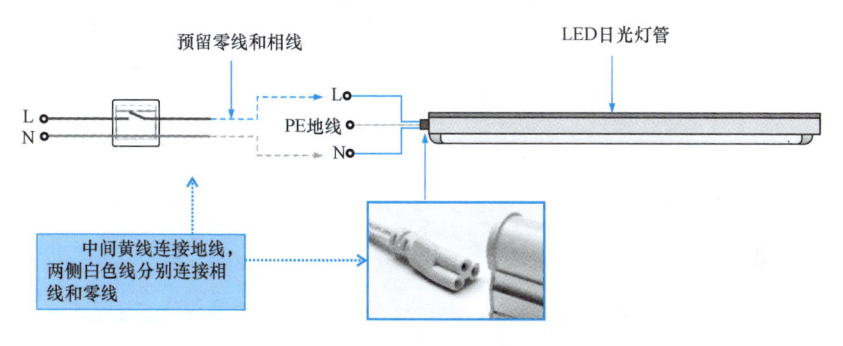

图 11-33　LED 照明灯的安装方式

【拓展】

若需要在原来使用普通日光灯的支架上安装 LED 日光灯，则需要按照 LED 日光灯管的要求进行内部线路改造。

普通日光灯分为电感式镇流器与电子式镇流器两种，改造成 LED 日光灯的方式不同。图 11-34 所示为电感式镇流器改造为 LED 日光灯连接线路示意图。

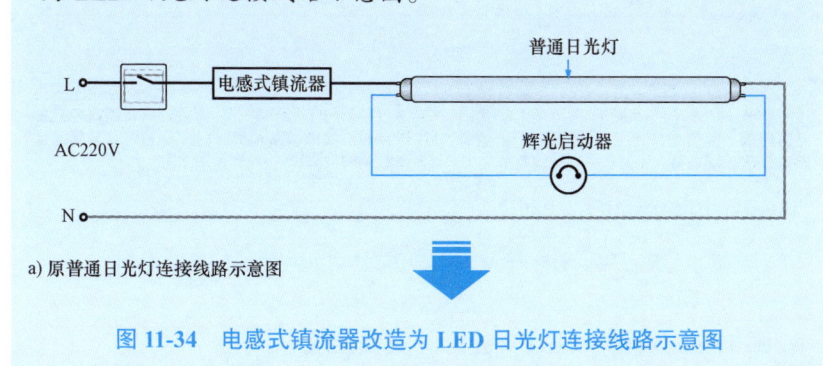

a) 原普通日光灯连接线路示意图

图 11-34　电感式镇流器改造为 LED 日光灯连接线路示意图

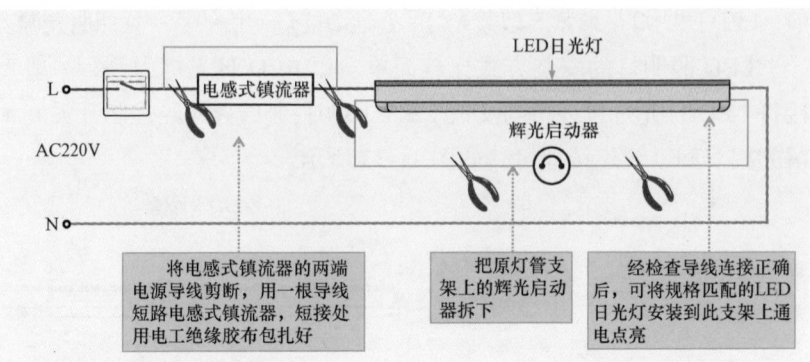

LED日光灯

AC220V

将电感式镇流器的两端电源导线剪断，用一根导线短路电感式镇流器，短接处用电工绝缘胶布包扎好

把原灯管支架上的辉光启动器拆下

经检查导线连接正确后，可将规格匹配的LED日光灯安装到此支架上通电点亮

b) 改装LED日光灯连接线路示意图

图 11-34　电感式镇流器改造为 LED 日光灯连接线路示意图（续）

图 11-35 所示为电子式镇流器改造为 LED 日光灯连接线路示意图。

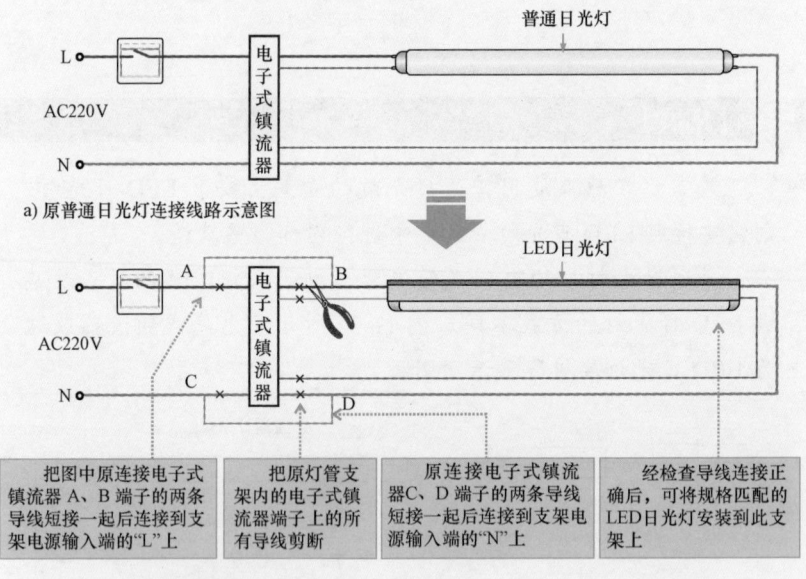

普通日光灯

AC220V　电子式镇流器

a) 原普通日光灯连接线路示意图

LED日光灯

AC220V　电子式镇流器

把图中原连接电子式镇流器 A、B 端子的两条导线短接一起后连接到支架电源输入端的"L"上

把原灯管支架内的电子式镇流器端子上的所有导线剪断

原连接电子式镇流器 C、D 端子的两条导线短接一起后连接到支架电源输入端的"N"上

经检查导线连接正确后，可将规格匹配的LED日光灯安装到此支架上

b) 改装LED日光灯连接线路示意图

图 11-35　电子式镇流器改造为 LED 日光灯连接线路示意图

图 11-36 所示为 LED 日光灯的安装接线。

212

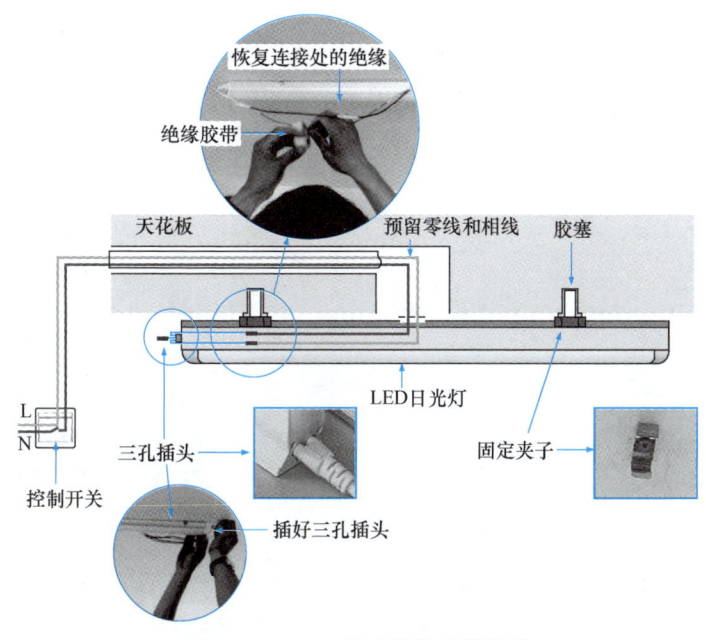

图 11-36 LED 日光灯的安装接线

2. 吸顶灯的安装接线

吸顶灯是目前家庭照明线路中应用最多的一种照明灯安装形式，主要包括底座、灯管和灯罩三部分，其结构和接线关系示意图如图 11-37 所示。

如图 11-38 所示，吸顶灯的安装与接线操作比较简单，可先将吸顶灯的灯罩、灯管和底座拆开，然后将底座固定在屋顶上，将屋顶预留相线和零线与底座上的连接端子连接，重装灯管和灯罩即可。

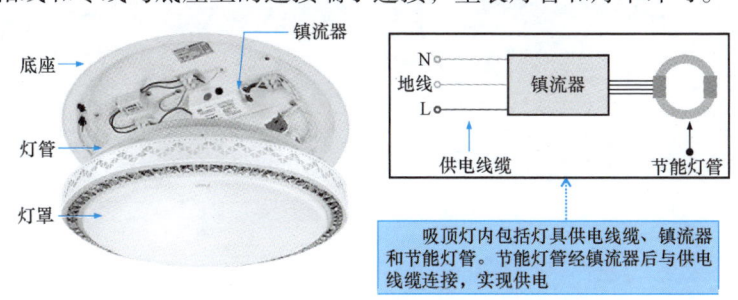

吸顶灯内包括灯具供电线缆、镇流器和节能灯管。节能灯管经镇流器后与供电线缆连接，实现供电

图 11-37 吸顶灯的结构和接线关系示意图

电工上岗实操 查·学·用

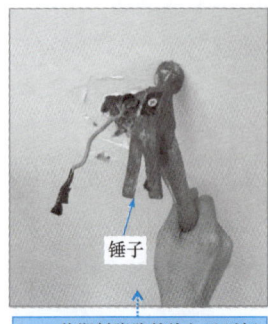

锤子

将塑料膨胀管按入吸顶灯安装孔内,并使用锤子将塑料膨胀管固定在墙面上

底座

将预留的导线穿过电线孔,底座放在之前的位置,螺钉孔位要对上

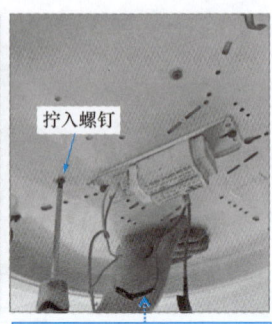

拧入螺钉

用螺丝刀把螺钉拧入固定,检查安装位置并适当调节

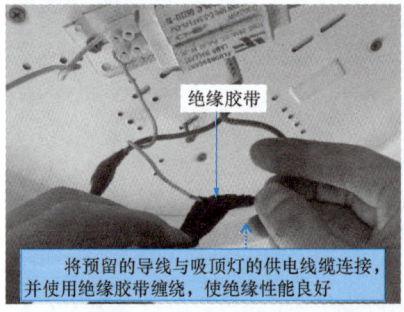

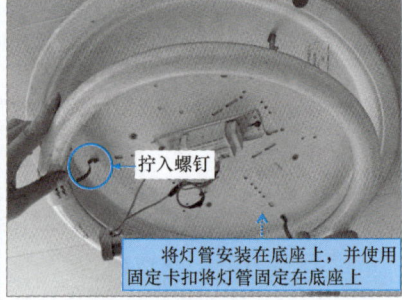

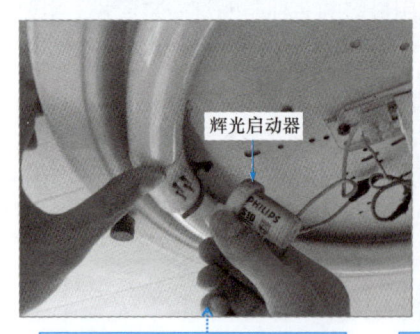

绝缘胶带

将预留的导线与吸顶灯的供电线缆连接,并使用绝缘胶带缠绕,使绝缘性能良好

拧入螺钉

将灯管安装在底座上,并使用固定卡扣将灯管固定在底座上

辉光启动器

通过特定的插座将辉光启动器与灯管连接在一起,确保连接紧固

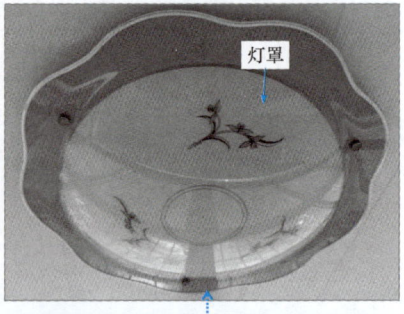

灯罩

通电检查是否能够点亮(通电时,不要触摸吸顶灯的任何部位),确认无误后扣紧灯罩,安装完成

图 11-38 吸顶灯的安装接线

214

【提示】

吸顶灯的安装施工操作中需注意以下几点：

① 安装时，必须确认电源处于关闭状态。

② 在砖石结构中安装吸顶灯时，应采用预埋螺栓或用膨胀螺栓、尼龙塞或塑料塞固定，不可使用木楔，承载能力应与吸顶灯的重量相匹配，确保吸顶灯固定牢固、可靠，并可延长使用寿命。

③ 如果吸顶灯使用螺口灯管安装，则接线还要注意相线应接在中心触点的端子上，零线应接在螺纹端子上；灯管的绝缘外壳不应有破损和漏电情况，以防更换灯管时触电。

④ 当采用膨胀螺栓固定时，应按吸顶灯尺寸的技术要求选择螺栓规格，钻孔直径和埋设深度要与螺栓规格相符。

⑤ 安装时，要注意连接的可靠性，连接处必须能够承受相当于吸顶灯 4 倍重量的悬挂而不变形。

11.5 电力拖动系统的安装接线

11.5.1 电动机的安装

电动机的安装主要涉及零部件的安装、基座的安装、联轴器或带轮的安装，且在电动机安装完成后，还需要对电动机进行调试，以确保电动机安装正常。

图 11-39 所示为三相异步电动机的结构。在安装前，先检查各零部件是否完好，例如电动机转子上的两个轴承转动是否灵活，有无破损。

1. 前后端盖的安装

（1）将后端盖安装到转子上

电动机各零部件检查完成后，在轴承上补允润滑油。接下来将

电工上岗实操　查·学·用

转子和定子绕组擦拭干净，将后端盖安装到轴承上，并用锤子敲打端盖，如图11-40所示。敲打端盖时要均匀用力，切不可固定位置敲打。

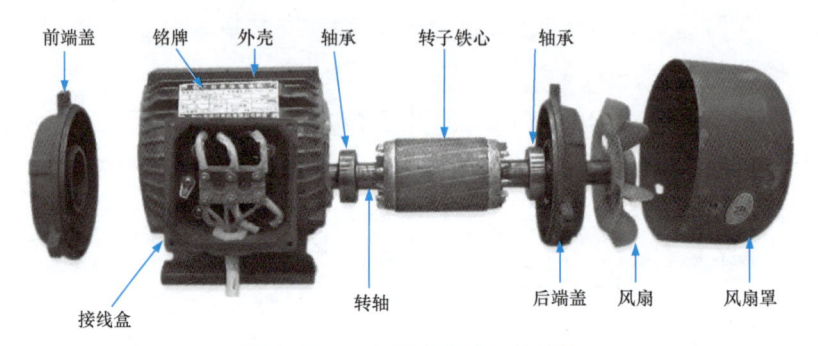

图 11-39　三相异步电动机的结构

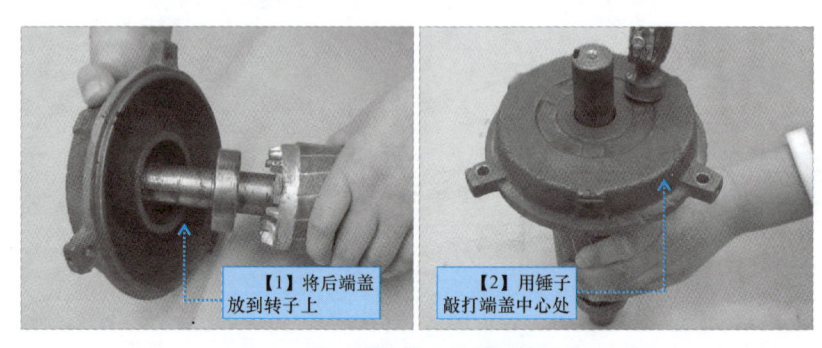

图 11-40　将后端盖安装到转子上

【提示】

轴承内盖和风扇内盖的润滑油不要补充过多或过少，一般加到轴承盖的 1/3~1/2。

(2) 将后端盖和转子装入定子绕组内

将组装好的后端盖和转子装入定子绕组内，如图11-41所示。

图 11-41　将后端盖和转子装入定子绕组内

（3）安装后端盖

后端盖和转子放置完成后，用锤子以圆周形敲打端盖轴承部位。端盖部分进入定子后，对好螺钉固定孔位置，将螺钉装入端盖固定孔中，并用扳手拧紧螺钉，如图 11-42 所示。

图 11-42　安装后端盖

（4）安装前端盖

下一步安装前端盖。将轴伸端从前端盖孔中穿出，将前端盖与轴承对好，然后用锤子以圆周形敲打端盖，待端盖部分进入定子后，对好端盖螺钉固定孔与定子上螺钉孔的位置。将螺钉装入端盖固定孔中，并用扳手紧固。图 11-43 所示为安装电动机前端盖。

2. 风扇的安装

（1）安装风扇

首先将风扇中心的卡扣与电动机轴伸端的凹槽对应，风扇卡扣与轴伸端凹槽对应完成后，用锤子轻轻敲打风扇中心位置，如图 11-44 所示，用铁锤敲打风扇时，可垫一块木板，防止损坏风扇。

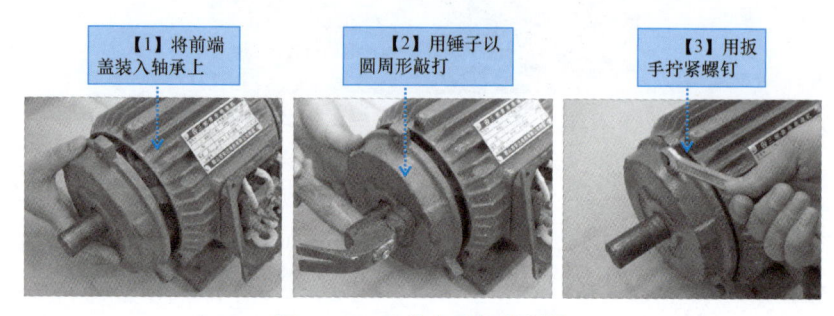

图 11-43　安装电动机前端盖

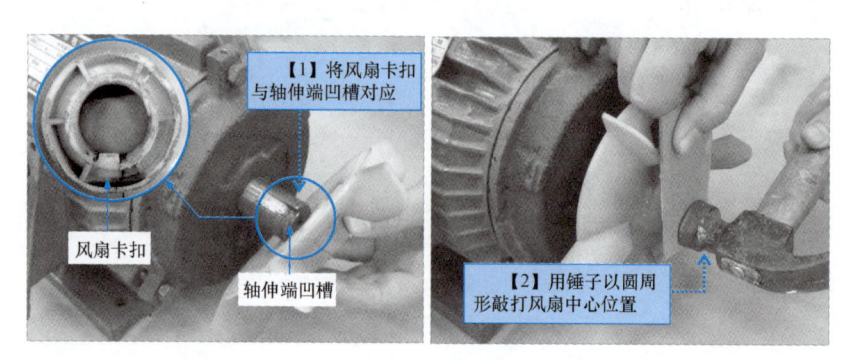

图 11-44　安装风扇

（2）安装弹簧片

接下来需要安装风扇弹簧片，它是用来防止风扇在旋转过程中脱落的。先将弹簧片放置在轴伸端的卡槽内，然后用螺丝刀插入轴伸端卡槽中，轻轻撬动，如图 11-45 所示。

（3）安装风扇罩

弹簧片安装完成后，将风扇罩安装到风扇上，并用螺丝刀固定好螺钉，如图 11-46 所示。

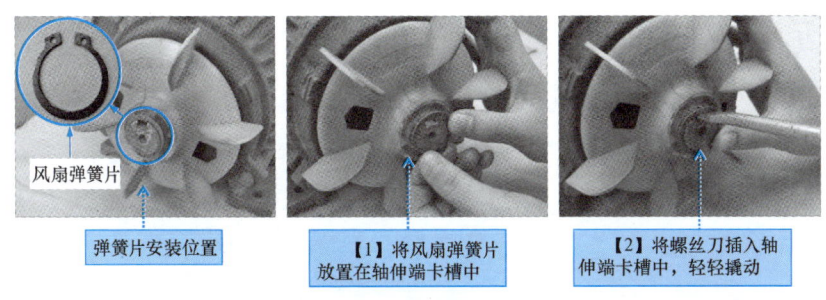

图 11-45 安装弹簧片

图 11-46 安装风扇罩

3. 基座的安装

电动机重量大,工作时会产生振动,因此电动机不能直接放置于地面上,应安装固定在混凝土基座或金属支架上。

(1) 确定基座尺寸

固定基座一般采用混凝土制成,基座一般要高出地面 100~150mm,长、宽尺寸要比电动机长、宽多 100~150mm,基座深度一般为地脚螺栓长度的 1.5~2 倍,以保证地脚螺栓有足够的抗振强度。

(2) 挖基坑并制作基座

首先确定好电动机的安装位置,然后根据电动机的大小,确定基坑的长度和宽度后,开始挖基坑。基坑挖到足够深度后,使用工具夯实坑底,以防止基座下沉。接下来在坑底铺一层石子,用水淋透并

夯实，然后注入混凝土，同时把地脚螺栓埋入平台中，制作基座的操作步骤如图11-47所示。

【1】根据电动机规格，确定基坑的体积，使用工具挖好基坑，并夯实坑底

【2】在坑底铺一层石子，用水淋透并夯实，然后注入混凝土

【3】使用工具根据电动机底座的固定孔，在浇注的混凝土基座上进行钻孔

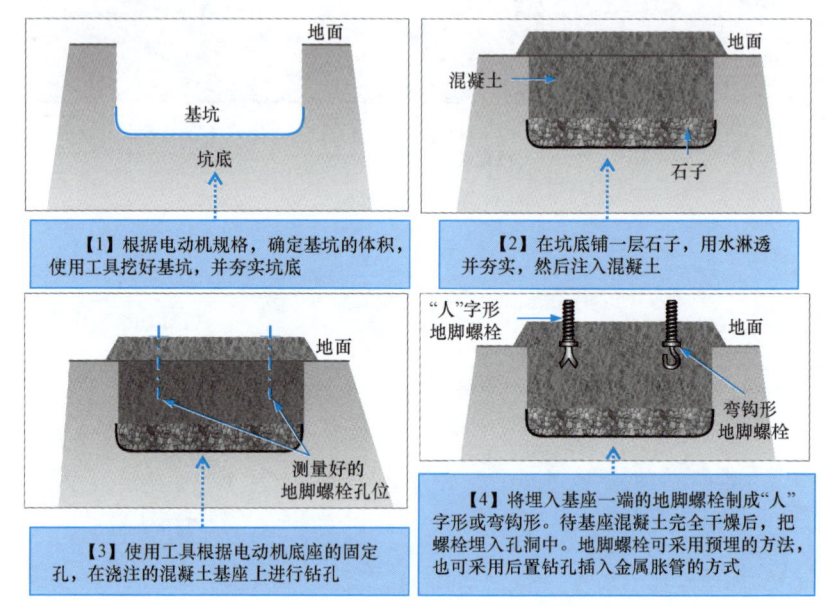

【4】将埋入基座一端的地脚螺栓制成"人"字形或弯钩形。待基座混凝土完全干燥后，把螺栓埋入孔洞中。地脚螺栓可采用预埋的方法，也可采用后置钻孔插入金属胀管的方式

图 11-47　制作基座的操作步骤

（3）安装电动机

将电动机水平放置在基座上，并将与地脚螺栓配套的固定螺母拧紧即可，如图11-48所示。

4. 电动机联轴器的安装

联轴器是电动机与被驱动机构相连使其同步运转的部件，例如水泵。电动机通过联轴器与水泵轴相连，电动机转动时带动水泵旋转，图11-49所示为电动机联轴器的安装示意图。

联轴器是由两个法兰盘构成的，一个法兰盘与电动机轴固定，另一个法兰盘与水泵轴固定，将电动机与水泵轴调整到轴线位于一条直线后，再将两个法兰盘用螺栓固定为一体进行动力的转动。图11-50所示为电动机与水泵连接的示意图。

第 11 章 练习电气安装

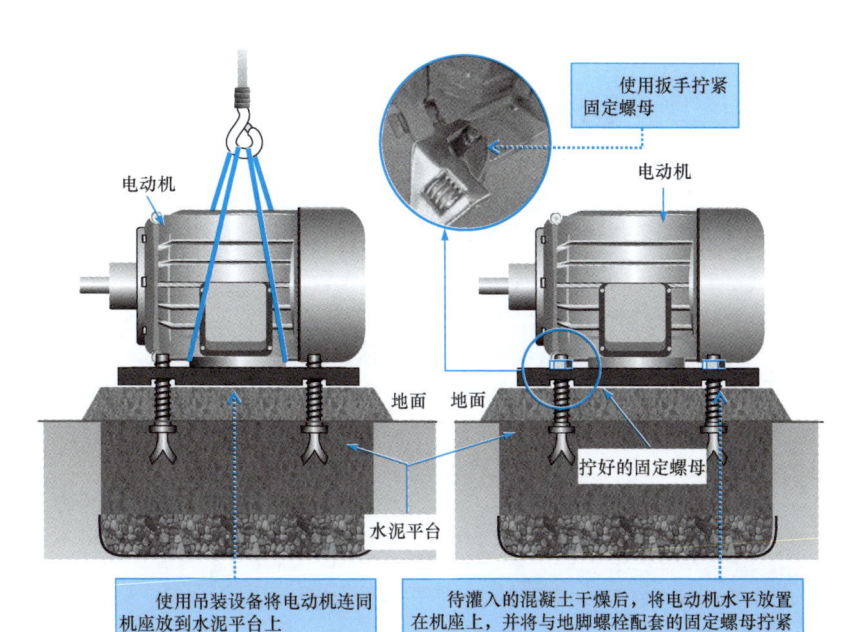

图 11-48 安装电动机

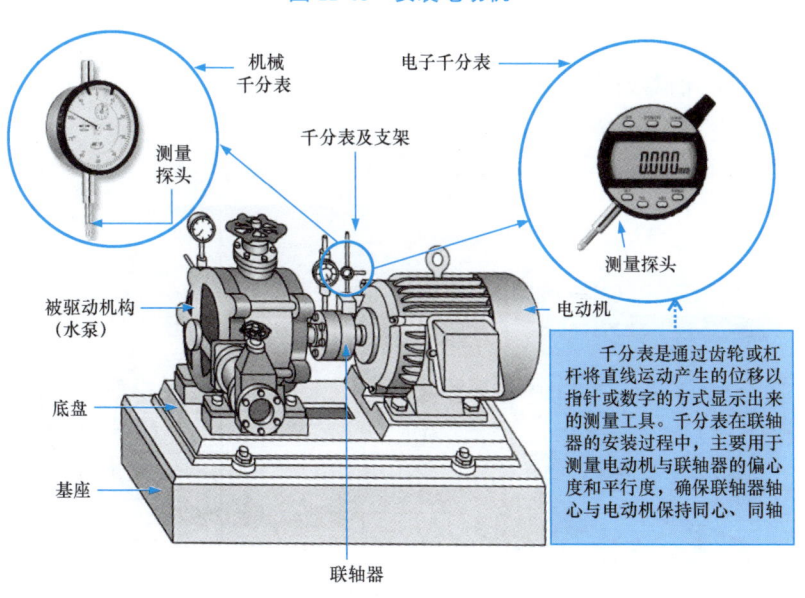

图 11-49 电动机联轴器的安装示意图

221

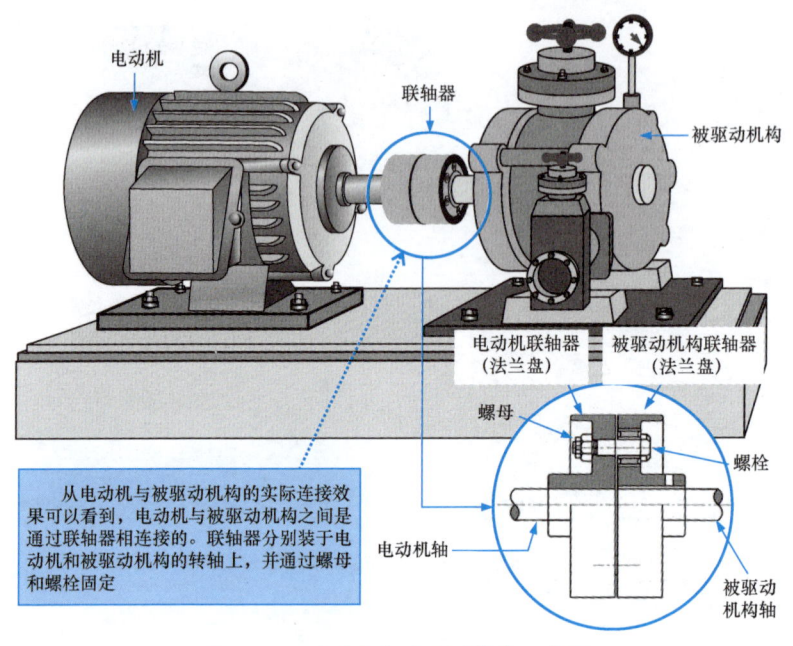

图 11-50　电动机与水泵连接的示意图

将联轴器或带轮按照槽口，放置到电动机的转轴上，使用榔头或木槌顺着轴承转动的方向敲打传动部件的中心位置，将联轴器安装到电动机的转轴上，如图 11-51 所示。

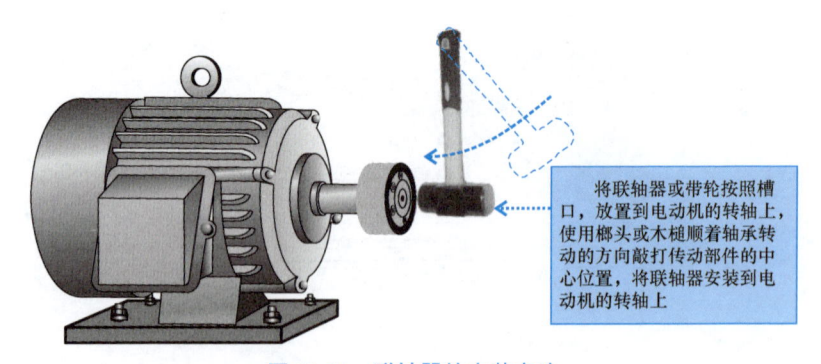

图 11-51　联轴器的安装方法

【提示】

当敲打位置不对或用力过猛，会损伤电动机转轴，且会导致传动部件与转轴歪斜。大型电动机很难直接用木槌将传动部件敲击安装到电动机转轴上，通常是先将传动部件加热使其膨胀后，迅速套入转轴，再借助木槌敲击入位。

联轴器是连接电动机和被驱动机构的关键机械部件。在该结构中，必须要求电动机的轴心与被驱动机构（水泵）的转轴保持同心、同轴。如果偏心过大，则会对电动机或水泵机构有较大的损害，并会引起机械振动。因此，在安装联轴器时，必须同时调整电动机的位置，使偏心度和平行度符合设计要求，图 11-52 所示为联轴器的正确连接方法。

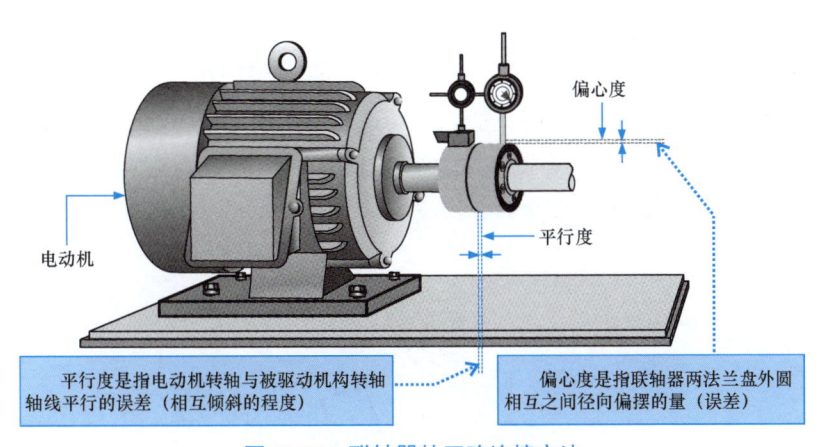

图 11-52 联轴器的正确连接方法

若在安装联轴器过程中没有千分表等精密测量工具，则可通过量规（角尺）和测量板（塞尺）对两法兰盘的偏心度和平行度进行简易的调整，使其符合联轴器的安装要求。

偏心度误差的简易调整方法是指在电动机静止状态，用平板型量规（角尺）与法兰盘 A 外圆平贴，然后用测量板（塞尺）测量偏心轴向误差，如图 11-53 所示。

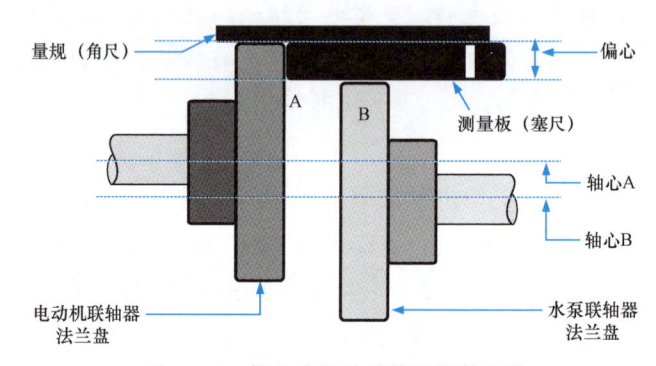

图 11-53　偏心度误差的简易调整方法

根据测量出的径向误差，在电动机底座处对称添加（或减少）垫片厚度即可实现对偏心度的调整。调整好后，再复查。通常，电动机联轴器的偏心度调整要反复多次，最终将误差限制在允许范围内。这种误差调整方法精度不高，适用于转速较低的电动机。

平行度误差的简易调整方法是指用测量板测量两法兰盘端面之间最大缝隙与最小缝隙之差，即 b_1、b_2 的值，如图 11-54 所示。

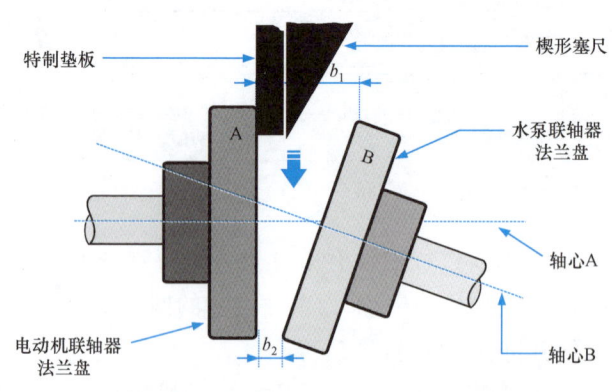

图 11-54　平行度误差的简易调整方法

进行平行度调整时，可使用特制垫板和楔形塞尺配合测量倾斜误差，同时根据测量结果对电动机联轴器的平行度进行微调，使误差在允许的范围内。

【提示】

电动机安装后，还应进行安装后的项目检查，从而确保电动机能正常运行。

① 电动机安装检查合格后，应进行空载试运行，运行时间一般为2h，运行期间记录电动机的空载电流。

② 检查电动机的旋转方向是否符合设计要求。

③ 检查电动机的温度（无过热现象）、轴承温升（滑动轴承温升不应超过55℃，滚动轴承温升不应超过65℃）及声音（无杂音）是否正常。

④ 检查电动机的振动情况，应符合规范要求。

11.5.2 电动机的接线

1. 供电线缆的连接

将电动机固定好以后，就需要将供电线缆的三根相线连接到三相异步电动机的接线柱上。

普通电动机一般将三相端子共6根导线引出到接线盒内。电动机的接线方法一般有两种，星形（Y）联结和三角形（△）联结。如图11-55所示，将三相异步电动机的接线盖打开，在接线盖内测标有该电动机的接线方式。

【提示】

我国小型电动机的有关标准中规定，3kW以下的单相电动机，其接线方式为三角形（△）联结，而三相电动机，其接线方式为星形（Y）联结；3kW 以上的电动机所接电压为 380V 时，接线方式为三角形（△）联结。

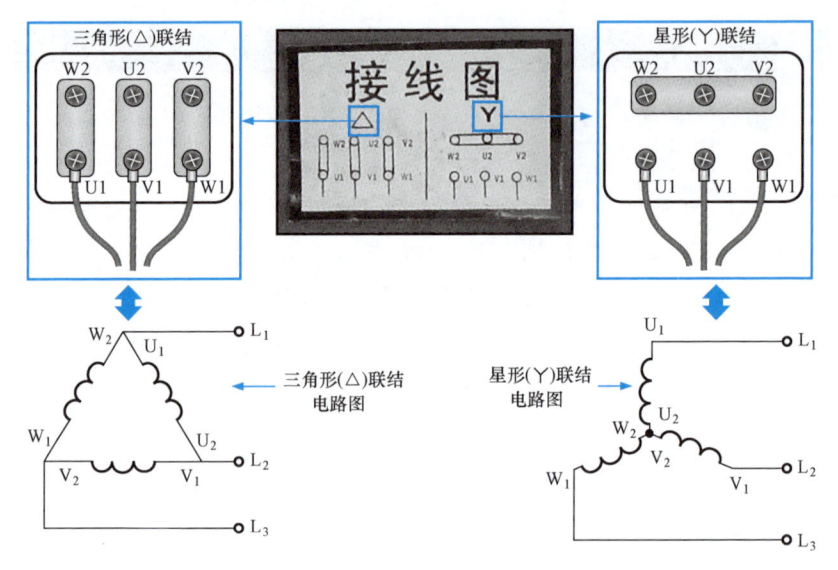

图 11-55 电动机的接线方式

（1）拆下接线盖

使用螺丝刀将接线盖上的四颗固定螺钉拧下，然后取下接线盒盖，即可看到内部的接线柱，如图 11-56 所示。

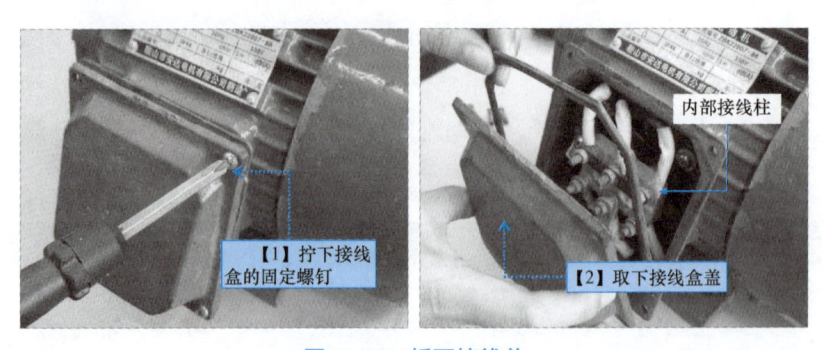

图 11-56 拆下接线盖

（2）查看接线方式

打开三相异步电动机接线盖后，对照电动机的接线图可确定该电动机采用的是星形（Y）联结方式，如图 11-57 所示。

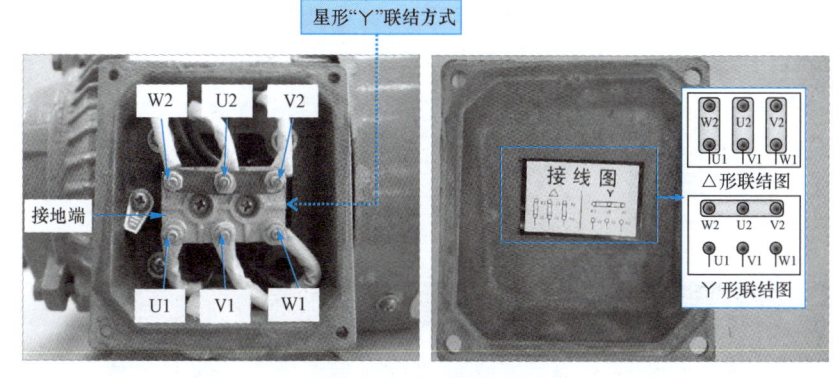

图 11-57　查看接线方式

（3）连接线缆

根据星形（Y）联结方式，将三根相线（L1、L2、L3）分别与接线柱（U1、V1、W1）进行连接，如图 11-58 所示。将线缆内的铜芯缠绕在接线柱上，然后将紧固螺母拧紧。

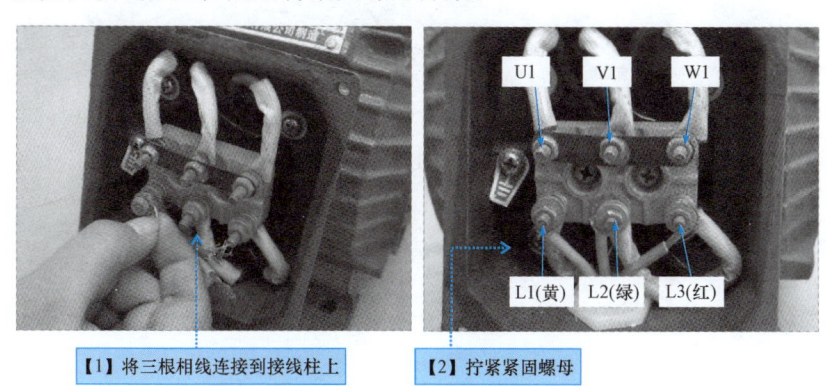

【1】将三根相线连接到接线柱上　　【2】拧紧紧固螺母

图 11-58　连接线缆

（4）连接接地线

供电线缆连接好后，一定不要忘记在电动机接线盒内的接地端

227

或外壳上，连接导电良好的接地线，如图11-59所示。

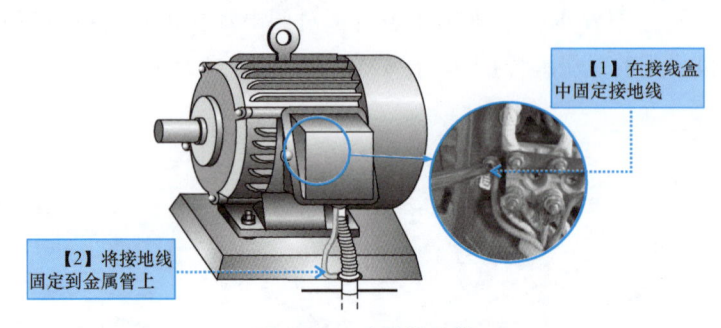

图11-59 连接接地线

【1】在接线盒中固定接地线

【2】将接地线固定到金属管上

【提示】

连接接地线是必不可少的操作步骤，没有连接接地线，在电动机运行时，可能会由于电动机外壳带电引发触电事故。除了在接线盒内的接地端子连接地线外，还可以在电动机的固定螺栓处连接地线，所连接的地线统一固定到埋设的金属管上，如图11-60所示。

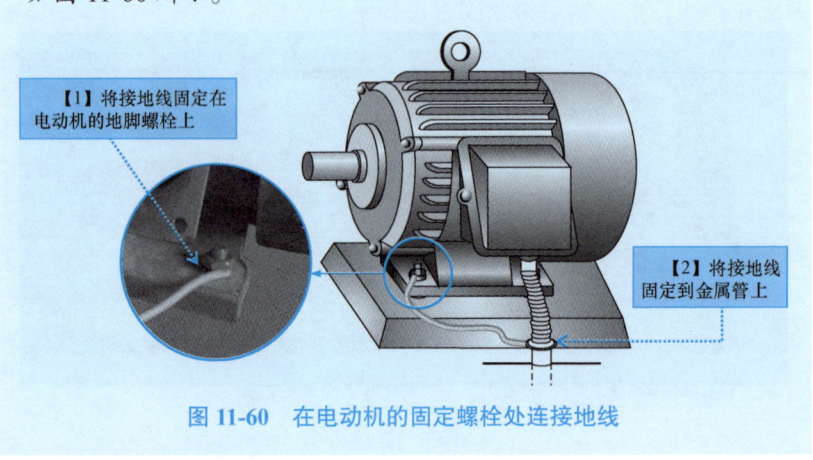

【1】将接地线固定在电动机的地脚螺栓上

【2】将接地线固定到金属管上

图11-60 在电动机的固定螺栓处连接地线

2. 控制电路的连接

将三相异步电动机与机械设备连接完毕后，就要对其控制电路进行连接。对电动机控制电路进行安装前应选配好所需的控制元器件和导线的规格及数量，然后将准备好的器件安装到控制箱中，然后再进行线路的连接。图 11-61 所示为控制器件安装后效果图。

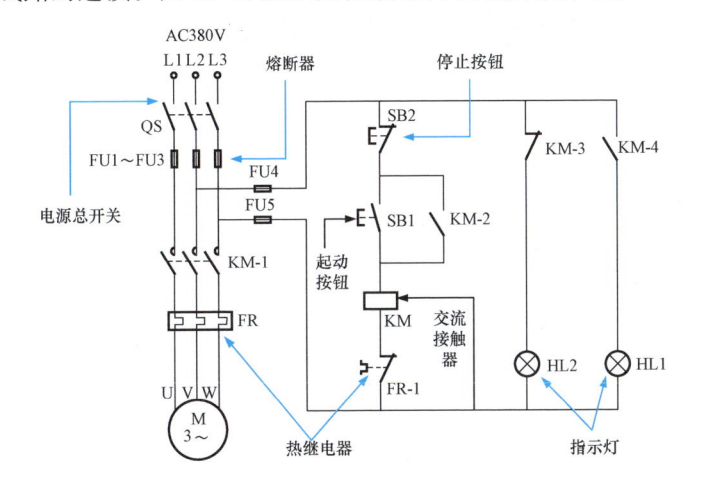

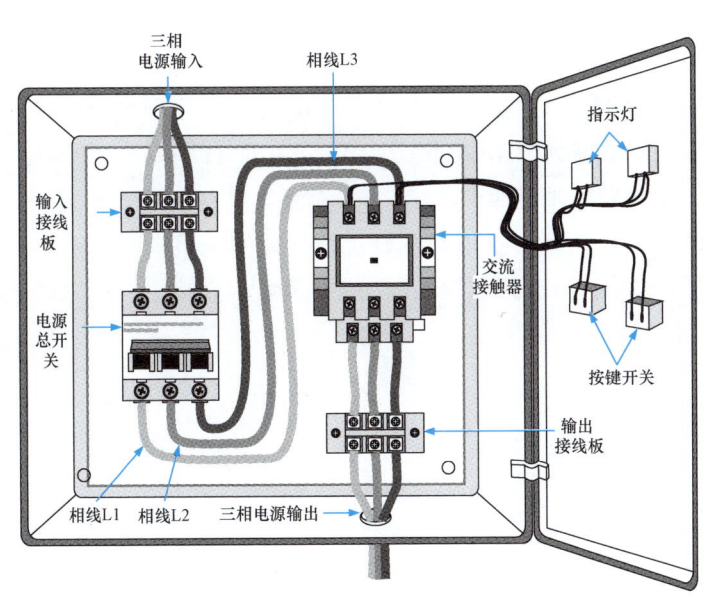

图 11-61 控制器件安装后效果图

第12章 电工计算

12.1 电工常用计算公式

12.1.1 基础电路计算公式

1. 欧姆定律

如图 12-1 所示,导体中的电流,跟导体两端的电压成正比,跟导体的电阻成反比。计算公式为

$$I=U/R$$

式中,I 为电路中的电流,单位为 A(安);U 为电路两端的电压,单位为 V(伏);R 为电路中的电阻,单位为 Ω(欧)。

2. 全电路欧姆定律

如图 12-2 所示,全电路欧姆定律研究的是整个闭合电路。在整个闭合电路中,电流跟电源的电动势成正比,跟内、外电路的电阻之和成反比。计算公式为

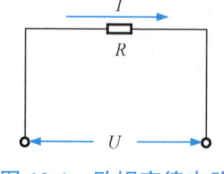

图 12-1 欧姆定律电路

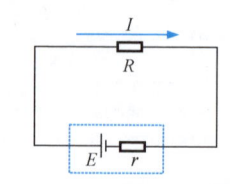

图 12-2 全电路欧姆定律电路

$$I=E/(R+r)$$

常用的变形有：$E=I\times(R+r)$；$E=U_{外}+U_{内}$；$U_{外}=E-I\times r$。式中，E 为电源的电动势，单位为 V（伏）；I 为电路中的电流，单位为 A（安）；r 为电源的内阻，单位为 Ω（欧）；R 为电路中的负载电阻，单位为 Ω（欧）。

3. 电阻串联计算公式

如图 12-3 所示，在电路中，两个或两个以上的电阻首尾连接（没有分支）构成串联电路。在串联电路中，电流处处相等；串联电路总电压等于各处电压之和；串联电阻的等效电阻（总电阻）等于各电阻之和。串联电路总功率等于各功率之和。

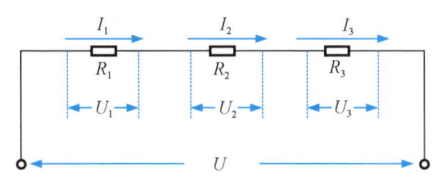

图 12-3 电阻串联电路

电阻串联导体中的电流，跟导体两端的电压成正比，跟导体的电阻成反比。计算公式为

$$I_1=I_2=I_3;\ R_{总}=R_1+R_2+R_3;\ U_{总}=U_1+U_2+U_3;\ P_{总}=P_1+P_2+P_3$$

式中，$R_{总}$ 为电路中的总电阻（各电阻之和），单位为 Ω（欧）；R_1、R_2、R_3 分别为串联电路中的分电阻，单位为 Ω（欧）；$U_{总}$ 为串联电路总电压，单位为 V（伏）；U_1、U_2、U_3 为串联电路各电阻的分电压，单位为 V（伏）。

4. 电阻并联计算公式

如图 12-4 所示，在电路中，两个或两个以上的电阻首首相连，同时尾尾亦相连构成并联电路。在并联电路中，各支路电压相等，干路电流等于各支路电流之和。总电阻的倒数等于各分电阻的倒数之和。计算公式为

$$I_总=I_1+I_2+I_3;\ 1/R_总=1/R_1+1/R_2+1/R_3;\ U_1=U_2=U_3$$

式中，$R_总$ 为电路中的总电阻（各电阻之和），单位为 Ω（欧）；R_1、R_2、R_3 分别为并联电路中的分电阻，单位为 Ω（欧）；U_1、U_2、U_3 为并联电路各电阻的分电压，单位为 V（伏）。

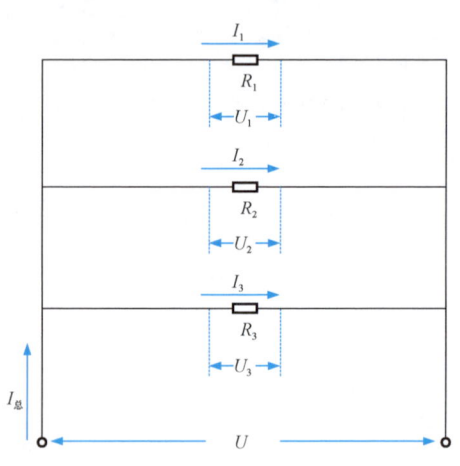

图 12-4 电阻并联电路

5. 电阻混联计算公式

混联电路是串联、并联混用的电路。在这种电路中，可先按纯串联和纯并联电路部分的特点计算等效电阻、电压、电流，然后再逐步合成，求得整个混联电路的等效电阻、电流和电压。

如图 12-5 所示，在三个电阻构建的简单混联电路模型中，计算公式为

$$R_总=R_1+(R_2\times R_3)/(R_2+R_3);\ I_总=U_总/R_总;\ U_1=I_总\times R_1;$$
$$U_2=U_3=I_总\times(R_2\times R_3)/(R_2+R_3)$$

式中，$R_总$ 为电路中总电阻（各串联和并联电路等效电阻之和），单位为 Ω（欧）；R_1、R_2、R_3 分别为混联电路中的分电阻，单位为 Ω（欧）；$U_总$ 为混联电路总电压，单位为 V（伏）；U_1、U_2、U_3 分别为混联电路各电阻的分电压，单位为 V（伏）；$I_总$ 为混联电路总电流，单位为 A（安）。

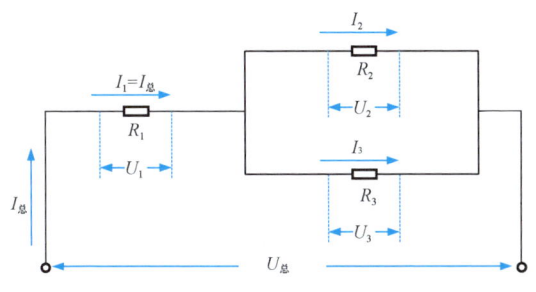

图 12-5 电阻混联电路

6. 电阻阻值与导体属性的关系计算公式

电阻阻值与导体属性的关系计算公式为

$$R = P \times (L/S)$$

式中，R 为导体电阻，单位为 Ω（欧）；P 为电阻率，单位为 Ω·m（欧·米）；L 为导体长度，单位为 m（米）；S 为导体的横截面积，单位为 m^2（米^2）。

7. 电容串联总容量计算公式

如图 12-6 所示，在电容串联方式的电路中，总电容量计算公式为

$$1/C_总 = 1/C_1 + 1/C_2 + 1/C_3$$

式中，$C_总$ 为电路中总电容量，单位为 F（法）；C_1、C_2、C_3 分别为电路中各分电容的电容量，单位为 F（法）。

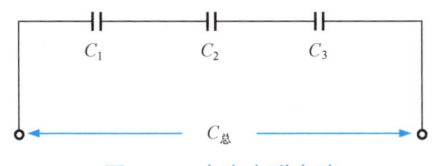

图 12-6 电容串联电路

8. 电容并联总容量计算公式

如图 12-7 所示，在电容并联方式的电路中，总电容量计算公式为

$$C_{总}=C_1+C_2+C_3$$

式中，$C_{总}$为电路中总电容量，单位为 F（法）；C_1、C_2、C_3分别为电路中各分电容的电容量，单位为 F（法）。

图 12-7　电容并联电路

9. 电感串联总容量计算公式

如图 12-8 所示，在电感串联方式的电路中，总电感量计算公式为

$$L_{总}=L_1+L_2+L_3$$

式中，$L_{总}$为电路中总电感量，单位为 H（亨）；L_1、L_2、L_3分别为电路中各分电感的电感量，单位为 H（亨）。

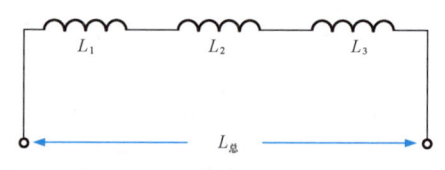

图 12-8　电感串联电路

10. 电感并联总容量计算公式

如图 12-9 所示，在电感并联方式的电路中，总电感量计算公式为

$$1/L_{总}=1/L_1+1/L_2+1/L_3$$

式中，$L_{总}$为电路中总电感量，单位为 H（亨）；L_1、L_2、L_3分别为电路中各分电感的电感量，单位为 H（亨）。

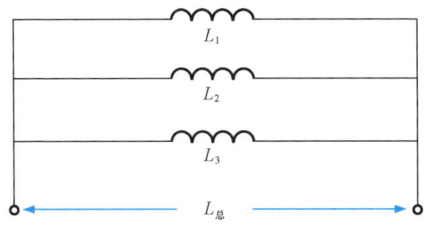

图 12-9 电感并联电路

11. 电阻星形联结与三角形联结变换的计算公式

图 12-10 所示为电阻星形联结与三角形联结方式。

电阻由星形联结转换成三角形联结的计算公式为

$$R_{23}=R_2+R_3+(R_2\times R_3)/R_1$$
$$R_{12}=R_1+R_2+(R_1\times R_2)/R_3$$
$$R_{31}=R_3+R_1+(R_3\times R_1)/R_2$$

电阻由三角形联结转换成星形联结的计算公式为

$$R_1=(R_{12}\times R_{31})/(R_{12}+R_{23}+R_{31})$$
$$R_2=(R_{23}\times R_{12})/(R_{12}+R_{23}+R_{31})$$
$$R_3=(R_{31}\times R_{23})/(R_{12}+R_{23}+R_{31})$$

a) 电阻星形联结　　b) 电阻三角形联结

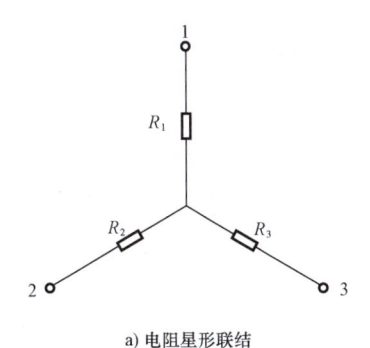

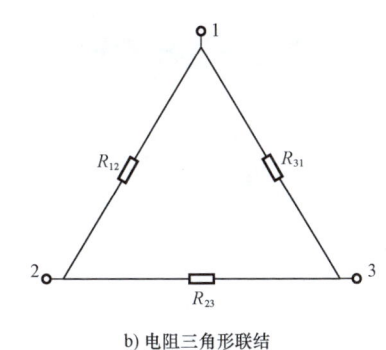

图 12-10　电阻星形联结与三角形联结方式

12. 电容星形联结与三角形联结变换的计算公式

图 12-11 所示为电容星形联结与三角形联结方式。

a) 电容星形联结　　　　　　b) 电容三角形联结

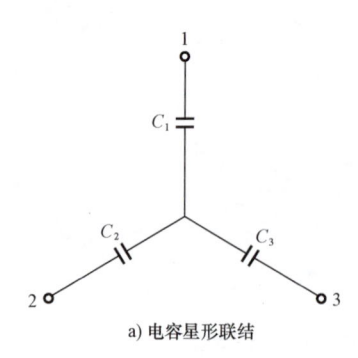

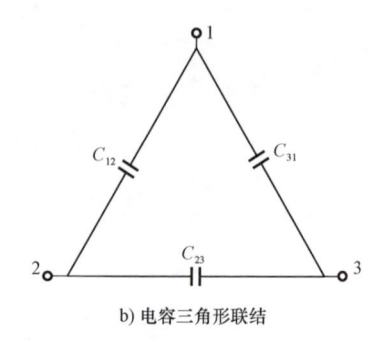

图 12-11　电容星形联结与三角形联结方式

电容由星形联结转换成三角形联结的计算公式为

$$C_{12}=(C_1 \times C_2)/(C_1+C_2+C_3)$$
$$C_{23}=(C_2 \times C_3)/(C_1+C_2+C_3)$$
$$C_{31}=(C_1 \times C_3)/(C_1+C_2+C_3)$$

电容由三角形联结转换成星形联结的计算公式为

$$C_1=C_{12}+C_{31}+(C_{12} \times C_{31})/C_{23}$$
$$C_2=C_{23}+C_{12}+(C_{23} \times C_{12})/C_{31}$$
$$C_3=C_{31}+C_{23}+(C_{31} \times C_{23})/C_{12}$$

12.1.2　交流电路计算公式

1. 周期公式

周期是指交流电完成一次周期性变化所需的时间。计算公式为

$$T=1/f=2\pi/\omega$$

式中，T 为周期，单位为 s（秒）；f 为频率，单位为 Hz（赫）；ω 为角频率，单位为 rad/s（弧度/秒）。

2. 频率公式

频率是指单位时间（1s）内交流电流变化所完成的循环（或周期），用英文字母 f 表示。计算公式为

$$f=1/T=\omega/2\pi$$

3. 角频率公式

角频率相当于一种角速度，它表示了交流电每秒变化的弧度，角频率用希腊字母 ω 表示。计算公式为

$$\omega = 2\pi f = 2\pi/T$$

4. 正弦交流电电流瞬时值公式

正弦交流电的数值是在不断地变化的，在任一瞬间的电流称为正弦交流电电流瞬时值，用小写字母 i 表示。计算公式为

$$i = I_{max} \times \sin(\omega t + \phi)$$

式中，I_{max} 为电流最大值，单位为 A（安）；t 为时间，单位为 s（秒）；ω 为角频率，单位为 rad/s（弧度/秒）；ϕ 为初相位或初相角，简称初相，单位为 rad（弧度）。在电工学中，用度（°）作为相位的单位，1rad=57.2958°。

5. 正弦交流电电压瞬时值公式

正弦交流电的数值是在不断地变化的，在任一瞬间的电压称为正弦交流电电压瞬时值，用小写字母 u 表示。计算公式为

$$u = U_{max} \times \sin(\omega t + \phi)$$

式中，U_{max} 为电压最大值，单位为 V（伏）。其他字母含义与上面相同，以后凡是第一次出现过的字母，如果含义相同，则不再重述。

6. 正弦交流电电动势瞬时值公式

正弦交流电的数值是在不断地变化的，在任一瞬间的电动势称为正弦交流电电动势瞬时值，用小写字母 e 表示。计算公式为

$$e = E_{max} \times \sin(\omega t + \phi)$$

式中，E_{max} 为电动势最大值，单位为 V（伏）。

7. 正弦交流电电流最大值公式

在正弦交流电电流瞬时值中的最大值（或振幅）称为正弦交流电电流的最大值或振幅值，用大写字母 I 并在右下角标注 max 表示，即

$$I_{max} = \sqrt{2} \times I = 1.414 \times I$$

式中，I 为电流有效值，单位为 A（安）。

8. 正弦交流电电压最大值公式

在正弦交流电电压瞬时值中的最大值（或振幅）称为正弦交流电电压的最大值或振幅值，用大写字母 U 并在右下角标注 max 表示，即

$$U_{max}=\sqrt{2}\times U=1.414\times U$$

式中，U 为电压有效值，单位为 V（伏）。

9. 正弦交流电电动势最大值公式

在正弦交流电电动势瞬时值中的最大值（或振幅）称为正弦交流电电动势的最大值或振幅值，用大写字母 E 并在右下角标注 max 表示，即

$$E_{max}=\sqrt{2}\times E=1.414\times E$$

式中，E 为电动势有效值，单位为 V（伏）。

10. 正弦交流电电流有效值公式

正弦交流电电流的有效值等于它的最大值的 0.707 倍。电流有效值用大写字母 I 表示。计算公式为

$$I=I_{max}/\sqrt{2}=0.707\times I_{max}$$

11. 正弦交流电电压有效值公式

正弦交流电电压的有效值等于它的最大值的 0.707 倍。电压有效值用大写字母 U 表示。计算公式为

$$U=U_{max}/\sqrt{2}=0.707\times U_{max}$$

12. 正弦交流电电动势有效值公式

正弦交流电电动势的有效值等于它的最大值的 0.707 倍。电动势有效值用大写字母 E 表示。计算公式为

$$E=E_{max}/\sqrt{2}=0.707\times E_{max}$$

13. 感抗公式

交流电通过具有电感线圈的电路时，电感有阻碍交流电通过

的作用，这种阻碍作用就称为感抗，用英文字母 X_L 表示。计算公式为

$$X_L=\omega L=2\pi f L$$

式中，L 为电感，单位为 H（亨利，简称亨）。

14. 容抗公式

交流电通过具有电容的电路时，电容有阻碍交流电通过的作用，这种阻碍作用就称为容抗，用英文字母 X_C 表示。计算公式为

$$X_C=1/(\omega \times C)=1/(2\pi f C)$$

式中，C 为电容，单位为 F（法拉，简称法）。

15. 相电压公式

三相交流电路负载的星形（Y）联结方式如图 12-12a 所示。在三相交流电路中，三相输电线（相线）与中性线之间的电压称为相电压，通常用符号 U_ϕ 表示。计算公式为

$$U_\phi=U_l/\sqrt{3}$$

式中，U_ϕ 为相电压，单位为 V（伏）；U_l 为线电压，单位为 V（伏）。

a) 星形联结　　b) 三角形联结

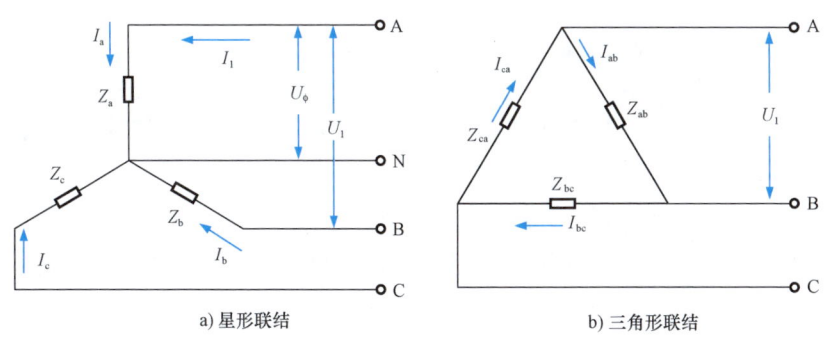

图 12-12　三相交流电路负载的星形联结和三角形联结方式

16. 相电流公式

在三相交流电路负载的星形（Y）联结方式中，每相负载中流过的电流就称为相电流，用符号 I_ϕ 表示。计算公式为

$$I_\phi = I_l$$

式中，I_ϕ 为相电流，单位为 A（安）；I_l 为线电流，单位为 A（安）。

17. 线电压公式

三相交流电路负载的三角形（△）联结方式如图 12-12b 所示。在三相交流电路中，三相输电线（相线）与各线之间的电压就称为线电压，通常用符号 U_l 表示。计算公式为

$$U_l = U_\phi$$

式中，U_l 为线电压，单位为 V（伏）。

18. 线电流公式

在三相交流电路负载的三角形（△）联结方式中，三相输电线（相线）各线中流过的电流称为线电流，用符号 I_l 表示。计算公式为

$$I_l = \sqrt{3}\, I_\phi$$

12.2 电功率的计算

12.2.1 电功率的基本计算

电功率是指电流在单位时间内（秒）所做的功，以字母 P 表示，即

$$P = W/t = UIt/t = UI$$

式中，U 的单位为 V（伏）；I 的单位为 A（安）；P 的单位为 W（瓦）。

电功率也常用千瓦（kW）、毫瓦（mW）来表示。例如某电极的功率标识为 2kW，表示其耗电功率为 2 千瓦。也有用马力来表示的（非标准单位），它们之间的关系是

$$1\text{kW} = 10^3 \text{W}$$

$$1\text{mW} = 10^{-3} \text{W}$$

$$1 \text{马力} = 0.735499\text{kW}$$

根据欧姆定律，电功率的表达式还可进行转化。

由 $P = W/t = UIt/t = UI$，$U=IR$，可得

$$P=I^2R$$

由 $P = W/t = UIt/t = UI$，$I =U/R$，可得

$$P=U^2/R$$

由上述公式可看出：

1）当流过负载电阻的电流一定时，电功率与电阻值成正比。

2）当加在负载电阻两端的电压一定时，电功率与电阻值成反比。

大多数电力设备都标有电瓦数或额定功率。例如电烤箱上标有"220V 1200W"字样，则1200W为其额定电功率。额定电功率即是电气设备安全正常工作的最佳电功率。电气设备正常长时间工作时的最佳电压叫额定电压，例如 AC 220V，即交流220V供电。

在额定电压下的电功率叫作额定功率。实际加在电气设备两端的电压叫实际电压，在实际电压下的电功率叫实际功率。只有在实际电压与额定电压相等时，实际功率才等于额定功率。

在一个电路中，额定功率大的设备实际消耗功率不一定大，应由设备两端实际电压和流过设备的实际电流决定。

12.2.2 电功率的相关计算

在电网中，由电源供给负载的电功率有两种：一种是有功功率，一种是无功功率。

1. 有功功率公式

有功功率是能直接转化成其他能量形式的电功率，即用于保持用电设备正常运行所需要的电功率，就是将电能转换为其他形式能量（比如机械能、光能、热能）的电功率。

有功功率通常用英文字母 P 表示，分为单相交流电路的有功功率和对称三相交流电路的有功功率。

单相交流电路的有功功率的计算公式为

$$P = U \times I \times \cos\phi$$

对称三相交流电路的有功功率的计算公式为

$$P = 3U_\phi \times I_\phi \times \cos\phi = \sqrt{3}\, U_1 \times I_1 \times \cos\phi$$

式中，P 为有功功率，单位为 W（瓦）或 kW（千瓦）；U 为交流电压有效值，单位为 V（伏）；I 为交流电流有效值，单位为 A（安）。

2. 无功功率公式

无功功率是用于电路内电场与磁场的交换，并用来在电气设备中建立和维持磁场的电功率。它不对外做功，而是转变为其他形式的能量。凡是有电磁线圈的电气设备，要建立磁场，就要消耗无功功率。例如，电动机需要建立和维持旋转磁场，使转子转动，从而带动机械运动，电动机的转子磁场就是靠从电源取得无功功率建立的。

无功功率通常用英文字母 Q 表示，分为单相交流电路的无功功率和对称三相交流电路的无功功率。

单相交流电路的无功功率的计算公式为

$$Q = U \times I \times \sin\phi$$

对称三相交流电路的无功功率的计算公式为

$$Q = 3U_\phi \times I_\phi \times \sin\phi = \sqrt{3}\, U_1 \times I_1 \times \sin\phi$$

式中，Q 为无功功率，单位为 var（乏）；ϕ 为相电压与相电流的相位差。

【提示】

无功功率并不是无用功率，它的用处很大。电动机的转子磁场就是靠从电源取得无功功率建立的。变压器也同样需要无功功率，才能使变压器的一次绕组产生磁场，在二次绕组感应出电压。没有无功功率，电动机不转，变压器不能变压，交流接触器不会吸合。

3. 视在功率公式

视在功率是指电路中总电压的有效值与电流的有效值的乘积。对于电源来说，视在功率是由有功功率和无功功率混合而成，比如变压器提供的功率既包含有功功率也包含无功功率，所以变压器的容量单位就是视在功率。

视在功率通常用英文字母 S 表示，分为单相交流电路的视在功率和对称三相交流电路的视在功率。

单相交流电路的视在功率的计算公式为

$$S=U\times I$$

对称三相交流电路的视在功率的计算公式为

$$S=3U_\phi \times I_\phi = \sqrt{3}\, U_1 \times I_1$$

式中，S 为视在功率，单位为 VA（伏安）。

4. 功率因数公式

在交流电路中，电压与电流之间的相位差（ϕ）的余弦叫作功率因数，用符号 $\cos\phi$ 表示，在数值上，功率因数是有功功率和视在功率的比值。计算公式为

$$\cos\phi = P/S$$

式中，$\cos\phi$ 为功率因数；P 为有功功率，单位为 W（瓦）；S 为视在功率，单位为 VA（伏安）。

12.2.3 电功率互相换算的口诀

当已知功率因数和有功功率时，可根据估算口诀，换算出视在功率。

口诀：

九、八、七、六、五；

一、二、四、七、十。

口诀说明：

(1)"九、八、七、六、五"是把功率因数按 0.9、0.8、0.7、0.6、0.5 排列出来,口诀中省略小数点。

(2)"一、二、四、七、十"表示将千瓦换算成千伏安时,每千瓦增大的成数,与口诀第一句的各种功率因数数值一一对应。例如,"一"对应第一句口诀中的"九",即功率因数为 0.9 时,将千瓦换算成千伏安应加大一成(即 ×1.1);"七"对应第一句口诀中的"六",即功率因数为 0.6 时,将千瓦换算成千伏安应加大七成(即 ×1.7)。

例如,已知电气设备的有功功率为 26kW,功率因数为 0.5,求其视在功率。

根据口诀可知,功率因数 0.5 对应增大成数为"十",即增大一倍(×2),因此视在功率估算为

$$S=26×2=52\text{kVA}。$$

再如,已知电气设备的有功功率为 12kW,功率因数为 0.7,求其视在功率。

根据口诀可知,功率因数 0.7 对应增大成数为"四",即增大四成(×1.4),因此视在功率估算为

$$S=12×1.4=16.8\text{kVA}。$$

12.2.4 电能的计算

电能是指使用电以各种形式做功(即产生能量)的能力。在直流电路中,当已知设备的功率为 P 时,其 t 时间内消耗或产生的电能为

$$W=Pt$$

在国际单位制中,电能的单位为焦耳(J),在日常用电中,常用千瓦时(kW·h)表示,生活中常说的 1 度电即为 1kW·h。结合欧姆定律,电能计算公式还可表示为

$$W=Pt=UIt=I^2Rt=\frac{U^2}{R}t$$

式中，W 为电能，单位为 kW·h（千瓦时）；P 为功率；t 为设备工作时间。

例如，一台工业电炉的额定功率为 10kW，连续工作 8h 所消耗的电能为 10kW×8h=80kW·h。

12.3 电气线缆安全载流量的计算

电气线缆的载流量是指一条电气线缆线路在输送电能时所通过的电流量。安全载流量是指在规定条件下，导体能够连续承载而不致使其稳定温度超过规定值的最大电流。

电气线缆的载流量受多个因素影响，例如横截面积、绝缘材料、电气线缆中的导体数、安装或敷设方法、环境温度等，其计算较为复杂。

12.3.1 电气线缆安全载流量的常规计算

1. 根据功率计算安全载流量

根据功率计算安全载流量时，一般根据负载的不同分为电阻性负载和电感性负载。

电阻性负载是指仅是通过电阻类的元件进行工作的纯阻性负载称为阻性负载，例如白炽灯（靠电阻丝发光）、电阻炉、烤箱、电热水器等。

电阻性负载安全载流量计算公式为

$$I=P/U$$

式中，I 为安全载流量；P 为负载功率；U 为负载输入电压。

注意：

1）计算时，电气线缆最高的工作温度规定为：塑料绝缘线为 70℃，橡皮绝缘线为 65℃。

2）电气线缆周围环境温度为 30℃，当实际温度不同于 30℃时，

电气线缆的安全载流量应按表 12-1、表 12-2 进行校正。

安全电流 $I=$ 安全载流量 × 校正系数

> **【提示】**
>
> 根据《民用建筑电气设计标准》(GB 51348—2019)，导体敷设的环境温度与载流量校正系数应符合下列规定：
>
> 1) 当沿敷设路径各部分的散热条件不相同时，电缆载流量应按最不利的部分选取。
>
> 2) 导体敷设处的环境温度，应满足下列规定：
>
> ① 对于直接敷设在土壤中的电缆，应采用深埋处历年最热月的平均地温。
>
> ② 敷设在室外空气中或电缆沟中时，应采用敷设地区最热月的日最高温度平均值。
>
> ③ 敷设在室内空气中时，应采用敷设地点最热月的日最高温度平均值，有机械通风的应采用通风设计温度。
>
> ④ 敷设在室内电缆沟和无机械通风的电缆竖井中时，应采用敷设地点最热月的日最高温度平均值加 5℃。
>
> 3) 导体的允许载流量，应根据敷设处的环境温度进行校正，校正系数应按现行国家标准《低压电气装置 第 5-52 部分：电气设备的选择和安装 布线系统》(GB/T 16895.6—2014) 的有关规定确定。
>
> 4) 当土壤热阻系数与载流量对应的热阻系数不同时，对敷设在土壤中的电缆的载流量应进行校正，其校正系数应按现行国家标准《低压电气装置 第 5-52 部分：电气设备的选择和安装 布线系统》(GB/T 16895.6—2014) 中的有关规定确定（见表 12-1 和表 12-2）。

表 12-1 环境空气温度不同于 30℃时的校正系数
（用于敷设在空气中的电缆载流量）

环境温度/℃	绝缘			
	PVC	XLPE 或 EPR	矿物绝缘	
			PVC 外护套和易于接触的裸护套 70℃	不允许接触的裸护套 105℃
10	1.22	1.15	1.26	1.14
15	1.17	1.12	1.20	1.11
20	1.12	1.08	1.14	1.07
25	1.06	1.04	1.07	1.04
30	1.00	1.00	1.00	1.00
35	0.94	0.96	0.93	0.96
40	0.87	0.91	0.85	0.92
45	0.79	0.87	0.78	0.88
50	0.71	0.82	0.67	0.84
55	0.61	0.76	0.57	0.80
60	0.50	0.71	0.45	0.75
65	—	0.65	—	0.70
70	—	0.58	—	0.65
75	—	0.50	—	0.60
80	—	0.41	—	0.54
85	—	—	—	0.47
90	—	—	—	0.40
95	—	—	—	0.32

表 12-2 地下温度不同于 20℃的校正系数（用于埋地管槽中的电缆的载流量）

地下温度 /℃	绝缘	
	PVC	XLPE 或 EPR
10	1.10	1.07
15	1.05	1.04
20	1.00	1.00
25	0.95	0.96
30	0.89	0.93
35	0.84	0.89
40	0.77	0.85
45	0.71	0.80
50	0.63	0.76
55	0.55	0.71
60	0.45	0.65
65	—	0.60
70	—	0.53
75	—	0.46
80	—	0.38

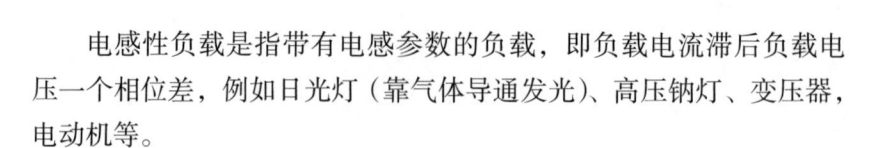

电感性负载是指带有电感参数的负载，即负载电流滞后负载电压一个相位差，例如日光灯（靠气体导通发光）、高压钠灯、变压器、电动机等。

电感性负载安全载流量计算公式为

$$I=P/U\cos\phi$$

式中，I 为安全载流量，单位为 A（安）；P 为负载功率，单位为 W

（瓦）；U 为负载输入电压，单位为 V（伏）；$\cos\phi$ 为功率因数。

不同电感性负载的功率因数不同，一般日光灯负载的功率因数为 0.5，统一计算家庭用电器时，功率因数一般取 0.8。

需要注意的是，计算家庭电气安全载流量时，因为家用电器一般不会同时使用，因此计算式需要乘以公用系数 0.5，即计算公式应为

$$I = P \times 公用系数 / U\cos\phi$$

例如，一个家庭所有用电器总功率为 5000W，则安全载流量 $I = P \times$ 公用系数 $/U\cos\phi = 5000 \times 0.5/(220 \times 0.8) \approx 14$（A）。

同样，当电气线缆周围环境温度为 30℃，当实际温度不同于 30℃时，电气线缆的安全载流量也应按表 12-1、表 12-2 进行校正。

$$安全电流 I = 安全载流量 \times 校正系数$$

2. 根据横截面积计算电气线缆的安全载流量

根据横截面积计算电气线缆的安全载流量公式如下：

$$I = a \times S^m - b \times S^n$$

式中，I 为载流量，单位为 A（安）；S 为导体标称截面积，单位为 mm^2（平方毫米）；a 和 b 是系数；m 和 n 是敷设方法和电缆类型有关的指数。

【资料】

安全载流量计算公式中的系数和指数值可查 GB/T 16895.6—2014/IEC 60364-5-52：2009 中的附录 D。载流量不超过 20A 的小数值宜就近取 0.5A，大于 20A 的值宜就近取安培整数值。

计算所得有效位数的多少不说明载流量值的精确度。

实际所有情况只需公式中的第一项（$a \times S^m$），只有大截面积单芯电缆的 8 种情况才需要第二项。

当导体截面积在表给定范围以外，不推荐使用这些系数和指数。

12.3.2 电气线缆安全载流量的估算口诀

电气线缆安全载流量是根据所允许的线芯最高温度、冷却条件、敷设条件来确定的。

一般铜导线的安全载流量为 5~8A/mm^2，铝导线的安全载流量为 3~5A/mm^2。

例如，2.5mm^2 BVV 铜导线安全载流量的推荐值 2.5×8A/mm^2=20A；4mm^2 BVV 铜导线安全载流量的推荐值 4×8A/mm^2=32A（最大值）。

绝缘导线安全载流量估算口诀：

10 下五，100 上二，25、35，四、三界，70、95，两倍半。

穿管、温度，八、九折。裸线加一半。铜线升级算。

口诀说明：

口诀中的阿拉伯数字表示导线横截面积（单位为 mm^2），汉字数字表示倍数。

常用的导线标称横截面积排列如下：1.5mm^2、2.5mm^2、4mm^2、6mm^2、10mm^2、16mm^2、25mm^2、35mm^2、50mm^2、70mm^2、95mm^2、120mm^2、150mm^2、185mm^2……

1）"10 下五"是指导线横截面积在 10mm^2 以下，安全载流量都是横截面积数值的 5 倍，即 1.5mm^2、2.5mm^2、4mm^2、6mm^2、10mm^2 的铝芯绝缘导线安全载流量是将其横截面积数乘以 5。

例如，铝芯绝缘导线，环境温度为不大于 25℃时的载流量的计算为：

横截面积为 2.5mm^2 的铝芯绝缘导线，安全载流量为 2.5×5=12.5A。

横截面积为 6mm^2 的铝芯绝缘导线，安全载流量为 6×5=30A。

2）"100 上二"（读百上二）是指导线横截面积在 100mm^2 以上时，其安全载流量是横截面积数值的 2 倍。

例如，横截面积为 150mm^2 的铝芯绝缘导线，安全载流量为

150×2=300A。

3)"25、35，四、三界"是导线指横截面积为25mm^{2}与35mm^{2}是4倍和3倍的分界处，即对于16mm^2、25mm^{2}的铝芯绝缘导线安全载流量是将其横截面积数乘以4，对于35mm^2、50mm^{2}的铝芯绝缘导线安全载流量是将其横截面积数乘以3。

例如，横截面积为16mm^{2}的铝芯绝缘导线，安全载流量为16×4=64A。

横截面积为25mm^{2}的铝芯绝缘导线，安全载流量为25×4=100A。
横截面积为35mm^{2}的铝芯绝缘导线，安全载流量为35×3=105A。
横截面积为50mm^{2}的铝芯绝缘导线，安全载流量为50×3=150A。

从以上排列可知，倍数随导线横截面积的增大而减小，在倍数转变的交界处，误差稍大些。比如横截面积为25mm^{2}与35mm^{2}是4倍与3倍的分界处，25mm^{2}属4倍的范围，它按口诀计算为100A，如查载流量表则略小于该数值；而35mm^{2}则相反，按口诀计算为105A，查载流量表则大于该数值，这种误差对使用的影响不大。

4)"70、95，两倍半"是指导线横截面积为70mm^2、95mm^{2}时，则其安全载流量则为导线横截面积的2.5倍。

例如，横截面积为70mm^{2}的铝芯绝缘导线，载流量为70×2.5=175A。

横截面积为95mm^{2}的铝芯绝缘导线，载流量为95×2.5=237.5A。

从上面的排列可以看出：除10mm^{2}以下及100mm^{2}以上之外，中间的导线横截面积是每两种规格属同一种倍数。

5)"穿管、温度，八、九折"是指：若导线采用穿管敷设（包括槽板等敷设、即导线加有保护套层，不明露的），安全载流量根据前面口诀计算后，再打八折（即乘以系数0.8）；若环境温度超过25℃，安全载流量根据前面口诀计算后再打九折（即乘以系数0.9），若既穿管敷设，温度又超过25℃，则打八折后再打九折，或简单按一次打七折（即乘以系数0.7）计算。

例如，横截面积为 16mm² 的铝芯绝缘导线穿管时，则安全载流量为 16×4×0.8= 51.2A；若为高温（85℃以内），则安全载流量为 16×4×0.9=57.6A；若是穿管又高温，则安全载流量为 16×4×0.7=44.8A。

6)"裸线加一半"是指裸导线（例如架空裸线）横截面积乘以相应倍率后再乘以 1.5。

例如，横截面积为 16mm² 的裸铝线，安全载流量为 16×4×1.5=96A，若在高温下，则安全载流量为 16×4×1.5×0.9=86.4A。

7)"铜线升级算"是指上述 1)~6)均是指铝导线的估算方法，若为铜导线，则将铜导线的横截面积排列顺序提升一级，再按相应的铝导线的条件计算。

例如，环境温度为 25℃时，横截面积为 16mm² 的铜芯绝缘导线，安全载流量为按升级为 25mm² 铝芯绝缘导线计算，即 25×4=100A。

环境温度为 25 ℃时，横截面积为 35mm² 的铜芯穿管裸导线，安全载流量为按升级为 50mm² 铝芯裸导线计算，即 50×3×0.8×1.5=180A。

需要注意的是，上述估算口诀是对导线的估算方法，对于电缆，口诀中没有介绍。

一般直接埋地的高压电缆，大体上可直接采用第一句口诀中的有关倍数计算。比如 35mm² 高压铠装铝芯电缆埋地敷设的安全载流量为 35×3=105A。95mm² 的高压铠装铝芯电缆埋地敷设的安全载流量约为 95×2.5≈238A。

第13章 识读电工电路

13.1 识读供配电电路

13.1.1 高压变电所供配电电路

高压变电所供配电电路是将 35kV 电压进行传输并转换为 10kV 高压，再进行分配与传输的电路，在传输和分配高压电的场合十分常见，例如高压变电站、高压配电柜等电路。

图 13-1 所示为高压变电所供配电电路。高压变电所供配电电路主要由母线 WB1、WB2 及连接在两条母线上的高压设备和配电电路构成。

❶ 35kV 电源电压经高压架空线路引入后，送至高压变电所供配电电路中。

❷ 根据高压配电电路倒闸操作要求，先闭合电源侧隔离开关、负荷侧隔离开关，再闭合断路器，依次接通高压隔离开关 QS1、高压隔离开关 QS2、高压断路器 QF1 后，35kV 电压加到母线 WB1 上，为母线 WB1 提供 35kV 电压，35kV 电压经母线 WB1 后分为两路。

　　一路经高压隔离开关 QS4 后，连接高压熔断器 FU2、电压互感器 TV1 及避雷器 F1 等高压设备。

　　一路经高压隔离开关 QS3、高压跌落式熔断器 FU1 后，送至电力变压器 T1。

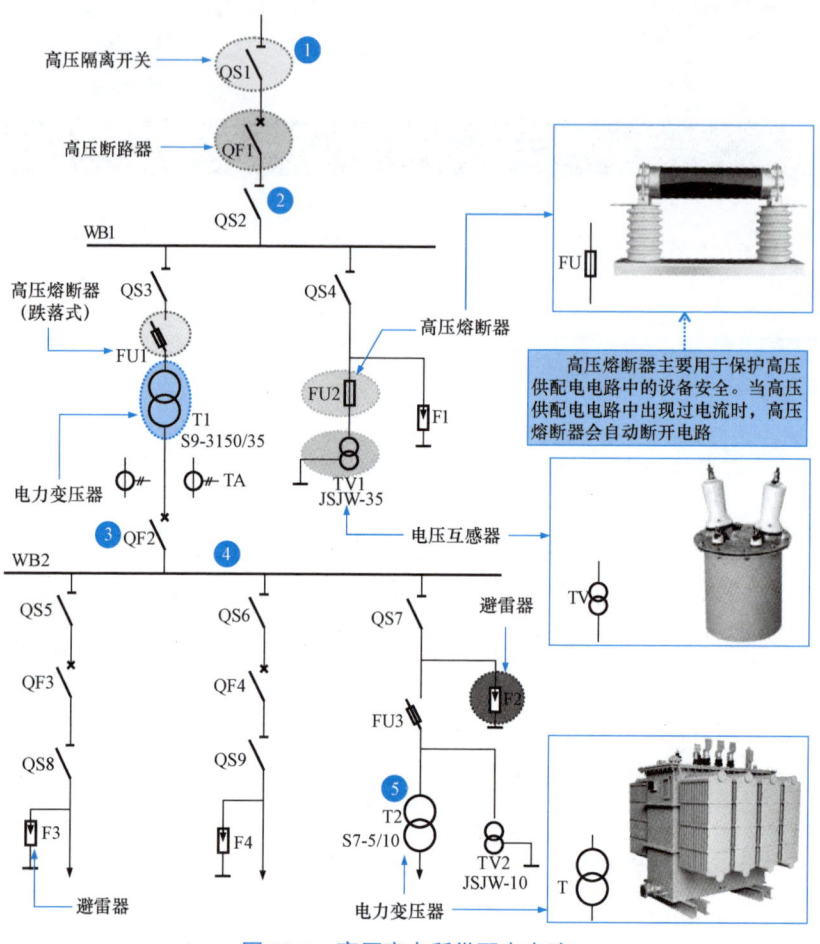

图 13-1 高压变电所供配电电路

❸ 变压器 T1 将 35kV 电压降为 10kV，再经电流互感器 TA、高压断路器 QF2 后加到母线 WB2 上。

❹ 10kV 电压加到母线 WB2 后分为三条支路。

第一条支路和第二条支路相同，均经高压隔离开关、高压断路器后送出，并在电路中安装避雷器。

第三条支路首先经高压隔离开关 QS7、高压跌落式熔断器

FU3，送至电力变压器 T2 上，经变压器 T2 降压为 0.4 kV 电压后输出。

❺ 在变压器 T2 前部安装有电压互感器 TV2，由电压互感器测量配电电路中的电压。

13.1.2 深井高压供配电电路

深井高压供配电电路是一种应用在矿井、深井等工作环境下的高压供配电电路，在电路中使用高压隔离开关、高压断路器等对电路的通断进行控制，母线可以将电源分为多路，为各设备提供工作电压。

图 13-2 所示为深井高压供配电电路。

❶ 合上 1 号电源进线中的高压隔离开关 QS1、QS3，以及高压断路器 QF1 后，高压电送入 35~110kV 母线。

❷ 合上高压隔离开关 QS6、QS11，闭合高压断路器 QF4，35~110kV 高压送入电力变压器 T1 的输入端。

❸ 由电力变压器 T1 的输出端输出 6~10kV 的高压，送入 6~10kV 母线中。

经母线后分为多路，分别为主/副提升机、通风机、空压机、避雷器等设备供电，每路都设有高压隔离开关，便于进行供电控制。

还有一路经 QS19、高压断路器 QF11 及电抗器 L1 后送入 6~10kV 子线。

❹ 合上 2 号电源进线中的高压隔离开关 QS2、QS4，以及高压断路器 QF2 后，高压电送入 35~110kV 母线中。

❺ 合上高压隔离开关 QS9、QS12，再闭合断路器 QF5，35~110kV 高压送入电力变压器 T2 的输入端。

❻ 由电力变压器 T2 的输出端输出 6~10kV 的高压，送入 6~10kV 母线中。其电源分配方式与 1 号电源进线相同。

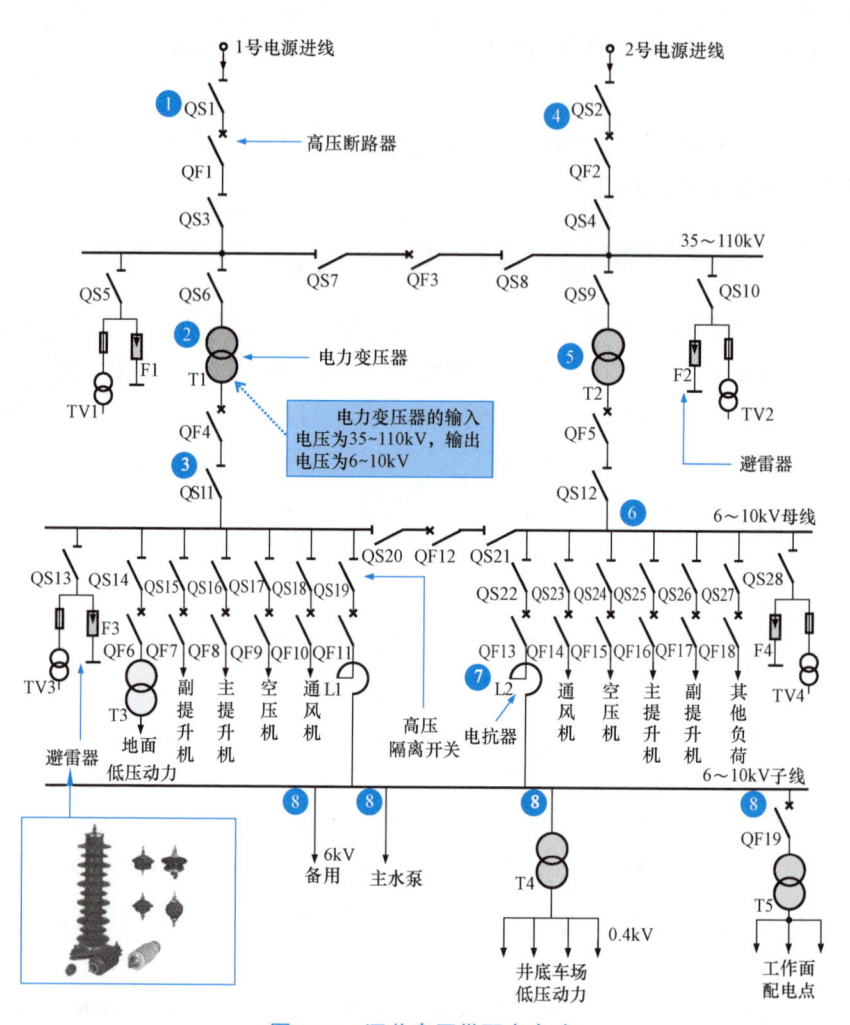

图 13-2 深井高压供配电电路

❼ 6~10kV 高压经高压隔离开关 QS22、高压断路器 QF13、电抗器 L2 后送入 6~10kV 子线。

❽ 6~10kV 子线高压分为多路。

一路直接为主水泵供电。

一路作为备用电源。

一路经电力变压器 T4 后变为 0.4kV（380V）低压，为井底车场低压动力设备供电。

一路经高压断路器 QF19 和电力变压器 T5 后变为 0.69kV 低压，为开采区低压负荷设备供电。

13.1.3 楼宇低压供配电电路

楼宇低压供配电电路是一种典型的低压供配电电路，一般由高压供配电电路经变压器降压后引入，经小区中的配电柜进行初步分配后，送到各个住宅楼单元中为住户供电，同时为整个楼宇内的公共照明、电梯、水泵等设备供电。

图 13-3 所示为楼宇低压供配电电路。

❶ 高压配电电路经电源进线口 WL 后，送入小区低压配电室的电力变压器 T 中。

❷ 变压器降压后输出 380/220V 电压，经小区内总断路器 QF2 后送到母线 W1 上。

❸ 经母线 W1 后分为多个支路，每个支路可作为一个单独的低压供电电路使用。

❹ 其中一条支路低压加到母线 W2 上，分为三路分别为小区中一号楼~三号楼供电。

❺ 每一路上安装有一只三相电能表，用于计量每栋楼的用电总量。

❻ 由于每栋楼有 15 层，除住户用电外，还包括电梯用电、公共照明等用电及供水系统的水泵用电等。小区中的配电柜将供电电路送到楼内配电间后，分为 18 个支路。15 个支路分别为 15 层住户供电，另外 3 个支路分别为电梯控制室、公共照明配电箱和水泵控制室供电。

❼ 每个支路首先经过一个支路总断路器后，再进行分配。以 1 层住户供电为例，低压电经支路总断路器 QF10 分为三路，分别经三

只电能表后,由进户线送至三个住户室内。

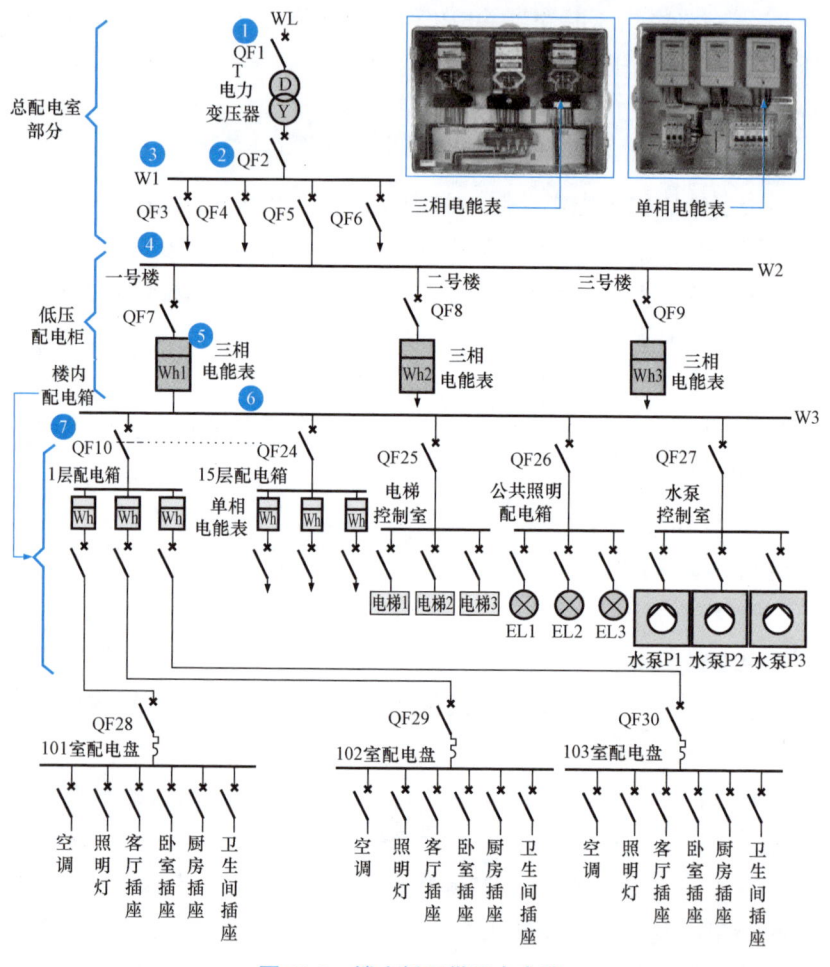

图 13-3 楼宇低压供配电电路

13.1.4 低压配电柜供配电电路

低压配电柜供配电电路主要用来对低电压进行传输和分配,为低电压用电设备供电，如图13-4所示。在该电路中，一路作为常用电源，另一路则作为备用电源，当两路电源均正常时，黄色指示灯HL1、HL2均点亮，若指示灯HL1不能正常点亮，则说明常用电源出现故障或停电，此时需要使用备用电源进行供电，使该低压配电柜能够维持正常工作。

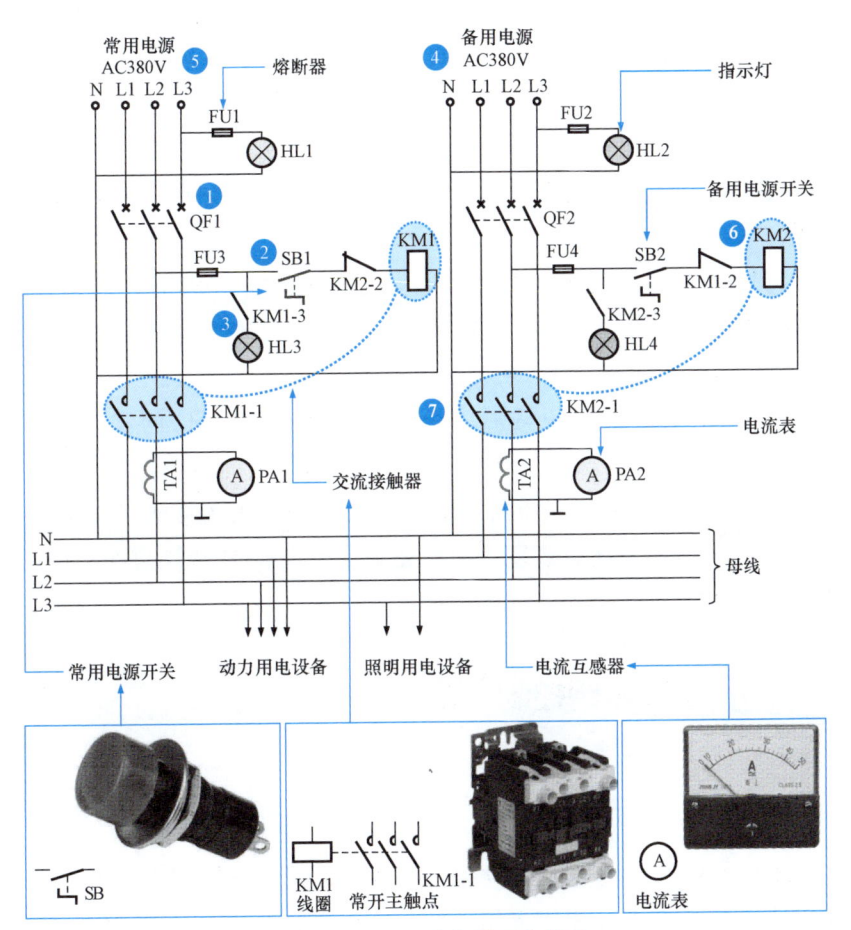

图13-4 低压配电柜供配电电路

❶ HL1亮，常用电源正常。合上断路器QF1，接通三相电源。

❷ 接通开关 SB1，其常开触点闭合，交流接触器 KM1 线圈得电。

❸ KM1 常开触点 KM1-1 接通，向母线供电；常闭触点 KM1-2 断开，防止备用电源接通，起到联锁保护作用；常开触点 KM1-3 接通，红色指示灯 HL3 点亮。

❹ 常用电源供电电路正常工作时，KM1 的常闭触点 KM1-2 处于断开状态，因此备用电源不能接入母线。

❺ 当常用电源出现故障或停电时，交流接触器 KM1 线圈失电，常开、常闭触点复位。

❻ 此时接通断路器 QF2、开关 SB2，交流接触器 KM2 线圈得电。

❼ KM2 常开触点 KM2-1 接通，向母线供电；常闭触点 KM2-2 断开，防止常用电源接通，起联锁保护作用；常开触点 KM2-3 接通，红色指示灯 HL4 点亮。

当常用电源恢复正常后，由于交流接触器 KM2 的常闭触点 KM2-2 处于断开状态，因此交流接触器 KM1 不能得电，常开触点 KM1-1 不能自动接通，此时需要断开开关 SB2 使交流接触器 KM2 线圈失电，常开、常闭触点复位，为交流接触器 KM1 线圈再次工作提供条件，此时再操作 SB1 才起作用。

13.2 识读照明控制电路

13.2.1 光控照明电路

图 13-5 所示为典型的光控照明电路。该电路利用光敏电阻进行照明控制。白天光敏电阻器阻值较小，继电器不动作，照明灯不亮，夜晚光敏电阻器阻值增大，继电器动作，照明灯电源被接通后自动点亮。

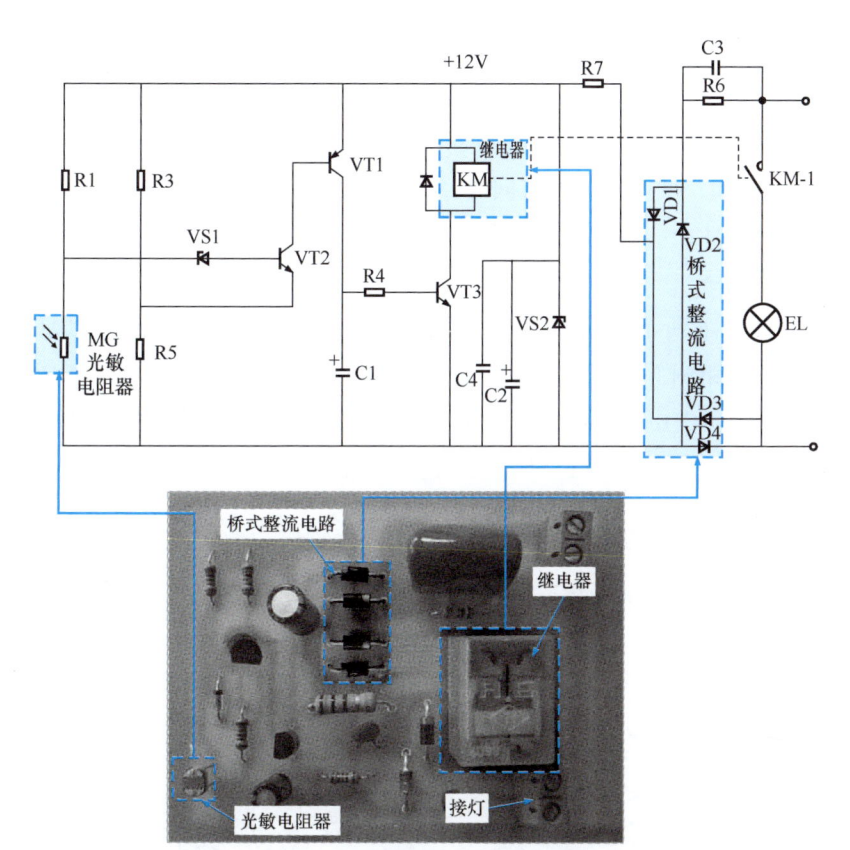

图 13-5 典型的光控照明电路

在光控照明电路中,由 AC 220 V 供电电压输入,经过电阻器 R6、电容器 C3 降压,桥式整流电路和电阻器 R7、稳压二极管 VS2 稳压后形成 +12V 直流电压,为控制电路供电(+12 V)。

由于光敏电阻器 MG 的阻值在白天较小,导致晶体管 VT1、VT2 和 VT3 都处于截止状态,无法使继电器 KM 动作,常开触点 KM-1 断开,照明灯供电断路,路灯 EL 不亮。

由于黑天时,光敏电阻器 MG 的阻值增大。当光敏电阻器阻值增大时,晶体管 VT2 基极电压上升而导通,晶体管 VT2

导通后为晶体管 VT1 提供基极电流，从而使晶体管 VT1 和 VT3 导通。

当晶体管 VT1、VT3 导通时，继电器 KM 得电动作，常开触点 KM-1 接通，照明电路形成回路，路灯 EL 点亮。

13.2.2 声控照明电路

图 13-6 所示为典型的声控照明电路。该电路主要是由电源电路与控制电路两部分组成，电源电路是由照明灯和桥式整流电路构成，控制电路是由声控感应器、晶闸管、二极管、电解电容器和可变电阻器等构成。

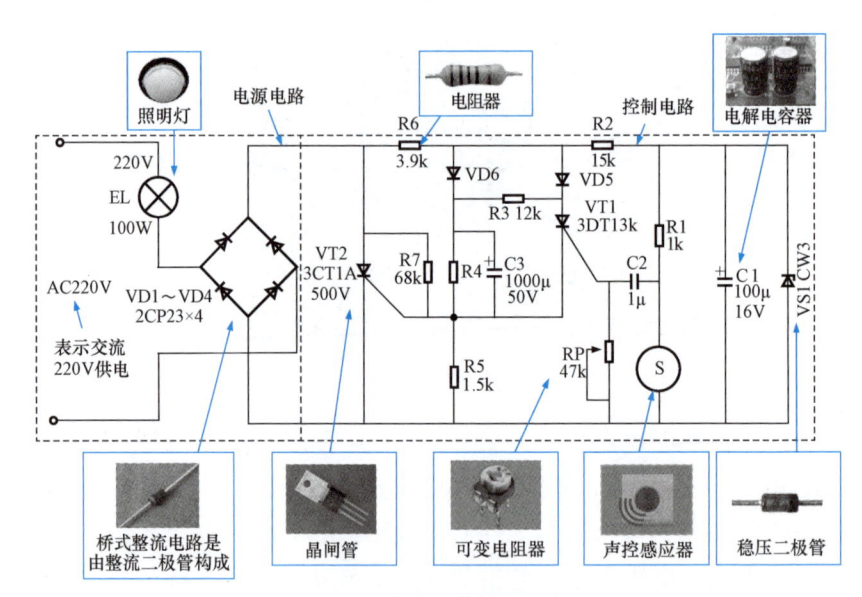

图 13-6 典型的声控照明电路

声控照明电路是利用声音感应器件和晶闸管对照明灯的供电进行控制，利用电解电容器的充放电特性达到延时的作用，该电路适合应用在楼道照明中，当楼道中的声控开关感应到有声音时自动亮起，声音感应器接收到声波后，输出音频信号。音频信号经电容器 C2 触发晶闸管 VT1 并使之导通。当晶闸管 VT1 导通后为晶闸管 VT2 提供触发信号，使其导通，照明电路形成回路，照明灯 EL 点亮。

当声音触发信号消失后，晶闸管 VT1 截止。但由于电容器 C3 的放电过程，仍能维持 VT2 导通，使照明灯 EL 亮。经过一段时间后，电容 C3 放电后，使晶闸管 VT2 截止，导致无电流通过照明灯，照明灯 EL 灭。

13.2.3 声光双控照明电路

图 13-7 所示为典型声光双控照明电路。该电路主要是由电源供电端、照明灯、晶体管、电阻器、电容器、晶闸管、二极管、光敏电阻器和声音感应器等元器件构成。

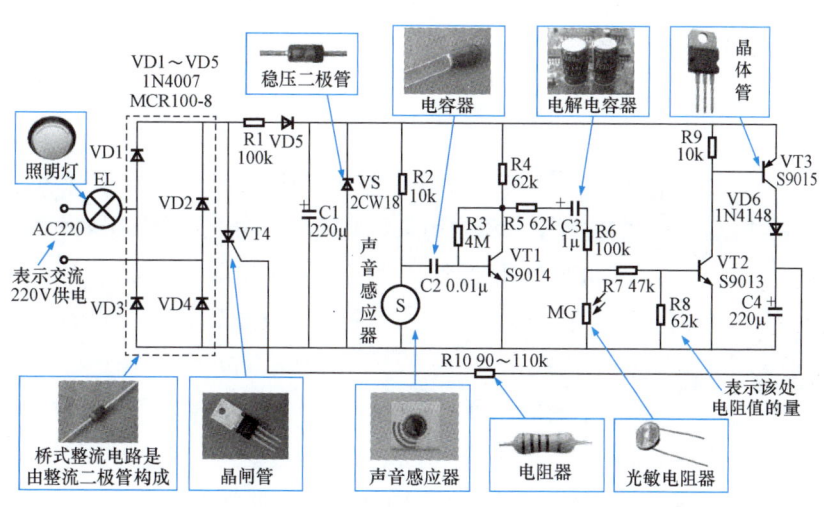

图 13-7 典型声光双控照明电路

声光双控照明电路是利用光线和声音对照明灯进行双重控制的电路。

声光双控照明电路便于节约能源，常常使用在小区的楼道照明中，在白天时楼道中光线充足，光照强度较大，光敏电阻器 MG 的阻值随之减小。

由于光敏电阻器阻值较小，使晶体管 VT2 的基极就锁定在低电平状态而截止，即使有声音控制信号也不能使 VT2 导通。没有信号触发晶闸管 VT4，照明电路不能形成回路，照明灯 EL 不亮。

当天黑时，光敏电阻器 MG 的阻值增大。由于电容器 C3 的隔值作用，晶体管 VT2 的基极处于低电平，因而是截止状态。

当声音感应器接收到声音时，声音信号加到晶体管 VT1 的基极上，经放大后音频信号由晶体管 VT1 的集电极输出，经电容器 C3 加到晶体管 VT2 的基极上。晶体管 VT2 导通，于是晶体管 VT3 和二极管 VD6 导通，为电容器 C4 充电，同时为晶闸管 VT4 触发极提供信号，使晶闸管 VT4 导通，整个照明电路形成回路，照明灯 EL 亮。

当音频信号消失后由于电容器 C4 放电需要时间，因而照明灯会延迟熄灭。

13.2.4　景观照明控制电路

景观照明控制电路是指应用在一些观赏景点或广告牌上，或者用在一些比较显著的位置上，设置用来观赏或提示功能的公共用电电路。

图 13-8 所示为典型景观照明控制电路。该电路主要由景观照明灯和控制电路（由各种电子元器件按照一定的控制关系连接）构成。

❶ 合上总断路器 QF，接通交流 220V 市电电源。

❷ 交流 220V 市电电压经变压器 T 变压后变为交流低压。

❸ 交流低压再经整流二极管 VD1 整流、滤波电容器 C1 滤波后变为直流电压。

❹ 直流电压加到 IC（Y997A）的 8 脚提供工作电压。

❺ IC 的 8 脚有供电电压后，内部电路开始工作，2 脚首先输出高电平脉冲信号，使 LED1 点亮。

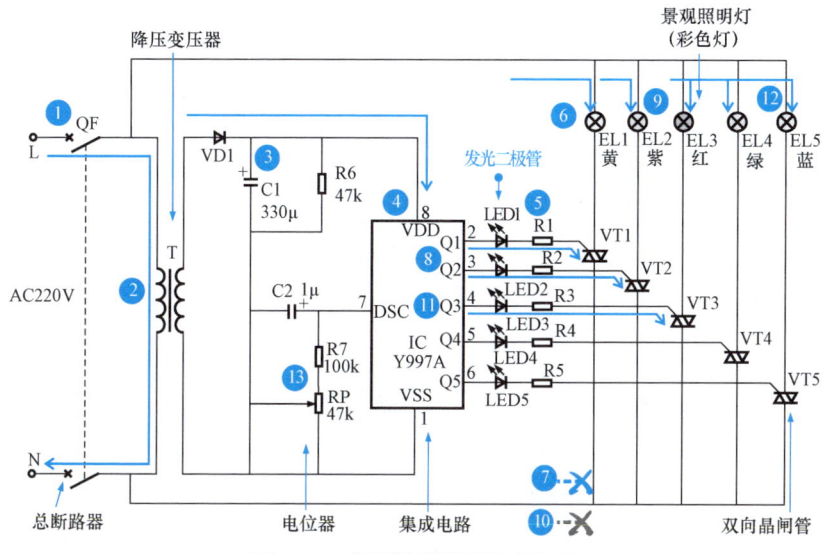

图 13-8 典型景观照明控制电路

❻ 同时，高电平信号经电阻器 R1 后，加到双向晶闸管 VT1 的控制极上，VT1 导通，彩色灯 EL1（黄色）点亮。

❼ 此时，IC 的 3 脚、4 脚、5 脚、6 脚输出低电平脉冲信号，外接的晶闸管处于截止状态，LED 和彩色灯不亮。

❽ 一段时间后，IC 的 3 脚输出高电平脉冲信号，LED2 点亮。

❾ 同时，高电平信号经电阻器 R2 后，加到双向晶闸管 VT2 的控制极上，VT2 导通，彩色灯 EL2（紫色）点亮。

❿ 此时，IC 的 2 脚和 3 脚输出高电平脉冲信号，有两组 LED 和彩色灯被点亮，4 脚、5 脚和 6 脚输出低电平脉冲信号，外接晶闸管处于截止状态，LED 和彩色灯不亮。

⓫ 依此类推，当 IC 的输出端 2~6 脚输出高电平脉冲信号时，LED 和彩色灯便会被点亮。

⓬ 由于 2~6 脚输出脉冲的间隔和持续时间不同，双向晶闸管触发的时间也不同，因而 5 个彩灯便会按驱动脉冲的规律发光和熄灭。

265

⑬ IC 内的振荡频率取决于 7 脚外的时间常数电路，微调电位器 RP 的阻值可改变振荡频率。

13.2.5 彩灯闪烁控制电路

图 13-9 所示为典型的彩灯闪烁控制电路。彩灯闪烁控制电路是利用与非门电路控制彩灯的闪烁，该电路比较适合应用在庆祝场合中的装饰。

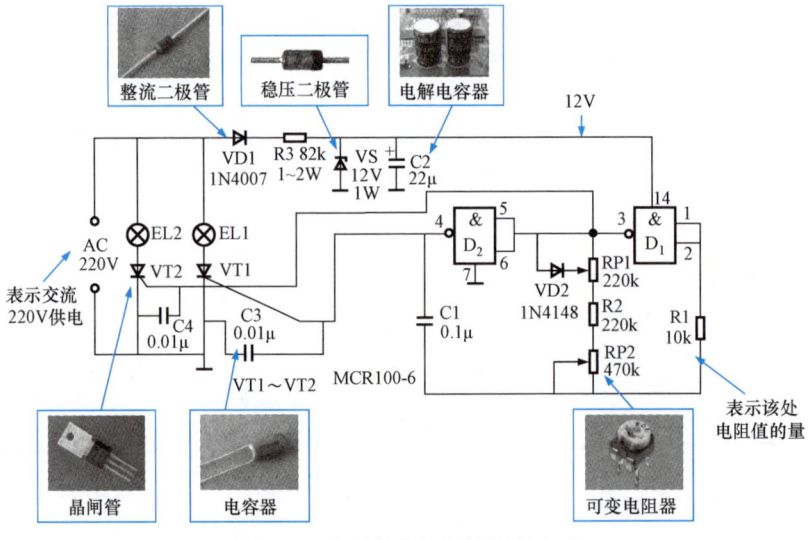

图 13-9　典型的彩灯闪烁控制电路

电路中，由 AC 220 V 电源直接为照明灯 EL1、EL2 供电，照明灯 EL1、EL2 分别受晶闸管 VT1、VT2 的控制。

交流 220 V 经二极管 VD1 整流、电阻器 R3 限流后由稳压二极管 VS 稳压后输出 +12 V 直流电压为与非门电路供电。

两个与非门与外围电路构成振荡电路，并将两个相位相反的振荡脉冲信号去驱动单向晶闸管 VT1、VT2，使两个晶闸管交替导通，于是彩灯 EL1、EL2 交替发光。

13.3 识读电动机控制电路

13.3.1 电动机点动、连续运行控制电路

图 13-10 所示为典型的点动、连续运行控制电路。

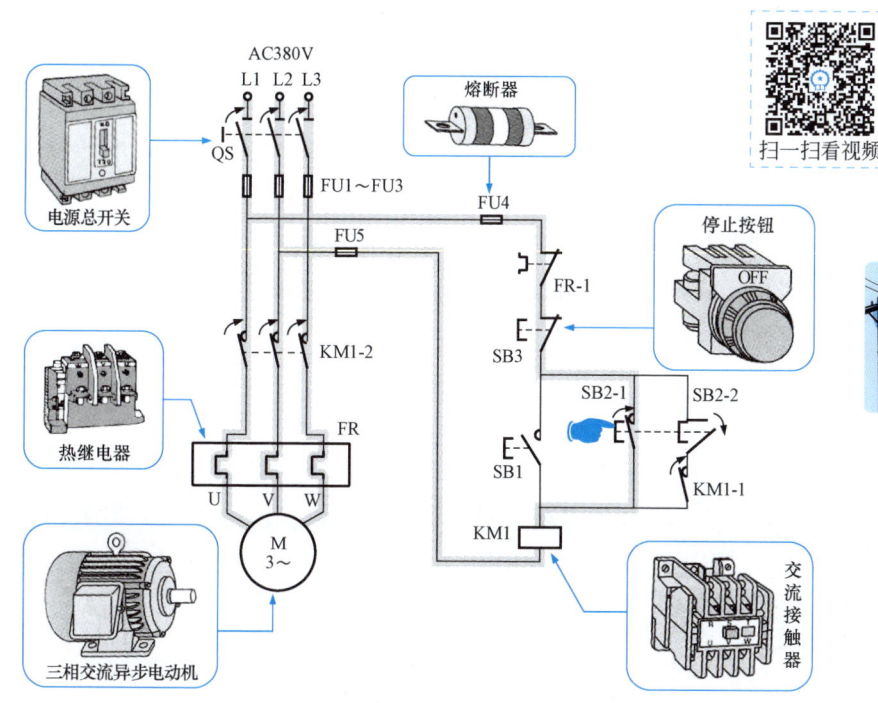

图 13-10 典型的点动、连续运行控制电路

当电动机需要点动起动时，合上电源总开关 QS，接通三相电源。按下点动控制按钮 SB2，常开触点 SB2-1 接通，常闭触点 SB2-2 断开。

常开触点 SB2-1 接通后，交流接触器 KM1 线圈得电，常开触点 KM1-2 接通，电动机接通交流 380V 电压起动运转；常闭触点 SB2-2

267

断开后，防止交流接触器 KM1 线圈得电，常开触点 KM1-1 接通，对 SB2-1 锁定。

当需要电动机停机时，松开点动控制按钮 SB2，常开触点 SB2-1、常闭触点 SB2-2 复位。交流接触器 KM1 线圈失电，常开触点 KM1-2 断开，电动机停止运转，常开触点 KM1-1 也断开。

当电动机需要连续起动时，按下连续控制按钮 SB1。交流接触器 KM1 线圈得电，常开触点 KM1-1 接通，对 SB1 进行锁定，即使连续控制按钮复位断开，交流电源仍能通过 KM1-1 为交流接触器 KM1 供电，维持交流接触器的持续工作，使电动机连续工作，而实现连续控制；KM1-2 接通，电动机接通交流 380V 电源起动运转。

当电动机需要停机时，按下停止按钮 SB3。交流接触器 KM1 线圈失电，常开触点 KM1-1 断开，解除自锁功能；KM1-2 断开，电动机停止运转。

13.3.2　电动机电阻减压起动控制电路

图 13-11 所示为典型的电动机电阻减压起动控制电路。

该电路起动时利用串入的电阻器起到减压限流的作用，当电动机起动完毕后，再通过电路将串联的电阻器短接，从而使电动机进入全压正常运行状态。

控制电路工作时，合上电源总开关 QS，接通三相电源。按下起动按钮 SB1，交流接触器 KM1 线圈得电。

交流接触器 KM1 线圈得电，常开触点 KM1-1 接通实现自锁功能；常开触点 KM1-2 接通，电源经串联电阻器 R1、R2、R3 为电动机供电，电动机减压起动开始。

同时时间继电器 KT 线圈得电。当时间继电器 KT 达到预定的延时时间后，其常开触点 KT-1 接通。

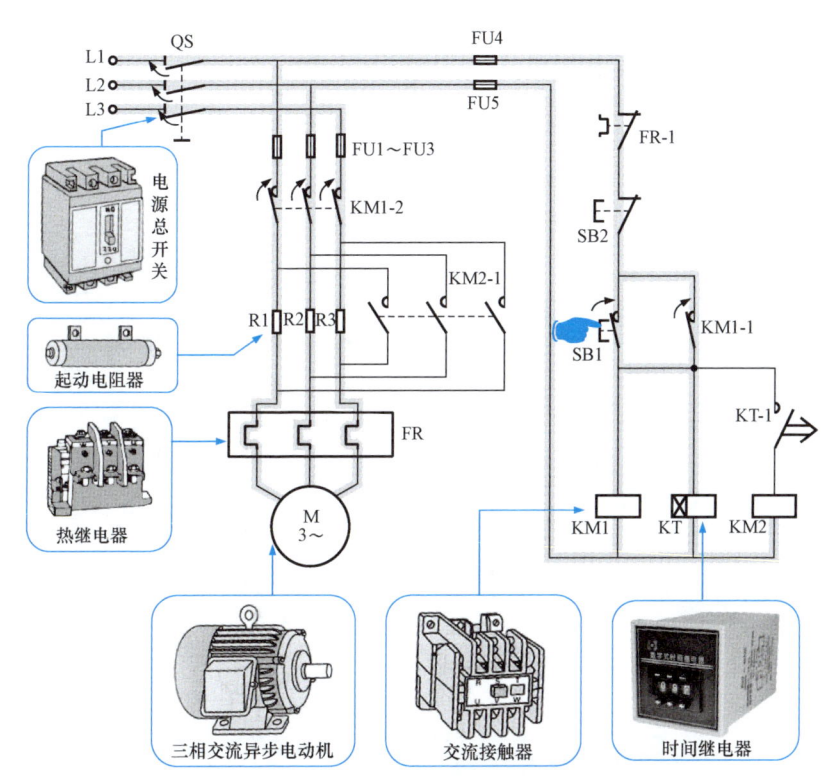

图 13-11 典型的电动机电阻减压起动控制电路

时间继电器 KT 的常开触点 KT-1 接通，接触器 KM2 线圈得电，常开触点 KM2-1 接通，短接起动电阻器 R1、R2、R3，电动机在全压状态下开始运行。

当需要电动机停机时，按下停止按钮 SB2，断开接触器 KM1 和 KM2 线圈的供电，常开触点 KM1-2、KM2-1 断开，从而断开电动机的供电，电动机停止运转。

13.3.3 电动机Y-△减压起动控制电路

图 13-12 所示为典型的电动机Y-△减压起动控制电路。

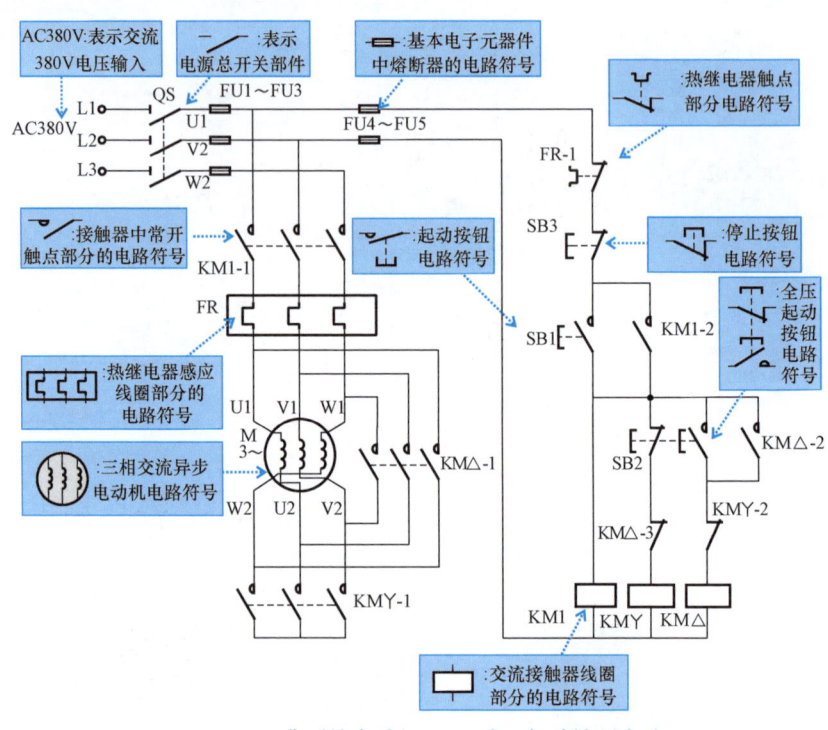

图 13-12　典型的电动机 Y-△ 减压起动控制电路

电动机 Y-△ 减压起动控制电路是指电动机起动时，通过 Y 形联结进入减压起动运转，当转速达到一定值后，进入△形联结进入全压起动运行。

合上电源总开关 QS，接通三相电源。按下起动按钮 SB1，交流接触器 KM1 线圈得电。

交流接触器 KM1 线圈得电，常开触点 KM1-2 接通实现自锁功能；常开触点 KM1-1 接通，为减压起动做好准备。

同时，交流接触器 KMY 线圈也得电，常开触点 KMY-1 接通，常闭触点 KMY-2 断开，保证 KM△ 的线圈不会得电，此时电动机以 Y 形方式接通电路，电动机减压起动运转。

当电动机转速接近额定转速时，按下全压起动按钮 SB2，其常闭触点断开，常开触点接通。

全压起动按钮 SB2 常闭触点断开，接触器 KMY 线圈失电，常开触点 KMY-1 断开，常闭触点 KMY-2 接通。

全压起动按钮 SB2 常开触点接通，接触器 KM△ 的线圈得电，常闭触点 KM△-3 断开，保证 KMY 的线圈不会得电，常开触点 KM△-1 接通，此时电动机以△形方式接通电路，电动机在全压状态下开始运转。

当需要电动机停止时，按下停止按钮 SB3，接触器 KM1、KM△ 的线圈将同时失电断开，接着接触器的常开触点 KM1-1、KM△-1 同时断开，电动机停止运转。

13.3.4 电动机正、反转控制电路

图 13-13 所示为典型的电动机正、反转控制电路。

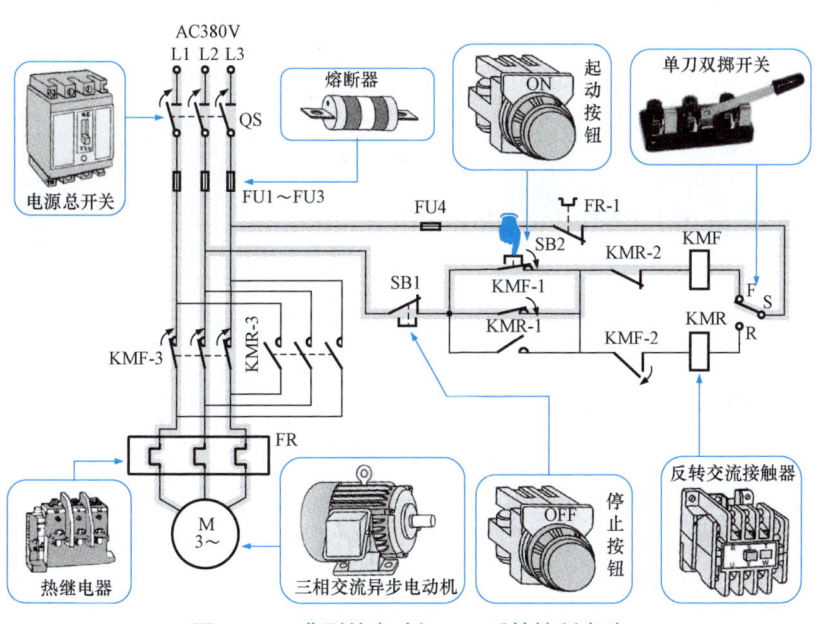

图 13-13 典型的电动机正、反转控制电路

电动机的正、反转控制电路可实现电动机的正、反两个方向的运转控制。

正转起动时，合上电源总开关，接通三相电源。将单刀双掷开关 S 拨至 F 端（正转）。按下起动按钮 SB2。

正转交流接触器 KMF 线圈得电，常开触点 KMF-1 接通，实现自锁功能；常闭触点 KMF-2 断开，防止反转交流接触器 KMR 得电；常开触点 KMF-3 接通，电动机接通相序 L1、L2、L3 正向运转。

反转起动时，将单刀双掷开关 S 拨至 R 端（反转）。

正转交流接触器 KMF 线圈失电，常开触点 KMF-1 断开，解除自锁；常开触点 KMF-3 断开，电动机停止运转；常闭触点 KMF-2 接通。

同时反转交流接触器 KMR 线圈得电，常开触点 KMR-1 接通，实现自锁功能；常闭触点 KMR-2 断开，防止正转交流接触器 KMF 得电；常开触点 KMR-3 接通，电动机接通相序 L3、L2、L1 反向运转。

当电动机需要停机时，按下停止按钮 SB1，不论电动机处于正转运行状态还是反转运行状态，接触器线圈均断电，电动机停止运行。

13.4 识读农机控制电路

13.4.1 湿度检测控制电路

图 13-14 所示为典型湿度检测控制电路。该控制电路由电池供电、电路开关、晶体管、可变电阻器、湿敏电阻器和发光二极管等构成。

工作时，当开关 SA 闭合。9V 电源为检测电路供电。湿度正常时，湿敏电阻器 MS 的阻值大于可变电阻器 RP 的阻值。

使电压比较器 IC1 的 3 脚电压低于 2 脚、IC1 的 6 脚输出低电平，晶体管 VT1 截止、VT2 导通，指示二极管 LED2 绿灯亮。

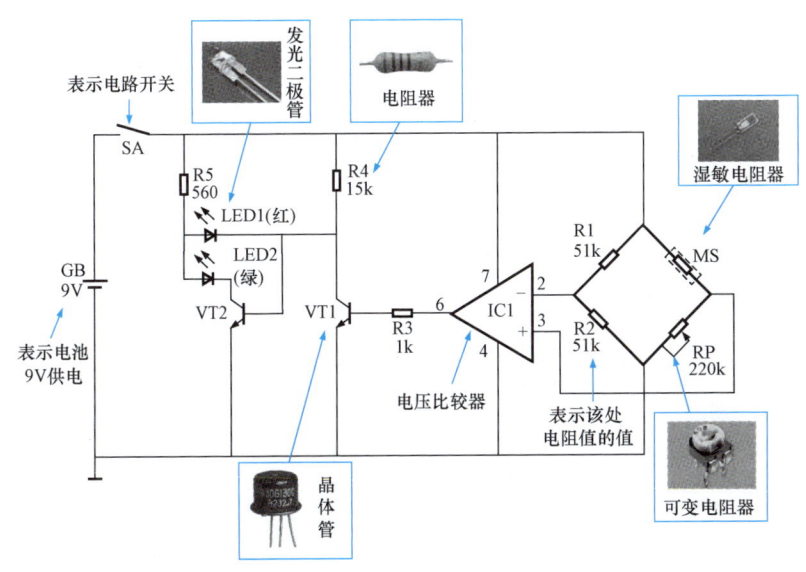

图 13-14　典型湿度检测控制电路

当土壤的湿度过大时，湿敏电阻器 MS 的阻值减小，则 IC1 的 3 脚电压上升。电压比较器 IC1 的 6 脚输出高电平，使晶体管 VT1 导通、VT2 截止。同时指示二极管 LED1 点亮、LED2 熄灭，给农户以提示，应当适当减小大棚内的湿度。

13.4.2　池塘排灌控制电路

图 13-15 所示为典型的池塘排灌控制电路。

池塘排灌控制电路是检测池塘中的水位，根据池塘中水位的位置，利用电动机对水位进行调整，使其水位可以保持在设定值。

工作时，将带有熔断器的刀闸总开关 QS 闭合。交流 380 电压经变压器 T 进行降压，再由桥式整流电路和电容器 C2 进行滤波和整流，再经电阻器 R3 限流后输入到三端稳压电路 IC 中。经三端稳压电路后输出 +12V 电压供给检测电路。

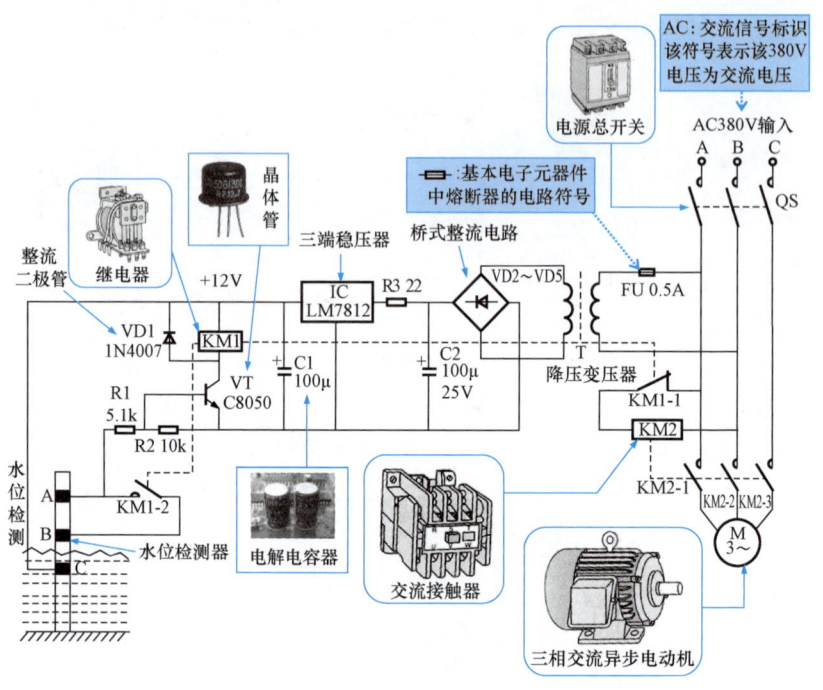

图 13-15 典型的池塘排灌控制电路

当水位监测器检测到农田中的水位低于 C 点，晶体管 VT 截止，继电器 KM1 不动作，交流接触器 KM2 得电，常开触点 KM2-1、KM2-2、KM2-3 接通，电动机动作向池塘中注水。

当水位超过 A 点时，晶体管 VT 导通，继电器 KM1 动作，常闭触点 KM1-1 断开，常开触点 KM1-2 接通。

交流接触器 KM2 失电，复位，其常开触点 KM2-1、KM2-2、KM2-3 复位，电动机失电，停止工作。

13.4.3 秸秆切碎机驱动控制电路

图 13-16 所示为秸秆切碎机驱动控制电路。

秸秆切碎机驱动控制电路利用两个电动机带动机械设备动作，完成送料和切碎工作。

第 13 章 识读电工电路

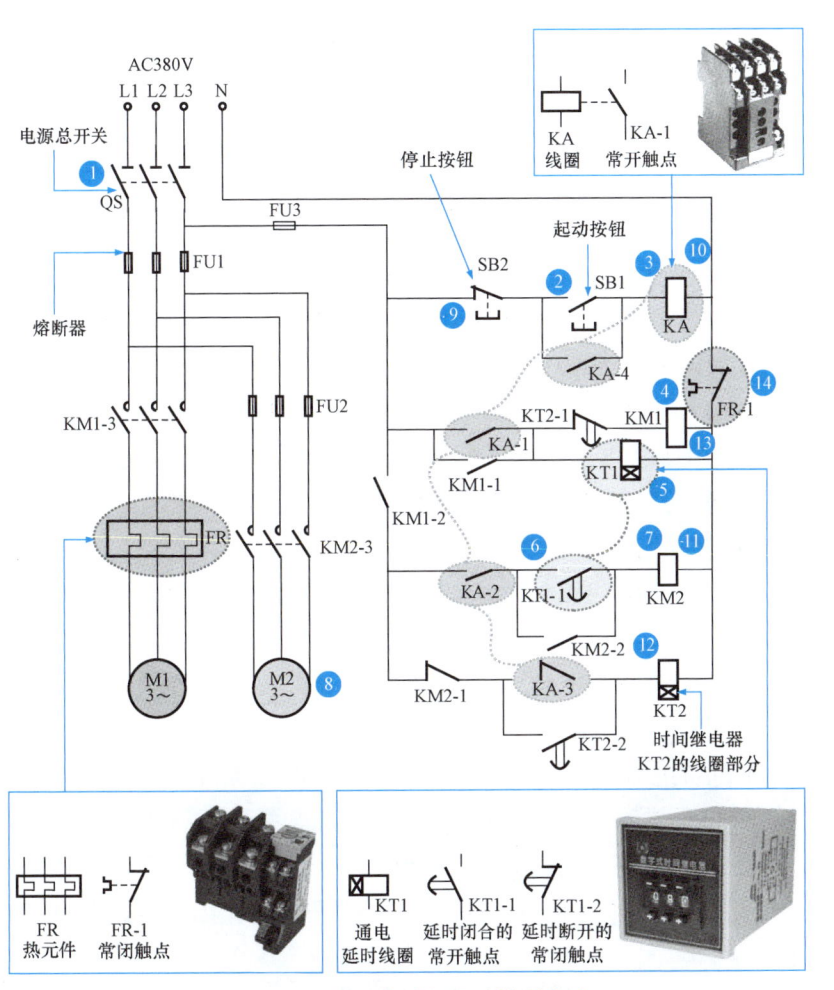

图 13-16 秸秆切碎机驱动控制电路

① 闭合电源总开关 QS。

② 按下起动按钮 SB1，触点闭合。

③ 中间继电器 KA 的线圈得电，相应触点动作。

自锁常开触点 KA-4 闭合，实现自锁，即使松开 SB1，中间继电器 KA 仍保持得电状态。

275

控制时间继电器 KT2 的常闭触点 KA-3 断开，防止时间继电器 KT2 得电。

控制交流接触器 KM2 的常开触点 KA-2 闭合，为 KM2 线圈得电做好准备。

控制交流接触器 KM1 的常开触点 KA-1 闭合。

④ 交流接触器 KM1 的线圈得电，相应触点动作。

自锁常开触点 KM1-1 闭合，实现自锁控制，即当触点 KA-1 断开后，交流接触器 KM1 仍保持得电状态。

辅助常开触点 KM1-2 闭合，为 KM2、KT2 得电做好准备。

常开主触点 KM1-3 闭合，切料电动机 M1 起动运转。

⑤ 时间继电器 KT1 的线圈得电，时间继电器开始计时（30s），实现延时功能。

⑥ 当时间经 30s 后，时间继电器中延时闭合的常开触点 KT1-1 闭合。

⑦ 交流接触器 KM2 的线圈得电。

自锁常开触点 KM2-2 闭合，实现自锁。

时间继电器 KT2 电路上的常闭触点 KM2-1 断开。

KM2 的常开主触点 KM2-3 闭合。

⑧ 接通送料电动机电源，电动机 M2 起动运转。

实现 M2 在 M1 起动 30s 后才起动，可以防止因进料机中的进料过多而溢出。

⑨ 当需要系统停止工作时，按下停机按钮 SB2，触点断开。

⑩ 中间继电器 KA 的线圈失电。

自锁常开触点 KA-4 复位断开，解除自锁。

控制交流接触器 KM1 的常开触点 KA-1 断开，由于 KM1-1 自锁功能，此时 KM1 线圈仍处于得电状态。

控制交流接触器 KM2 的常开触点 KA-2 断开。

控制时间继电器 KT2 的常闭触点 KA-3 闭合。

⑪ 交流接触器 KM2 的线圈失电。

辅助常闭触点 KM2-1 复位闭合。

自锁常开触点 KM2-2 复位断开，解除自锁。

常开主触点 KM2-3 复位断开，送料电动机 M2 停止工作。

⑫ 时间继电器 KT2 线圈得电，相应的触点开始动作。

延时断开的常闭触点 KT2-1 在 30s 后断开。

延时闭合的常开触点 KT2-2 在 30s 后闭合。

⑬ 交流接触器 KM1 的线圈失电，触点复位。

自锁常开触点 KM1-1 复位断开，解除自锁，时间继电器 KT1 的线圈失电。

辅助常开触点 KM1-2 复位断开，时间继电器 KT2 的线圈失电。

常开主触点 KM1-3 复位断开，切料电动机 M1 停止工作，M1 在 M2 停转 30s 后停止。

⑭ 在秸秆切碎机电动机驱动控制电路工作过程中，若电路出现过载，电动机堵转导致过电流、温度过热时，热继电器 FR 主电路中的热元件发热，常闭触点 FR-1 自动断开，使电路断电，电动机停转，进入保护状态。

13.5 识读机电控制电路

13.5.1 传输机控制电路

图 13-17 所示是一种双层带式传输机控制电路。双层带传动方式是由上层传送带和下层传送带组成的，分别由各自的电动机为动力源，从料斗出来的料先经上层传送带传送后，送到下层传送带，再经下层传送带继续传送，这样可实现传送距离的延长。

为了防止在起动和停机过程中出现传送料在传送带上堆积的情况，起动时，应先起动电动机 M1，再起动电动机 M2，而在停机时，

需先停下电动机 M2，再使电动机 M1 停止。电路设有两个接触器，KM1、KM2 分别控制电动机 M1、M2 的起停。

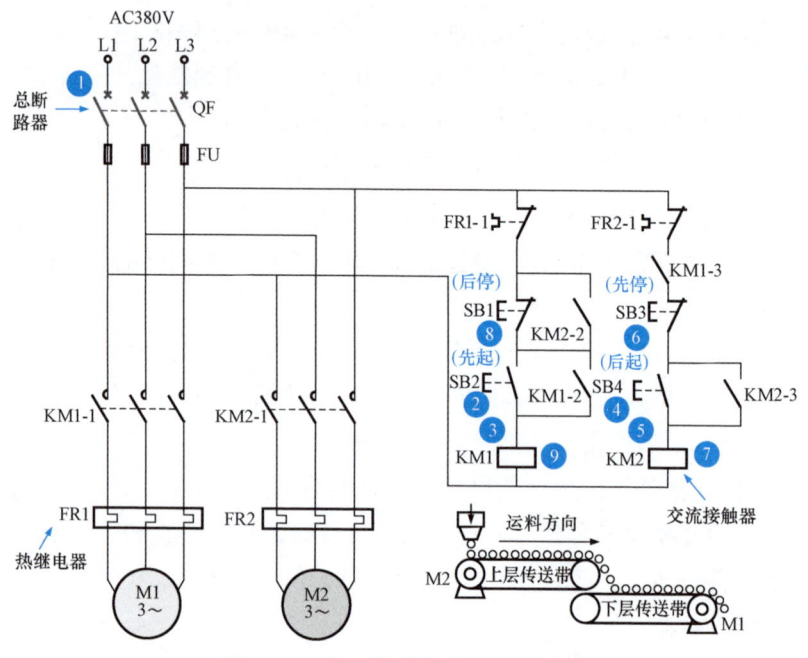

图 13-17 双层带式传输机控制电路

❶ 闭合总断路器 QF，三相交流电源接入电路。

❷ 起动时，按下先起控制按钮 SB2，其触点闭合。

❸ 交流接触器 KM1 的线圈得电，其相应触点动作。

常开主触点 KM1-1 闭合，接通电动机 M1 电源，电动机起动运转，下层传送带运转。

常开辅助触点 KM1-2 闭合实现自锁，维持 KM1 的供电。

常开辅助触点 KM1-3 闭合，为 KM2 得电做好准备。

❹ 再操作后起控制按钮 SB4，其常开触点闭合。

❺ 交流接触器 KM2 的线圈得电，其相应触点动作。

常开主触点 KM2-1 闭合，电动机 M2 起动，上层传动带起动。

常开辅助触点 KM2-2 闭合，防止误操作按下后停控制按钮 SB1，导致工序错误。

常开辅助触点 KM2-3 闭合实现自锁，维持 KM2 得电。传动带处于正常工作状态。

❻ 当需要停止工作时，要先操作先停控制按钮 SB3，其常闭触点断开。

❼ 交流接触器 KM2 的线圈失电，其相应触点全部复位。

常开主触点 KM2-1 复位断开，电动机 M2 停止，上层传送带停止运转。

常开辅助触点 KM2-2 复位断开。

常开辅助触点 KM2-3 复位断开，解除自锁。

❽ 然后再操作后停控制按钮 SB1，其常闭触点断开。

❾ 交流接触器 KM1 线圈立即断电，其所有触点复位。

常开主触点 KM1-1 复位断开，M1 停机，下层传送带也停止运行。

常开辅助触点 KM1-2 复位断开，解除自锁。

常开辅助触点 KM1-3 复位断开。

因此，4 个操作键必须标清楚，即先起、后起、先停、后停等字符。

13.5.2　铣床控制电路

图 13-18 所示为典型的铣床控制电路。该控制系统共配置了 2 台电动机，分别为冷却泵电动机 M1 和铣头电动机 M2，其中铣头电动机 M2 采用调速和正反转控制，可根据加工工件对其运转方向及旋转速度进行设置。而冷却泵电动机则根据需要通过转换开关直接进行控制。

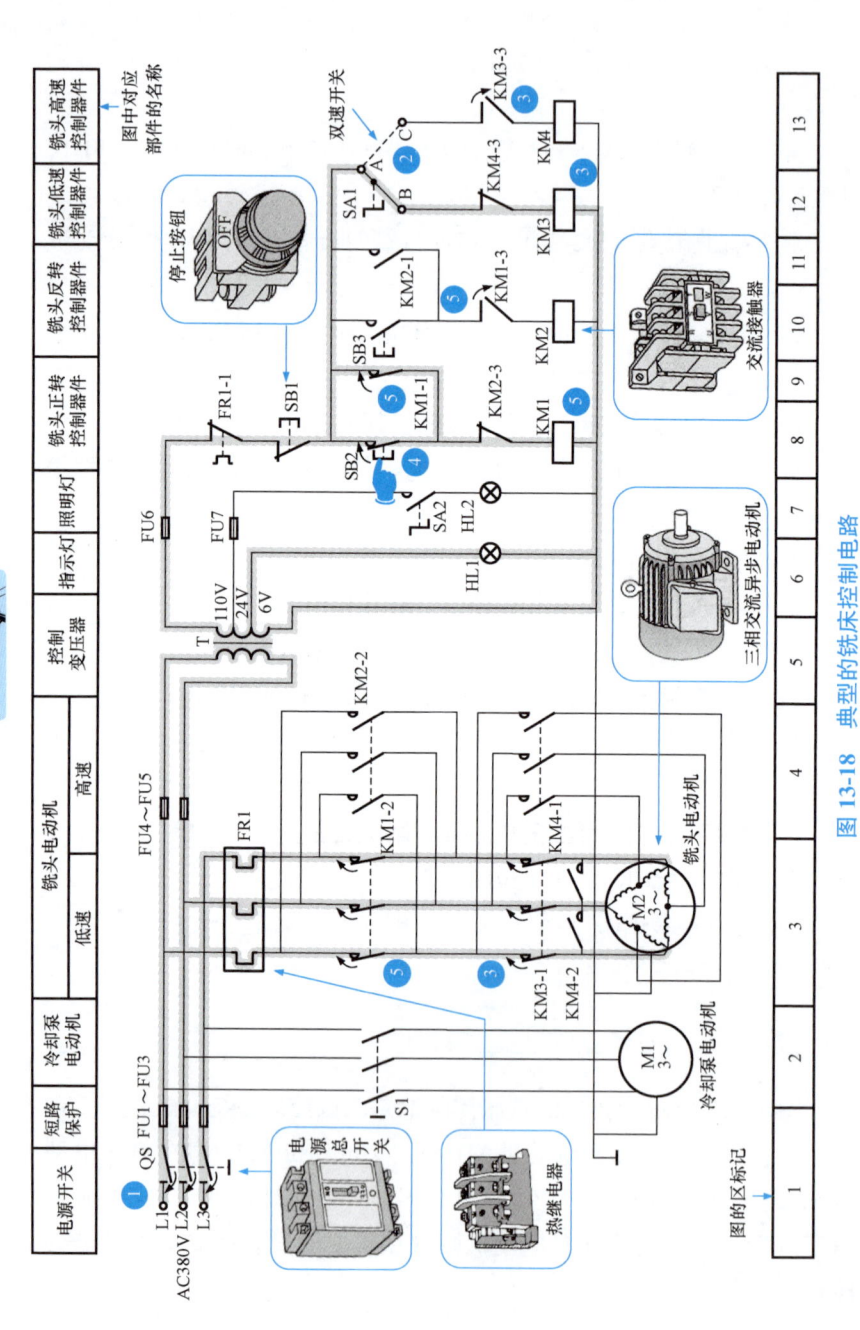

图 13-18 典型的铣床控制电路

铣头电动机 M2 的低速正转控制过程如下：

① 铣头电动机 M2（3 区）用于对加工工件进行铣削加工，当需要起动机床进行加工时，需先合上电源总开关 QS（1 区），接通总电源。

② 将双速开关 SA1（12、13 区）拨至低速运转位置，A、B（12区）点接通。

③ 接触器 KM3（12 区）线圈得电，常开触点 KM3-1（3 区）接通，为铣头电动机 M2 低速运转做好准备；常闭触点 KM3-3（13 区）断开，防止接触器 KM4（13 区）线圈得电，起联锁保护作用。

④ 下正转起动按钮 SB2（8 区）。

⑤ 触器 KM1（8 区）线圈得电，常开触点 KM1-1（9 区）接通，实现自锁功能；KM1-2（3 区）接通，铣头电动机 M2 绕组呈 △ 形联结低速正转起动运转；常闭触点 KM1-3（10 区）断开，防止接触器 KM2（10 区）线圈得电，实现联锁功能。

图 13-19 所示为铣头电动机 M2 的低速反转控制过程。

① 当铣头电动机 M2 需要低速反转运转加工工件时，若电动机正处于低速正转运转时，需先按下停止按钮 SB1（8 区），断开正转运行。

② 松开 SB1 后，双速开关 SA1 的 A、B（12 区）点接通通电。

③ 触器 KM3（12 区）线圈得电，触点动作，为铣头电动机 M2 低速运转做好准备。

④ 按下反转起动按钮 SB3（10 区）。

⑤ 触器 KM2（10 区）线圈得电，常开触点 KM2-1（11 区）接通，实现自锁功能；KM2-2（4 区）接通，铣头电动机 M2 绕组呈 △ 形联结低速反转起动运转；常闭触点 KM2-3（8 区）断开，防止接触器 KM1（8 区）线圈得电，实现联锁功能。

图 13-20 所示为铣头电动机 M2 的高速正转控制过程。

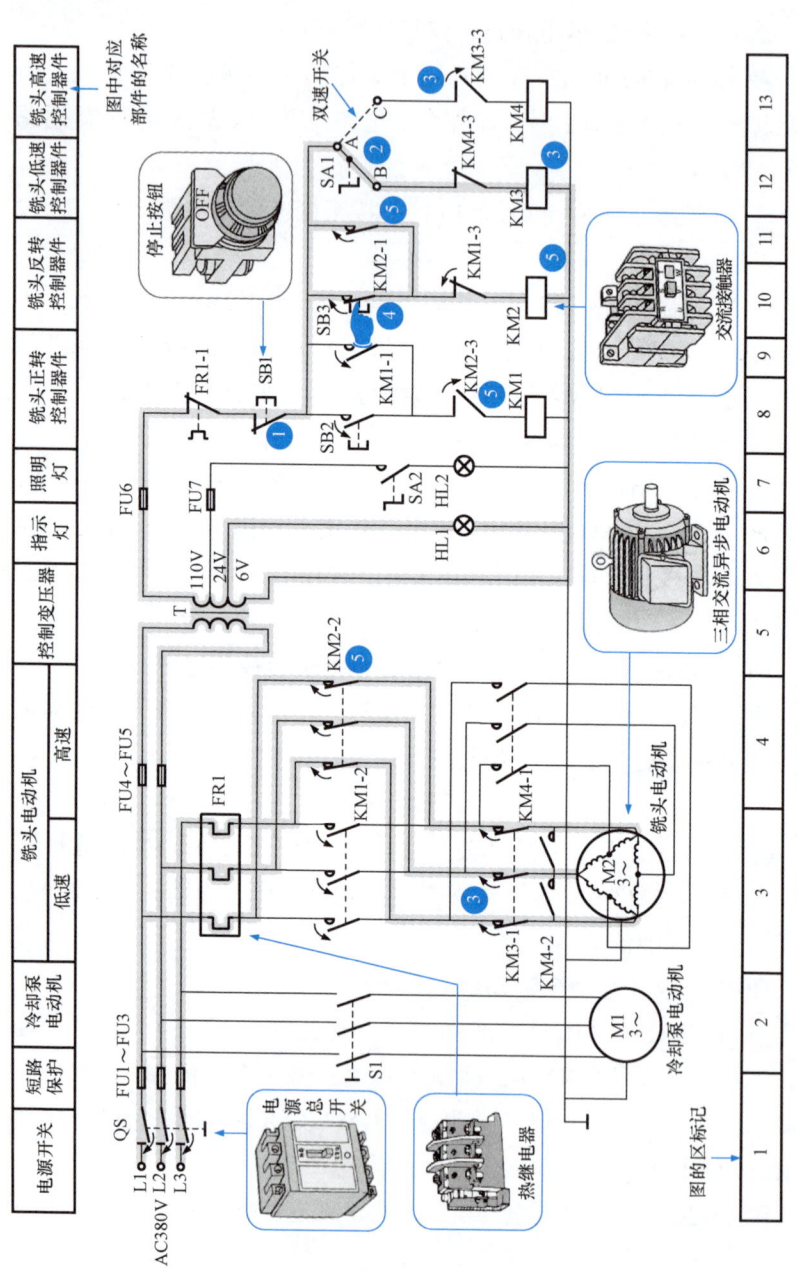

图 13-19 铣头电动机 M2 的低速反转控制过程

第13章 识读电工电路

图 13-20 铣头电动机 M2 的高速正转控制过程

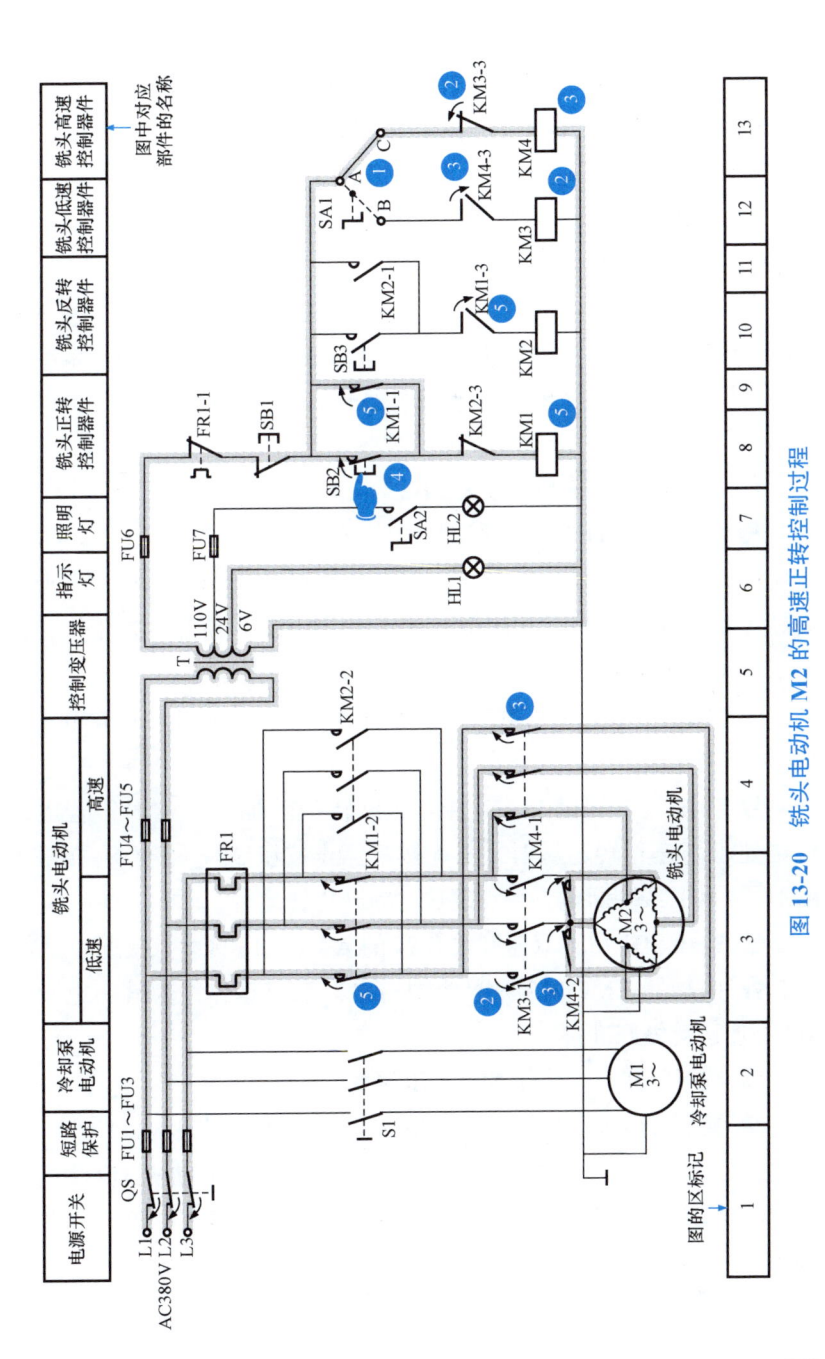

❶ 当铣头电动机 M2 需要高速正转运转加工工件时,将双速开关 SA1(12、13 区)拨至高速运转位置,A、C(13 区)点接通,A、B 点断开。

❷ 接触器 KM3(12 区)线圈失电,触点复位,电动机低速运转停止。

❸ 接触器 KM4(13 区)线圈得电,常开触点 KM4-1(4 区)、KM4-2(3 区)接通,为铣头电动机 M2 高速运转做好准备;常闭触点 KM4-3(12 区)断开,防止接触器 KM3 线圈得电,起联锁保护作用。

❹ 此时按下正转起动按钮 SB2(8 区)。

❺ 接触器 KM1(8 区)线圈得电,常开触点 KM1-1(9 区)接通,实现自锁功能;KM1-2(3 区)接通,铣头电动机 M2 绕组呈 YY 形联结高速正转起动运转;常闭触点 KM1-3(10 区)断开,防止接触器 KM2(10 区)线圈得电,实现联锁功能。

图 13-21 所示为铣头电动机 M2 的高速反转控制及冷却泵电动机 M1 的控制过程。

❶ 当铣头电动机 M2 需要高速反转运转加工工件时,若电动机正处于高速正转运转时,需先按下停止按钮 SB1(8 区),接触器 KM1(8 区)线圈断电,触点复位,断开正转运行。

❷ 松开 SB1 后,双速开关 SA1 的 A、C(13 区)点接通。

❸ 接触器 KM4(13 区)线圈得电,触点动作,为铣头电动机 M2 高速运转做好准备。

❹ 按下反转起动按钮 SB3(10 区)。

❺ 接触器 KM2(10 区)线圈得电,常开触点 KM2-1(11 区)接通,实现自锁功能;KM2-2(4 区)接通,铣头电动机 M2 绕组呈 YY 形联结高速反转起动运转;常闭触点 KM2-3(8 区)断开,防止接触器 KM1(8 区)线圈得电,实现联锁功能。

图 13-21 铣头电动机 M2 的高速反转控制及冷却泵电动机 M11 的控制过程

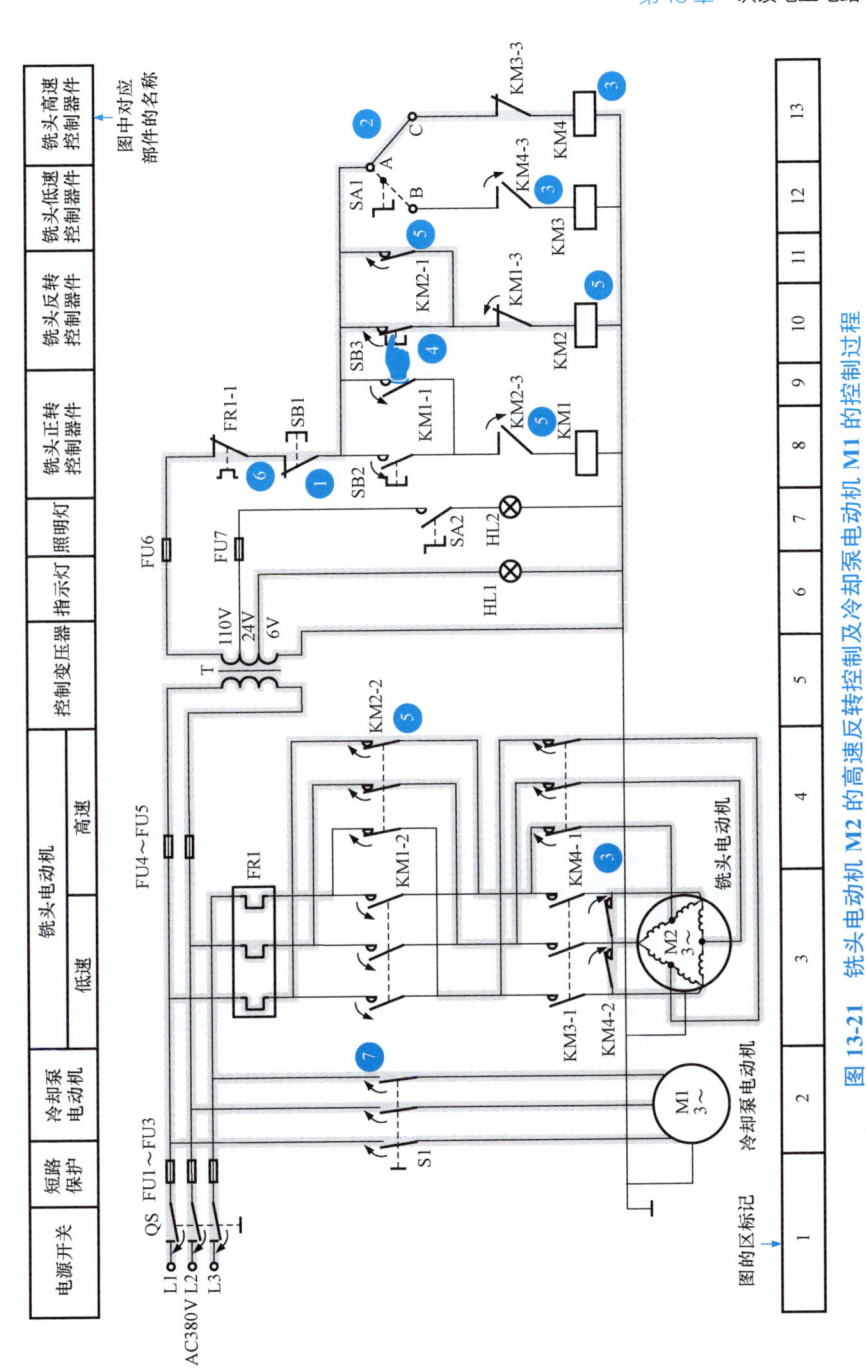

⑥ 当铣削加工完成后，按下停止按钮 SB1（8 区），无论电动机处于任何方向或速度运转，接触器线圈均失电，铣头电动机 M2 停止运转。

⑦ 冷却泵电动机 M1（2 区）通过转换开关 S1（2 区）直接进行起停的控制，在机床工作工程中，当需要为铣床提供冷却液时，可合上转换开关 S1，冷却泵电动机 M1 接通供电电压，电动机 M1 起动运转。若机床工作过程中不需要开启冷却泵电动机时，将转换开关 S1 断开，切断供电电源，冷却泵电动机 M1 停止运转。

第14章 PLC 与变频技术应用

14.1 PLC 控制特点与技术应用

14.1.1 PLC 控制特点

PLC 控制电路则是由大规模集成电路与可靠元件相结合，通过计算机控制方式实现了对电动机的控制。

图 14-1 所示为传统的电动机控制电路。传统电动机控制系统主要是指由继电器、接触器、控制按钮、各种开关等电气部件构成的电动机控制电路，其各项控制功能或执行动作都是由相应的实际存在的电气物理部件来实现的。

在 PLC 电动机控制系统中，则主要用 PLC 控制方式取代了电气部件之间复杂的连接关系。电动机控制系统中各主要控制部件和功能部件都直接连接到 PLC 相应的接口上，然后根据 PLC 内部程序的设定，即可实现相应的电路功能，如图 14-2 所示。

从图中可以看到，整个电路主要由 PLC、与 PLC 输入接口连接的控制部件（FR、SB1~SB4）、与 PLC 输出接口连接的执行部件（KM1、KM2）等构成。

在该电路中，PLC 采用的是三菱 FX2N-32MR 型，外部的控制部件和执行部件都是通过 PLC 预留的 I/O 接口连接到 PLC 上的，各部件之间没有复杂的连接关系。

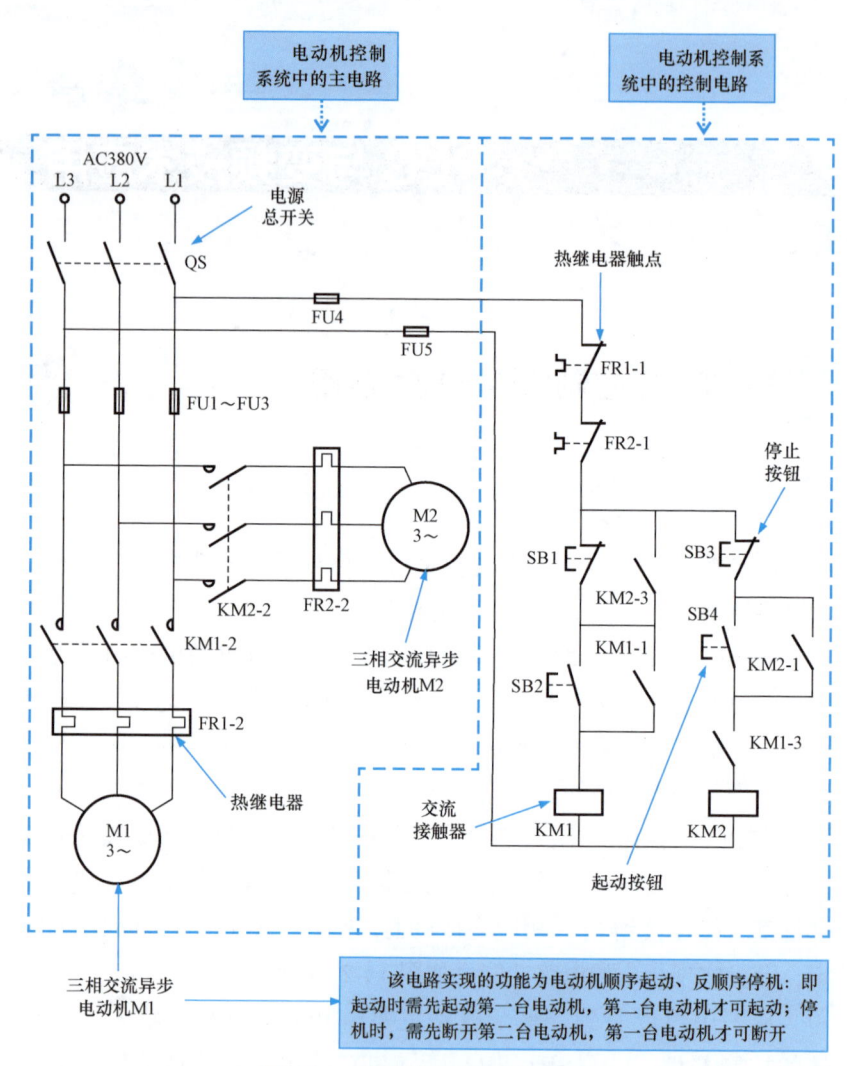

图 14-1 传统的电动机控制电路

控制部件和执行部件分别连接到 PLC 输入接口相应的 I/O 接口上，它是根据 PLC 控制系统设计之初建立的 I/O 分配表进行连接分配的，其所连接接口名称也将对应于 PLC 内部程序的编程地址编号。

288

由三菱 FX2N-32MR 型 PLC 控制的电动机顺序起 / 停控制系统的 I/O 分配表见表 14-1。

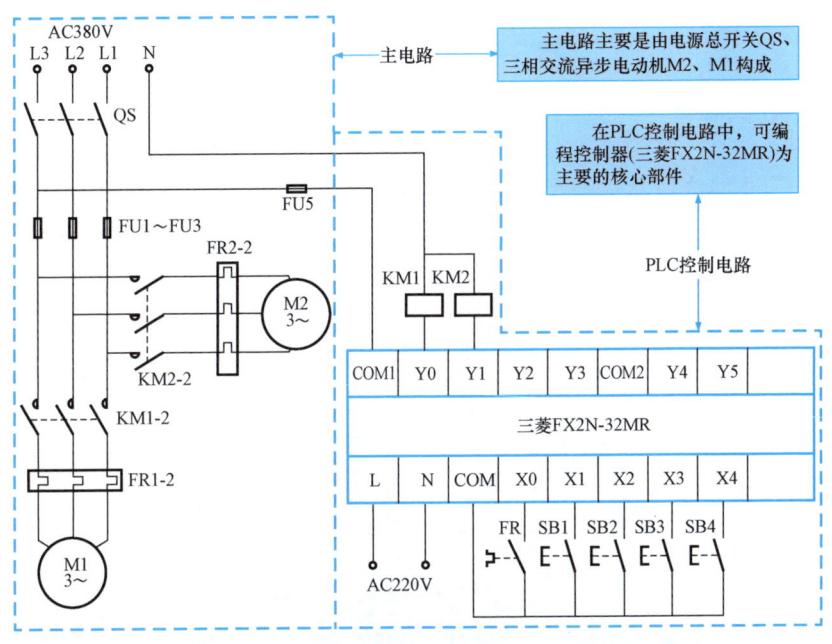

图 14-2　由 PLC 控制的电动机顺序起 / 停控制系统

表 14-1　由三菱 FX2N-32MR 型 PLC 控制的电动机顺序起 / 停控制系统的 I/O 分配表

输入信号及地址编号			输出信号及地址编号		
名称	代号	输入点地址编号	名称	代号	输出点地址编号
热继电器	FR	X0	电动机 M1 交流接触器	KM1	Y0
M1 停止按钮	SB1	X1	电动机 M2 交流接触器	KM2	Y1
M1 起动按钮	SB2	X2			

（续）

输入信号及地址编号			输出信号及地址编号		
名称	代号	输入点地址编号	名称	代号	输出点地址编号
M2 停止按钮	SB3	X3			
M2 起动按钮	SB4	X4			

图 14-3 所示为典型电动机的 PLC 控制系统结构示意图。该系统将电动机控制系统与 PLC 控制电路进行结合，主要是由操作部件、控制部件和电动机以及一些辅助部件构成的。

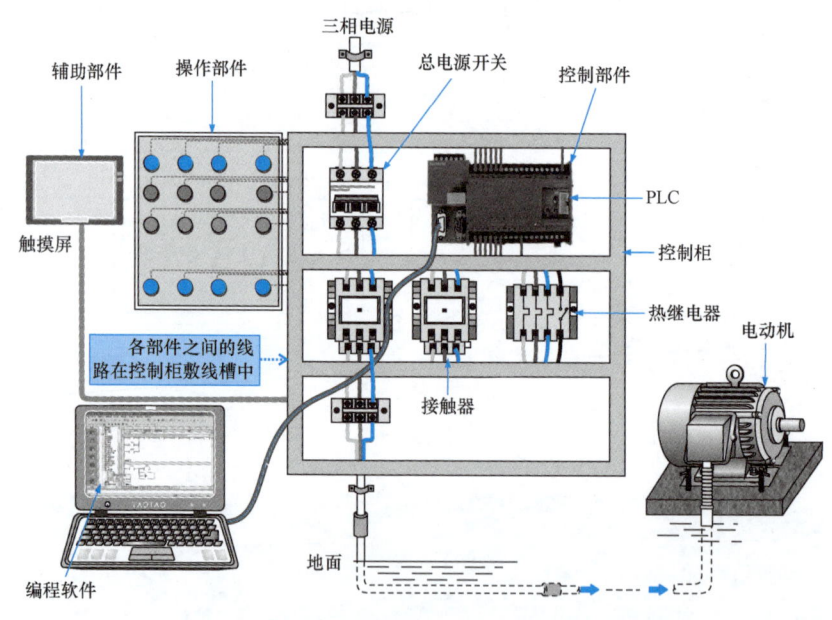

图 14-3 典型电动机的 PLC 控制系统结构示意图

其中，各种操作部件用于为该系统输入各种人工指令，包括各种按钮开关、传感器等；控制部件主要包括总电源开关（总断路器）、PLC、接触器、热继电器等，用于输出控制指令和执行相应动作；电动机是将系统电能转换为机械能的输出部件，其执行的各种动作是该控制系统实现的最终目的。

14.1.2 PLC 种类特点

1. 西门子 PLC

德国西门子（SIEMENS）公司的 PLC 系列产品在我国的推广较早，在很多的工业生产自动化控制领域都曾有过经典的应用。

图 14-4 所示为典型西门子 PLC 的实物外形。PLC 产品主要有 PLC 主机（CPU 模块）、电源模块（PS）、信号模块（SM）、通信模块（CP）、功能模块（FM）、接口模块（IM）等部分。

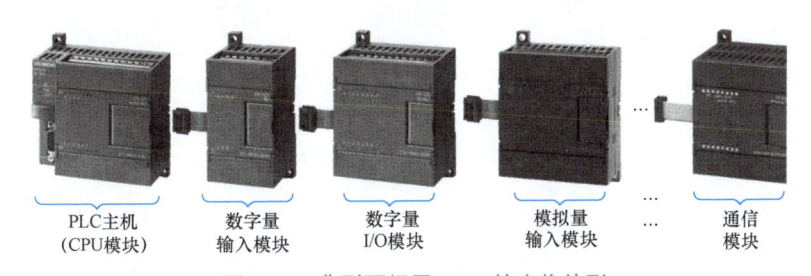

PLC主机（CPU模块）　数字量输入模块　数字量I/O模块　模拟量输入模块　…　通信模块

图 14-4　典型西门子 PLC 的实物外形

2. 三菱 PLC

三菱公司为了满足各行各业不同的控制需求，推出了多种系列型号的 PLC，例如 Q 系列、AnS 系列、QnA 系列、A 系列和 FX 系列等，如图 14-5 所示。

三菱Q系列PLC　　三菱QnA系列PLC　　三菱FX系列PLC

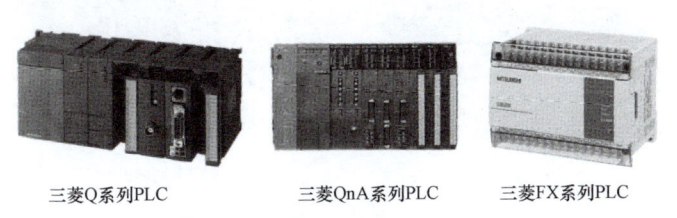

图 14-5　三菱各系列型号的 PLC

三菱公司为了满足用户的不同要求，在 PLC 主机的基础上推出了多种 PLC 产品。

如图 14-6 所示，在三菱 FX 系列 PLC 产品中，除了 PLC 基本单元（相当于上述的 PLC 主机）外，还包括扩展单元、扩展模块以及特殊功能模块等，这些产品可以结合构成不同的控制系统。

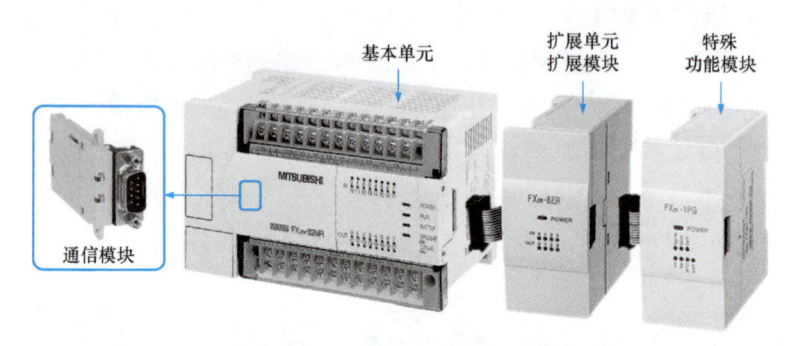

图 14-6 三菱 FX 系列 PLC 产品

3. 松下 PLC

松下 PLC 是目前国内比较常见的 PLC 产品之一，其功能完善，性价比较高，图 14-7 所示为松下 PLC 的实物外形图。松下 PLC 可分为小型的 FP-X、FP0、FP1、FPΣ、FP-e 系列产品；中型的 FP2、FP2SH、FP3 系列；大型的 EP5 系列等。

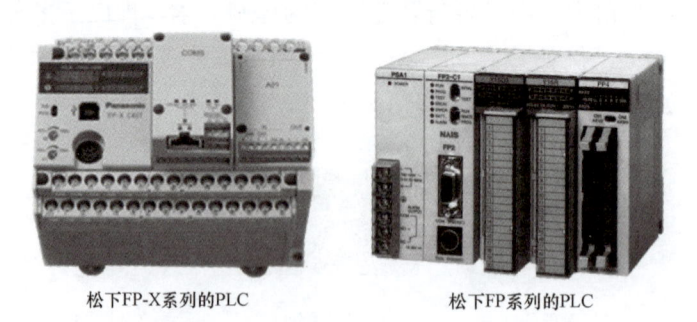

图 14-7 松下 PLC 的实物外形图

4. 欧姆龙 PLC

欧姆龙（OMRON）公司的 PLC 进入我国市场较早，开发了最小 I/O 点数在 140 点以下的 C20P、C20 等微型 PLC；最大 I/O 点数在 2048 点的 C200H 等大型 PLC，图 14-8 所示为欧姆龙 PLC 的实物外形图，该公司产品也被广泛用于自动化系统设计的产品中。

欧姆龙CP1L系列PLC 　　欧姆龙CP1H系列PLC 　　欧姆龙CPM2A系列PLC

欧姆龙CPM1A-V1系列PLC 　　欧姆龙CJ1M系列PLC 　　欧姆龙CJ1系列PLC

图 14-8　欧姆龙 PLC 的实物外形图

14.1.3　PLC 技术应用

PLC 控制电路主要用 PLC 控制方式取代了电气部件之间复杂的连接关系。控制电路中各主要控制部件和功能部件都直接连接到 PLC 相应的接口上，然后根据 PLC 内部程序的设定，即可实现相应的电路功能。

图 14-9 所示为传统电镀流水线的功能示意图和控制电路。在操作部件和控制部件的作用下，电动葫芦可实现在水平方向平移重物，并能够在设定位置（限位开关）处进行自动提升和下降重物的动作。

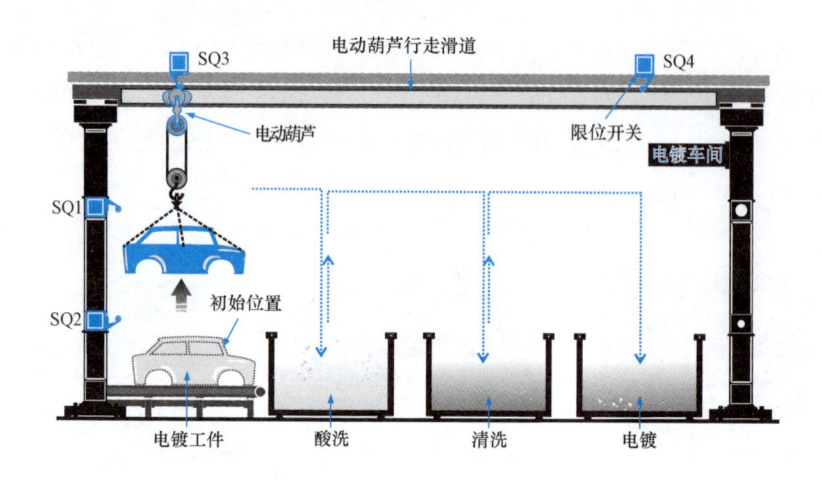

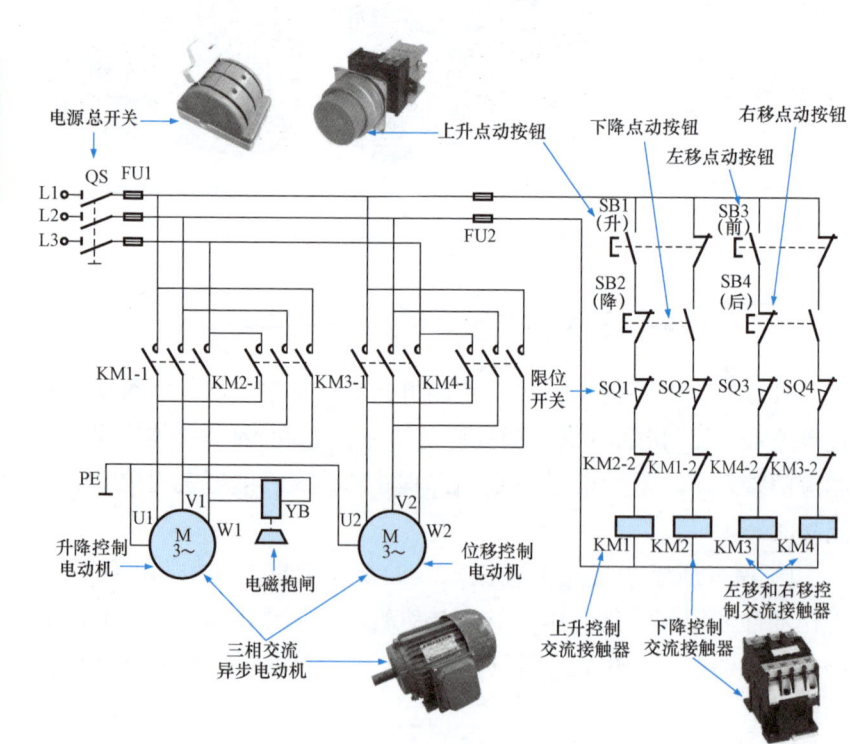

图 14-9 传统电镀流水线的功能示意图和控制电路

图 14-10 所示为 PLC 控制的电镀流水线系统。整个电路主要由 PLC、与 PLC 输入接口连接的控制部件（SB1~SB4、SQ1~SQ4、FR）、与 PLC 输出接口连接的执行部件（KM1~KM4）等构成。

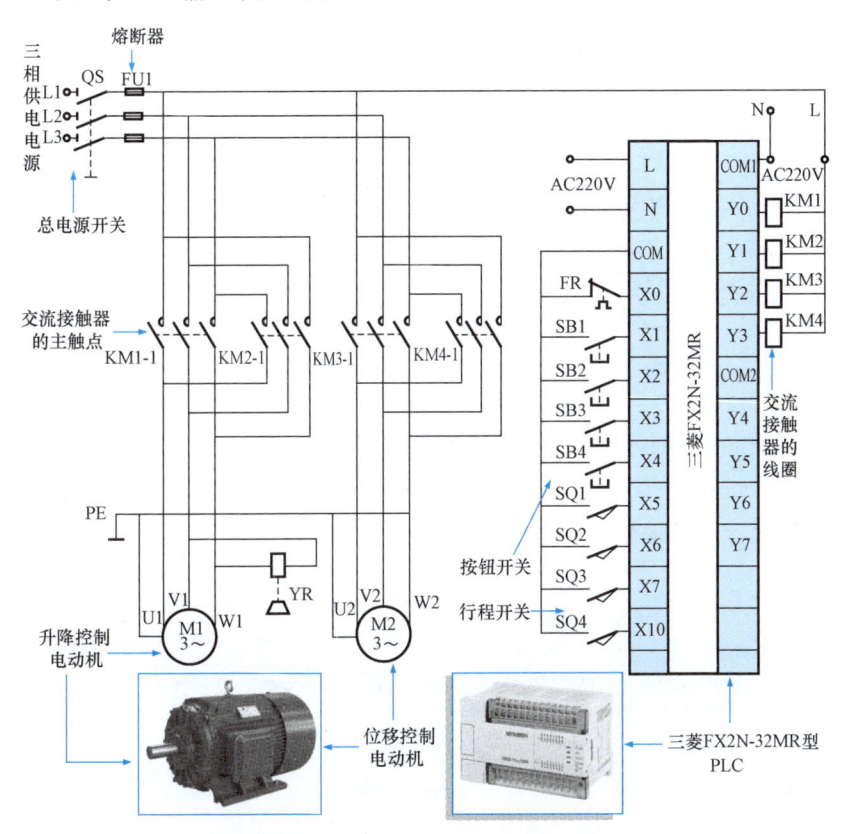

图 14-10　由 PLC 控制的电镀流水线系统

从图中可以看到，电路所使用的电气部件没有变化，添加的 PLC 取代了电气部件之间的连接电路，极大地简化了电路结构，也方便实际部件的安装。

图 14-11 所示为 PLC 电路与传统控制电路的对应关系。PLC 电路中外部的控制部件和执行部件都是通过 PLC 控制器预留的 I/O 接口连接到 PLC 上的，各部件之间没有复杂的连接关系。

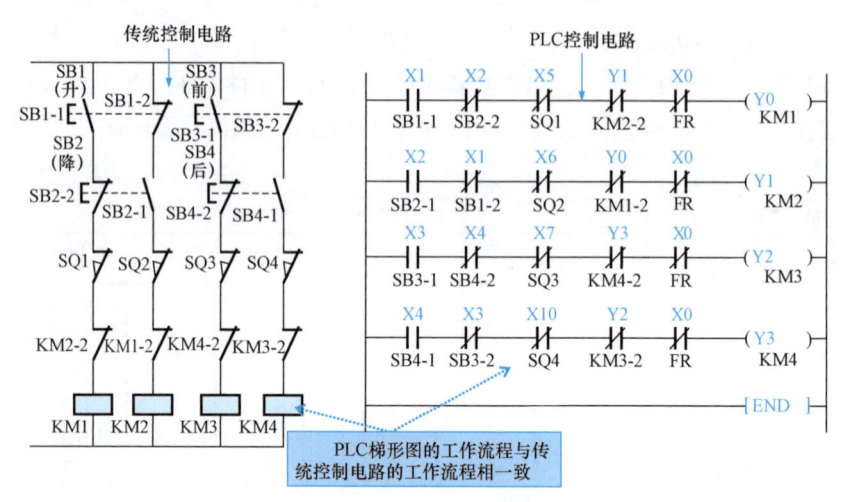

图 14-11　PLC 电路与传统控制电路的对应关系

控制部件和执行部件是根据 PLC 控制系统设计之初建立的 I/O 分配表进行连接分配的，其所连接接口名称也将对应于 PLC 内部程序的编程地址编号，具体见表 14-2。

表 14-2　由三菱 FX2N-32MR 型 PLC 控制的电镀流水线系统 I/O 分配表

输入信号及地址编号			输出信号及地址编号		
名称	代号	输入点地址编号	名称	代号	输出点地址编号
电动葫芦上升点动按钮	SB1	X1	电动葫芦上升接触器	KM1	Y0
电动葫芦下降点动按钮	SB2	X2	电动葫芦下降接触器	KM2	Y1
电动葫芦左移点动按钮	SB3	X3	电动葫芦左移接触器	KM3	Y2
电动葫芦右移点动按钮	SB4	X4	电动葫芦右移接触器	KM4	Y3

(续)

输入信号及地址编号			输出信号及地址编号		
名称	代号	输入点地址编号	名称	代号	输出点地址编号
电动葫芦上升限位开关	SQ1	X5			
电动葫芦下降限位开关	SQ2	X6			
电动葫芦左移限位开关	SQ3	X7			
电动葫芦右移限位开关	SQ4	X10			

14.2 变频器与变频技术应用

14.2.1 变频器

变频器的英文名称为 VFD 或 VVVF，它是一种利用逆变电路的方式将工频电源（恒频恒压电源）变成频率和电压可变的变频电源，进而对电动机进行调速控制的电气装置。图 14-12 所示为典型变频器的实物外形。

图 14-12 典型变频器的实物外形

变频器按用途可分为通用变频器和专用变频器两大类。

1. 通用变频器

通用变频器是指通用性较强，对其使用的环境没有严格的要求，以简便的控制方式为主。这种变频器的适用范围广，多用于精确度或调速性能要求不高的通用场合，具有体积小、价格低等特点。

图14-13所示为几种常见通用变频器的实物外形。

三菱D700型通用变频器　　安川J1000型通用变频器　　西门子MM420型通用变频器

图14-13　几种常见通用变频器的实物外形

【提示】

通用变频器是指在很多方面具有很强通用性的变频器，该类变频器简化了一些系统功能，并以节能为主要目的，多为中小容量变频器，一般应用于水泵、风扇、鼓风机等对于系统调速性能要求不高的场合。

2. 专用变频器

专用变频器通常指专门针对某一方面或某一领域而设计研发的变频器。该类变频器针对性较强，具有适用于所针对领域独有的功能和优势，从而能够更好地发挥变频调速的作用。例如，高性能专用变频器、高频变频器、单相变频器和三相变频器等都属于专用变频器，它们的针对性较强，对安装环境有特殊的要求，可以实现较高的控制效果，但其价格较高。图 14-14 所示为几种常见专用变频器的实物外形。

西门子MM430型水泵风机专用变频器　　　风机专用变频器　　　恒压供水（水泵）专用变频器

NVF1G-JR系列卷绕专用变频器　　　LB-60GX系列线切割专用变频器　　　电梯专用变频器

图 14-14　几种常见专用变频器的实物外形

【提示】

较常见的专用变频器主要有风机专用变频器、恒压供水（水泵）专用变频器、机床类专用变频器、重载专用变频器、注塑机专用变频器、纺织类专用变频器等。

14.2.2 变频器功能应用

变频器是一种集起停控制、变频调速、显示及按键设置功能、保护功能等于一体的电动机控制装置，主要用于需要调整转速的设备中，既可以改变输出的电压，又可以改变频率（即可改变电动机的转速）。

图 14-15 所示为变频器的功能原理图。从图中可以看到，变频器用于将频率一定的交流电源转换为频率可变的交流电源，从而实现对电动机的起动及对转速进行控制。

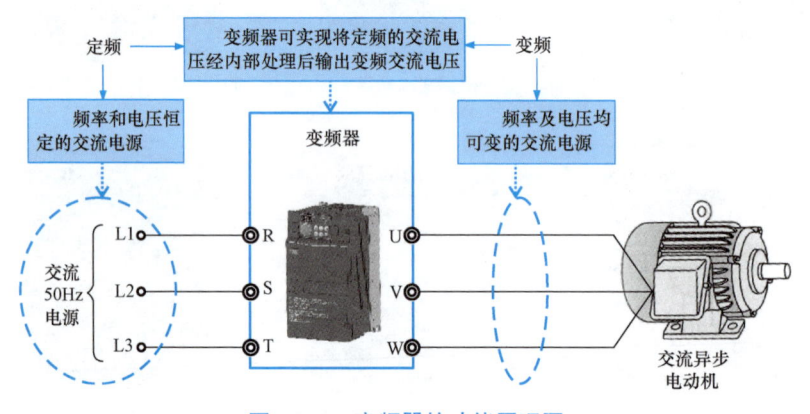

图 14-15　变频器的功能原理图

1. 制冷设备中的变频技术应用

图 14-16 所示为典型变频空调器中变频电路板的实物外形，从图中可以看到，变频电路主要是由智能功率模块、光电耦合器、连接插件或接口等组成的。

在变频电路中，智能功率模块是电路中的核心部件，其通常为一只体积较大的集成电路模块，内部包含变频控制电路、驱动电路、过电压过电流检测电路和功率输出电路（逆变器），一般安装在变频电路背部或边缘部分。

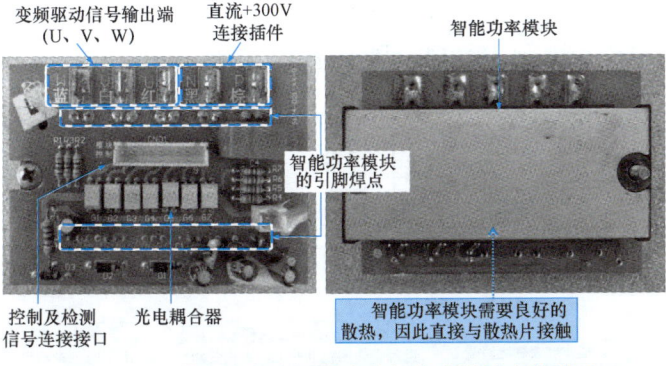

图 14-16 典型变频空调器中变频电路板的实物外形

【提示】

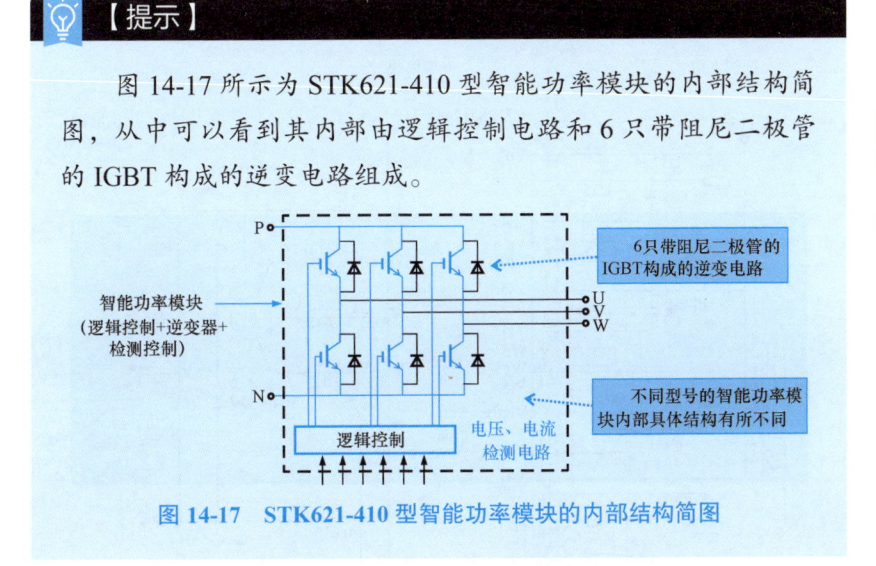

图 14-17 所示为 STK621-410 型智能功率模块的内部结构简图，从中可以看到其内部由逻辑控制电路和 6 只带阻尼二极管的 IGBT 构成的逆变电路组成。

图 14-17 STK621-410 型智能功率模块的内部结构简图

图 14-18 所示为变频空调器中变频电路的流程框图。智能功率模块在控制信号的作用下，将供电部分送入的 300 V 直流电压逆变为不同频率的交流电压（变频驱动信号）加到变频压缩机的三相绕阻端，使变频压缩机起动，进行变频运转，压缩机驱动制冷剂循环，进而达到冷热交换的目的。

图 14-19 所示为海信 KFR-4539（5039）LW/BP 型变频空调器的

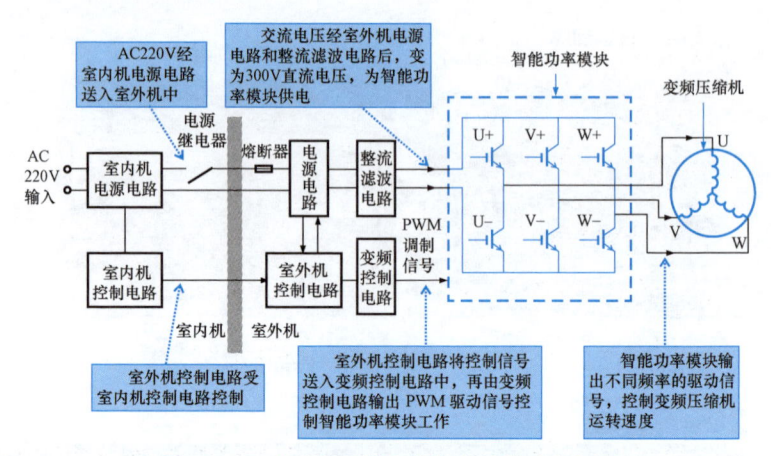

图 14-18　变频空调器中变频电路的流程框图

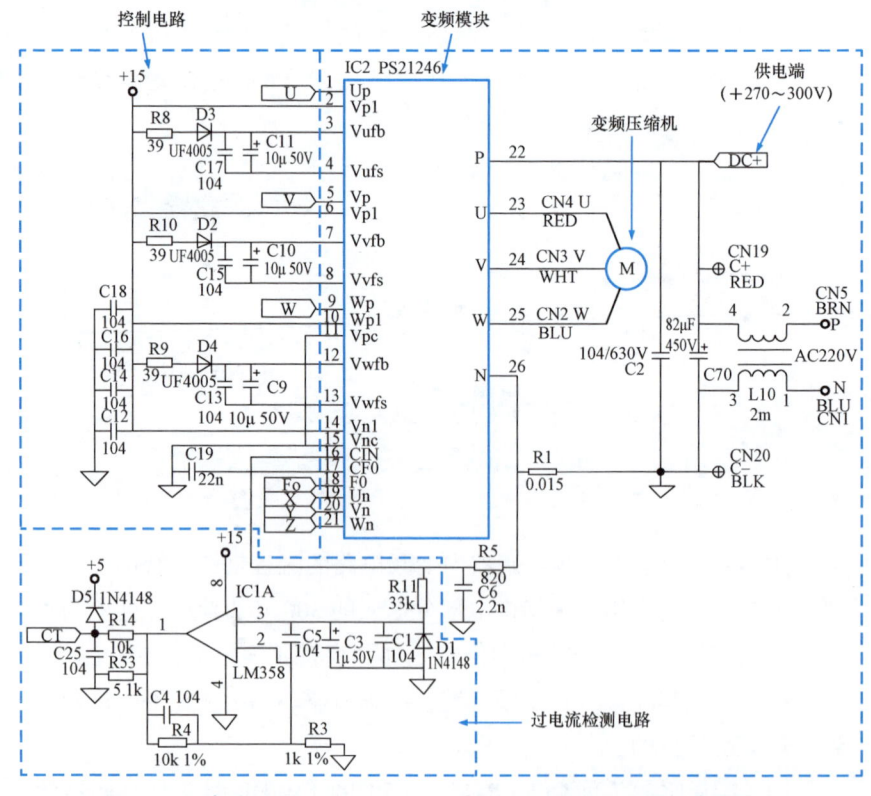

图 14-19　海信 KFR-4539（5039）LW/BP 型变频空调器的变频电路

变频电路，该变频电路主要由控制电路、过电流检测电路、变频模块和变频压缩机构成。

> 【提示】
>
> 　　电源供电电路输出的+15V 直流电压分别送入变频模块 IC2（PS21246）的 2 脚、6 脚、10 脚和 14 脚中，为变频模块提供所需的工作电压。变频模块 IC2 的 22 脚为+300V 电压输入端，为该模块的 IGBT 提供工作电压。
>
> 　　室外机控制电路中的微处理器 CPU 为变频模块 IC2 的 1 脚、5 脚、9 脚、18~21 脚提供控制信号，控制变频模块内部的逻辑电路工作。控制信号经变频模块 IC2（PS21246）内部电路的逻辑处理后，由 23~25 脚输出变频驱动信号，分别加到变频压缩机的三相绕组端。变频压缩机在变频驱动信号的驱动下起动运转工作。
>
> 　　过电流检测电路用于对变频电路进行检测和保护，当变频模块内部的电流值过高时，过电流检测电路便将过电流检测信号送往微处理器中，由微处理器对室外机电路实施保护控制。
>
> 　　海信 KFR-25GW/06BP 型变频空调器采用智能变频模块作为变频电路对变频压缩机进行调速控制，同时智能变频模块的电流检测信号会送到微处理器中，由微处理器根据信号对变频模块进行保护。

2. 机电设备中的变频技术应用

图 14-20 所示为典型三相交流电动机的点动、连续运行变频调速控制电路。从图中可以看到，该电路主要是由主电路和控制电路两大部分构成的。

主电路部分主要包括主电路总断路器 QF1、变频器内部的主电路（三相桥式整流电路、中间滤波电路、逆变电路等部分）、三相交流电动机等。

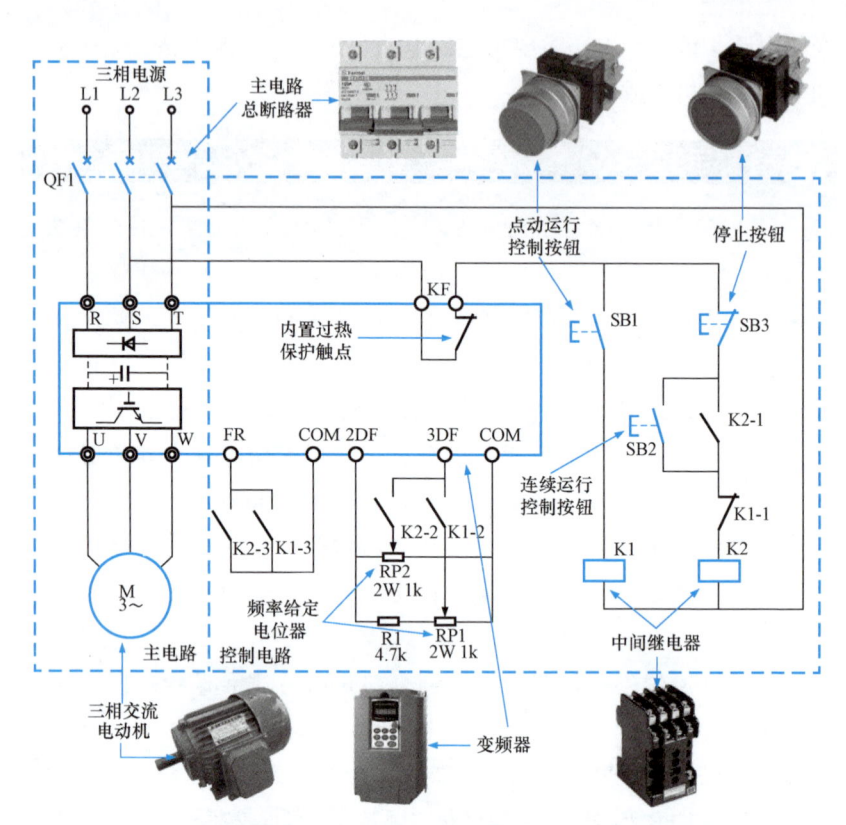

图 14-20 典型三相交流电动机的点动、连续运行变频调速控制电路

控制电路部分主要包括控制按钮 SB1~SB3、继电器 K1/K2、变频器的运行控制端 FR、内置过热保护端 KF 以及三相交流电动机运行电源频率给定电位器 RP1/RP2 等。

控制按钮用于控制继电器的线圈,从而控制变频器电源的通断,进而控制三相交流电动机的起动和停止;同时继电器触点控制频率给定电位器的有效性,通过调整电位器控制三相交流电动机的转速。

(1)点动运行控制过程

图 14-21 所示为三相交流电动机的点动、连续运行变频调速控制电路的点动运行起动控制过程。合上主电路的总断路器 QF1,接通三

相电源，变频器主电路输入端 R、S、T 得电，控制电路部分也接通电源进入准备状态。

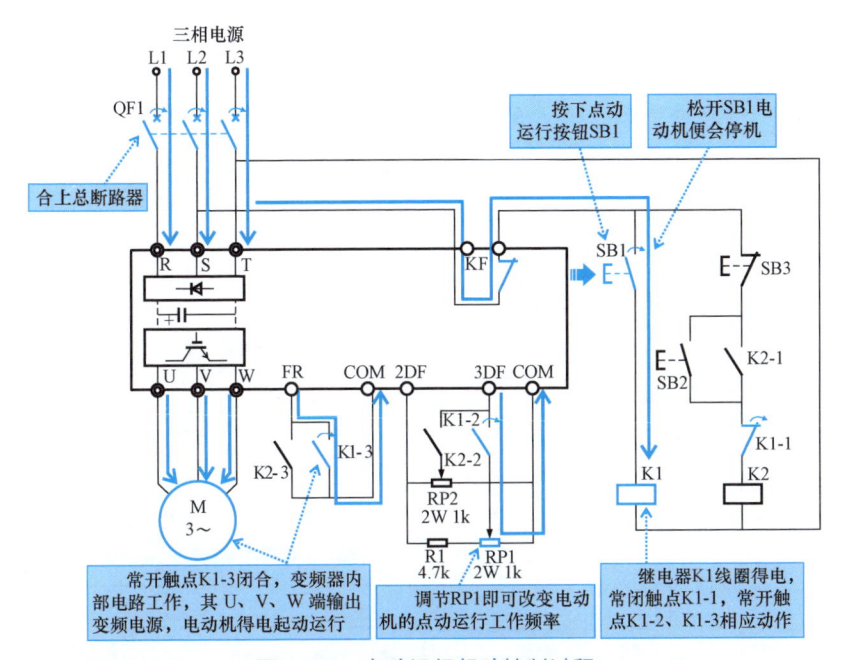

图 14-21 点动运行起动控制过程

当按下点动运行按钮 SB1 时，继电器 K1 线圈得电，常闭触点 K1-1 断开，实现联锁控制，防止继电器 K2 得电；常开触点 K1-2 闭合，变频器的 3DF 端与频率给定电位器 RP1 及 COM 端构成回路，此时 RP1 电位器有效，调节 RP1 电位器即可获得三相交流电动机点动运行时需要的工作频率；常开触点 K1-3 闭合，变频器的 FR 端经 K1-3 与 COM 端接通。

变频器内部主电路开始工作，U、V、W 端输出变频电源，电源频率按预置的升速时间上升至与给定对应的数值，三相交流电动机得电起动运行。

【提示】

电动机运行过程中，若松开按钮开关SB1，则继电器K1线圈失电，常闭触点K1-1复位闭合，为继电器K2工作做好准备；常开触点K1-2复位断开，变频器的3DF端与频率给定电位器RP1触点被切断；常开触点K1-3复位断开，变频器的FR端与COM端断开，变频器内部主电路停止工作，三相交流电动机失电停转。

(2) 连续运行控制过程

图14-22所示为三相交流电动机的点动、连续运行变频调速控制电路的连续运行起动控制过程。

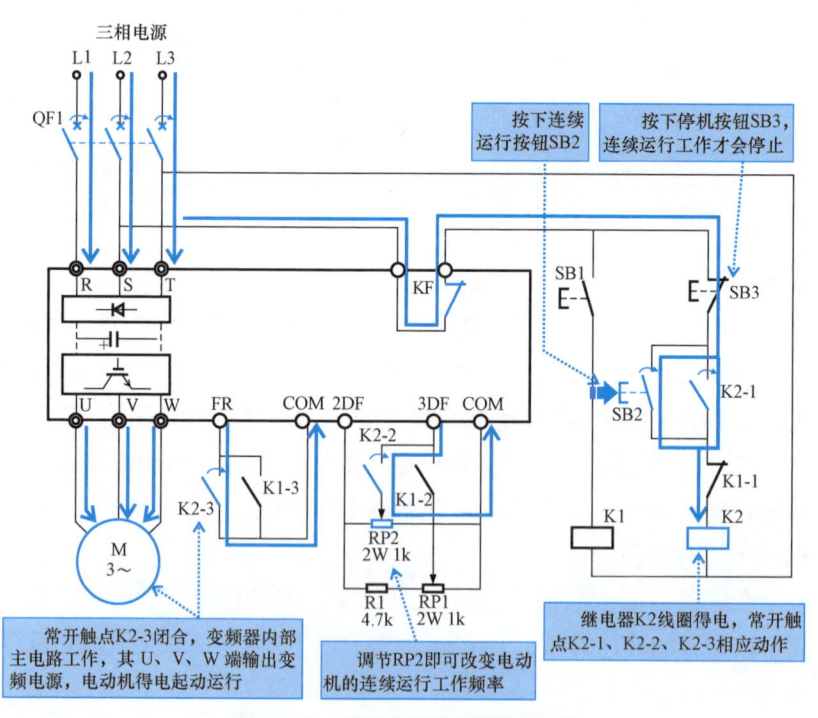

图14-22 连续运行起动控制过程

当按下连续运行按钮 SB2 时,继电器 K2 线圈得电,常开触点 K2-1 闭合,实现自锁功能(当手松开按钮 SB2 后,继电器 K2 仍保持得电);常开触点 K2-2 闭合,变频器的 3DF 端与频率给定电位器 RP2 及 COM 端构成回路,此时 RP2 电位器有效,调节 RP2 电位器即可获得三相交流电动机连续运行时需要的工作频率;常开触点 K2-3 闭合,变频器的 FR 端经 K2-3 与 COM 端接通。

变频器内部主电路开始工作,U、V、W 端输出变频电源,电源频率按预置的升速时间上升至与给定对应的数值,三相交流电动机得电起动运行。

> 【提示】
>
> 变频电路所使用的变频器都具有过热、过载保护功能,若电动机出现过载、过热故障时,变频器内置过热保护触点(KF)便会断开,将切断继电器线圈供电,变频器主电路断电,三相交流电动机停转,从而起到过热保护的功能。